ANDRÉ COELHO

O EVANGELHO REVELADO NAS ESTRELAS

A verdadeira origem, propósito e significado das constelações do zodíaco

ANDRÉ COELHO

O EVANGELHO REVELADO NAS ESTRELAS

A verdadeira origem, propósito e significado das constelações do zodíaco

3ª edição

Santo André / SP
2023

© Geográfica Editora
Todos os direitos desta obra pertencem a Geográfica Editora © 2023
www.geografica.com.br
O conteúdo desta obra é de responsabilidade de seus idealizadores. Quaisquer comentários ou dúvidas sobre este produto escreva para: produtos@geografica.com.br

Diretora editorial
Maria Fernanda Vigon

Editor assistente
Adriel Barbosa

Diagramação
Inventus Criação e Comunicação

Revisão
Adriel Barbosa
Nívea Alves da Silva

Capa
Rodrigo Massagardi

Esta obra foi impressa no Brasil e conta com a qualidade de impressão e acabamento Geográfica Editora.

Printed in Brazil.

SIGA-NOS NAS REDES SOCIAIS

 geograficaed   geoeditora

 geograficaeditora   geograficaeditora

C672e   Coelho, André
         O evangelho revelado nas estrelas: a verdadeira origem, propósito e significado das constelações do zodíaco. André Coelho. Santo André: Geográfica, 2023.

         16x23 cm; 352p.
         ISBN 978-65-5655-385-6

         1. Bíblia. 2. Astronomia. 3. Estrelas. 4. Constelações. I. Título.

                 CDU 22:524

"Ó Senhor, Senhor nosso,
quão magnífico em toda a terra é o teu nome!

Pois expuseste nos céus a tua majestade. [...]

Quando contemplo os teus céus, obra dos teus dedos,
e a lua e as estrelas que estabeleceste,

que é o homem, que dele te lembres?
e o filho do homem, que o visites?"

Salmo 8.1-4

Fonte: NASA/ESA (2009)

Nebulosa da Borboleta

Àquele que criou todas as coisas,
e por meio delas nos revelou seu amor e salvação.
Ao Deus único e verdadeiro, e ao seu Filho Jesus Cristo,
toda honra, toda glória e todo louvor pelos séculos dos séculos!
Amém!

Sumário

Palavra do autor	11
Prefácio	13
Introdução	15

Primeira Parte
A ASTRONOMIA E A BÍBLIA

1. Ciência e fé	23
2. A astronomia da Bíblia	39
3. Parábolas Celestes	47

Segunda Parte
OS SINAIS NOS CÉUS

4. Estrelas como sinais	57
5. Que sinais são esses?	65
6. Qual a origem dos sinais nos céus?	73
7. Para que são esses sinais ou signos?	89
8. Algumas considerações sobre a astronomia e os signos do Zodíaco	109

Terceira Parte
A HISTÓRIA CONTADA NOS CÉUS

9. A estrutura dos signos do Zodíaco	135

1º volume da história celeste
A primeira vinda de Cristo

10. Signo de Virgem	143
11. Signo de Libra	161
12. Signo de Escorpião	177
13. Signo de Sagitário	189

2º volume da história celeste
A história da Igreja

14. Signo de Capricórnio — 201
15. Signo de Aquário — 215
16. Signo de Peixes — 225
17. Signo de Áries — 237

3º volume da história celeste
A segunda vinda de Cristo

18. Signo de Touro — 253
19. Signo de Gêmeos — 269
20. Signo de Câncer — 279
21. Signo de Leão — 293

Quarta Parte
CONSIDERAÇÕES FINAIS

22. A maneira correta de se olhar as estrelas — 305
23. A maneira errada de se olhar as estrelas — 311
24. Astrologia: A falsificação da verdade — 319
25. Respondendo objeções — 333

Referências bibliográficas — 341
Notas — 347

Abreviaturas

Datas

a.C. antes de Cristo
d.C. depois de Cristo

Testamentos

AT Antigo Testamento
NT Novo Testamento

Traduções Bíblicas

ARC Bíblia Sagrada, Tradução Almeida Revista e Corrigida, Sociedade Bíblica do Brasil (SBB), Barueri/SP, 2000
AS21 Bíblia Sagrada Almeida Século 21, Vida Nova, São Paulo/SP, 2008
NTLH Bíblia Sagrada, Nova Tradução na Linguagem de Hoje, Sociedade Bíblica do Brasil (SBB), Barueri/SP, 2000
NVI Bíblia Sagrada, Nova Versão Internacional, International Bible Society, 1993, 2000

Livros da Bíblia

Ag Livro do Profeta Ageu (AT)
Am Livro do Profeta Amós (AT)
Ap Livro do Apocalipse (NT)
At Livro de Atos (NT)
Cl Epístola de Paulo aos Colossenses (NT)
1Co Primeira Epístola de Paulo aos Coríntios (NT)
2Co Segunda Epístola de Paulo aos Coríntios (NT)
1Cr Primeiro Livro de Crônicas (AT)
2Cr Segundo Livro de Crônicas (AT)
Ct Livro de Cantares (AT)
Dn Livro do Profeta Daniel (AT)
Dt Livro de Deuteronômio (AT)
Ec Livro de Eclesiastes (AT)
Ed Livro de Esdras (AT)
Ef Epístola de Paulo aos Efésios (NT)
Et Livro de Ester (AT)
Ex Livro de Êxodo (AT)
Ez Livro do Profeta Ezequiel (AT)
Fm Epístola de Paulo a Filemom (NT)
Fp Epístola de Paulo aos Filipenses (NT)
Gl Epístola de Paulo aos Gálatas (NT)
Gn Livro de Gênesis (AT)
Hb Epístola aos Hebreus (NT)
Hc Livro do Profeta Habacuque (AT)
Is Livro do Profeta Isaías (AT)
Jd Epístola de Judas (NT)
Jl Livro do Profeta Joel (AT)
Jn Livro do Profeta Jonas (AT)
Jo Evangelho de João (NT)
Jó Livro de Jó (AT)
1Jo Primeira Epístola de João (NT)
2Jo Segunda Epístola de João (NT)
3Jo Terceira Epístola de João (NT)
Jr Livro do Profeta Jeremias (AT)

Js	Livro de Josué (AT)
Jz	Livro de Juízes (AT)
Lc	Evangelho de Lucas (NT)
Lm	Livro de Lamentações (AT)
Lv	Livro de Levítico (AT)
Mc	Evangelho de Marcos (NT)
Ml	Livro do Profeta Malaquias (AT)
Mt	Evangelho de Mateus (NT)
Mq	Livro do Profeta Miquéias (AT)
Na	Livro do Profeta Naum (AT)
Ne	Livro de Neemias (AT)
Nm	Livro de Números (AT)
Ob	Livro do Profeta Obadias (AT)
Os	Livro do Profeta Oseias (AT)
1Pe	Primeira Epístola de Pedro (NT)
2Pe	Segunda Epístola de Pedro (NT)
Pv	Livro de Provérbios (AT)
Rm	Epístola de Paulo aos Romanos (NT)
1Rs	Primeiro Livro de Reis (AT)
2Rs	Segundo Livro de Reis (AT)
Rt	Livro de Rute (AT)
Sf	Livro do Profeta Sofonias (AT)
Sl	Livro de Salmos (AT)
1Sm	Primeiro Livro de Samuel (AT)
2Sm	Segundo Livro de Samuel (AT)
Tg	Epístola de Tiago (NT)
1Tm	Primeira Epístola de Paulo a Timóteo (NT)
2Tm	Segunda Epístola de Paulo a Timóteo (NT)
1Ts	Primeira Epístola de Paulo aos Tessalonicenses (NT)
2Ts	Segunda Epístola de Paulo aos Tessalonicenses (NT)
Tt	Epístola de Paulo a Tito (NT)
Zc	Livro do Profeta Zacarias (AT)

Astronomia

ALMA	Sigla de *Atacama Large Milimiter Array*. Rádio-observatório constituído por um conjunto de 66 antenas, localizado no deserto do *Atacama* (Chile).
ESA	Sigla de *European Space Agency* (Agência Espacial Europeia).
ESO	Sigla de *European Southern Observatory* (Observatório Europeu do Sul).
IAU	Sigla de *International Astronomical Union* (União Astronômica Internacional).
NASA	Sigla de *National Aeronautics and Space Administration* (Administração Nacional de Aeronáutica e Espaço) – Agência do governo dos EUA, criada em 1958, responsável pela pesquisa e desenvolvimento de tecnologias e programas de exploração espacial.
Stellarium	Software livre de astronomia para visualização do céu, nos moldes de um planetário. Foi desenvolvido pelo programador *Fabien Chéreau*, que criou o projeto no verão de 2001. Outros, como *Robert Spearman*, *Johannes Gajdosik* e *Johan Meuris* são responsáveis pelos aspectos gráficos do programa. Pode ser obtido gratuitamente em www.stellarium.org/pt.
UAI	União Astronômica Internacional.
WWT	Sigla de *World Wide Telescope* - Planetário celeste computadorizado criado pela Microsoft que mostra o céu astronômico com imagens obtidas pelo telescópio espacial *Hubble*. Pode ser obtido gratuitamente em www.worldwidetelescope.com.

Outros

Cap.	Capítulo
v.	Versículo

Palavra do autor

Engenheiro por formação e pastor evangélico por vocação, sempre tive grande interesse nos assuntos que unem ciência e fé, pois, de acordo com a revelação das Escrituras, existe apenas um único Deus que criou tanto o mundo natural (visível) quanto o mundo espiritual (invisível), e essas duas realidades não podem estar em conflito, mas devem de algum modo se harmonizar.

Há muitos anos, no início da minha vida cristã, tomei conhecimento do tema "O Evangelho nas Estrelas", e fiquei fascinado por ele. Depois de muito estudo e investigação, considerei se deveria ou não escrever um livro sobre o assunto, pois, apesar de haver muitos livros em língua inglesa a esse respeito, não existe nenhum em língua portuguesa. Finalmente, decidi que não poderia deixar de repartir com meus irmãos e irmãs na fé esse tremendo tesouro, pois, como já disseram os apóstolos Pedro e João: "não podemos deixar de falar das coisas que vimos e ouvimos" (At 4.20).

Discorro sobre astronomia e teologia, dando um enfoque mais espiritual do que científico. Eu poderia rechear esse livro com muitos dados astronômicos e infindáveis lendas pagãs sobre cada constelação dos céus, mas não é esse o meu objetivo. Farei, portanto, uma abordagem predominantemente bíblica.

Outro benefício indireto – porém importante – que desejo contemplar diz respeito ao horóscopo e à astrologia. Se o leitor acompanhar-me até o final do livro poderá ver claramente que ambos são resultado de uma total distorção do propósito original de Deus ao criar o Universo e as constelações celestes.

Termino esta palavra inicial dizendo que, nestes tempos de tremendos ataques à fé cristã, tanto fora como dentro da Igreja, é responsabilidade dos ministros de Cristo e despenseiros dos mistérios de Deus (1Co 4.1) compartilhar todo o desígnio de Deus (At 20.27), para que se saiba que em Cristo todos os tesouros da sabedoria e do conhecimento estão ocultos (Cl 2.2,3), pois dele, por ele e para ele são todas as coisas (Rm 11.36). Portanto, meu objetivo é mostrar que a mensagem de fé que pregamos é fiel e verdadeira, e que toda a criação a corrobora plenamente.

Que o Senhor Jesus, autor e conservador de toda vida (Nm 16.22), aquele que pela palavra do seu poder mantém coeso todo o Universo (Hb 1.3), aumente-lhe a fé em Deus e a confiança nas Sagradas Escrituras com a leitura deste livro.

No amor de Cristo,
Pr. André Coelho

Belo Horizonte, outubro de 2017

Observação importante:

Para um correto e adequado entendimento do livro e do significado das constelações, é necessário respeitar a sequência natural dos capítulos. Se, por curiosidade, o leitor pular alguma porção ou capítulo(s) com o propósito de ir mais rapidamente para a parte dos signos, sua compreensão ficará grandemente prejudicada ou mesmo totalmente comprometida. Portanto, seja paciente e leia as duas primeiras partes (capítulos 1 a 8) nas quais os fundamentos são lançados, antes de adentrar na 3ª parte (capítulos 9 a 21) que descreve e explica o significado de cada constelação nos céus. Mesmo nesta 3ª parte, a ordem dos signos é fundamental, pois eles compõem uma história que é contada sequencialmente e, portanto, a interpretação de cada signo depende da correta compreensão dos signos anteriores.

Prefácio

Eu admiro a coragem do autor deste livro que, seguramente, surpreenderá tanto evangélicos como leitores seculares. O autor não apenas atribui a Deus a origem do Universo com sua incomensurável extensão, mas avalia o planejamento do Criador que colocou as estrelas nos céus com um propósito. O posicionamento dos corpos celestiais e as constelações tinham o objetivo de confirmar o esboço dos eventos principais da vinda do Messias e outros eventos centrais do evangelho. Deus planejou distribuir as estrelas de tal maneira, que as figuras do Zodíaco seriam identificáveis nas constelações e – o que é mais maravilhoso ainda – que elas poderiam ser associadas com alguns dos eventos mais importantes da história. Veja a constelação de *Virgem*, lembrando que o Senhor Jesus Cristo (Deus encarnado) nasceu de uma virgem. Claramente há algo fora da possibilidade humana de antecipar quando se trata de tudo que se encontra no livro.

O pensador André Coelho foi feliz em abrir a minha mente para a evidência de que o que as estrelas comunicam não é mero acaso. Ele é um escritor experiente que não tenta convencer leitores de fatos que não existem. Fiquei atônito com a quantidade de elementos apresentados. Um exemplo de sua capacidade foi explicar como os sábios do Oriente foram capazes de descobrir não apenas que o Cristo tinha nascido mas também onde poderiam encontrá-lo para adorá-lo.

Não sei se todos os leitores ficarão convencidos da veracidade de todas as conclusões, mas acredito que todos serão levados a refletir e, certamente, estarão mais receptivos diante da evidência antes rejeitada como mera especulação astrológica. Certamente as mentes serão desafiadas e expandidas. Meu desejo é que Deus use o livro para a glória dele, como criador de tudo, incluindo as estrelas.

Recomendo a leitura deste livro.

Russell Shedd Ph.D

Introdução

[1] Os mais sublimes objetos da contemplação humana são os céus estrelados. Qualquer observador atento deve ficar maravilhado à vista de tão grandioso espetáculo! E, quando visto à luz da astronomia, a mente é subjugada e se perde na vastidão e magnitude do cosmo.[2]

Não há nenhuma dúvida de que a astronomia é a primeira e a mais antiga das ciências naturais, pois, como seres humanos, independentemente do contexto cultural ou histórico, sempre estivemos interessados no céu acima de nós. Ao contemplarmos este tremendo Universo que nos cerca, não podemos deixar de nos perguntar qual é a razão de ele existir. Todas as inumeráveis estrelas e galáxias no espaço sideral não devem lá estar somente para nos mostrar a grandeza de Deus. Com certeza, o cosmo nos revela não apenas a grandeza mas também o poder e a glória do Criador[3]. Mas deve haver um significado mais profundo por trás dele! Cientes do caráter de Deus, sabemos que o Todo-Poderoso, em sua criação, nada fez ao acaso ou por acidente. Ele tem um propósito em tudo o que faz e, com certeza, teve muitas razões para criar algo tão indescritivelmente gigantesco, complexo e maravilhoso.

Ao estudarmos a Bíblia, podemos constatar que Deus se revelou à humanidade por meio de quatro maneiras principais: (1) Sua criação; (2) As Sagradas Escrituras; (3) A encarnação de seu Filho Jesus; e (4) Seus profetas e discípulos, que são as "cartas vivas" de Cristo, conhecidas e lidas por todos os homens.[4]

Porém, a primeira e mais básica revelação de Deus se deu por meio de sua criação! Teologicamente chamamos isso de "revelação natural", pois alcança todos os homens em toda parte por intermédio da natureza. Deus deixou sua "assinatura" registrada nos céus e na terra ao criá-los, de tal forma a se revelar como o Criador de todas as coisas. E, apesar da queda do homem e da entrada do pecado no mundo (que teve como uma de suas consequências a corrupção de toda a criação[5]), a revelação de Deus por meio das coisas criadas não pôde ser totalmente apagada e permanece ainda viva e atual. Quando examinamos as Escrituras, vemos precisamente essa realidade em várias passagens do Novo Testamento, como na carta de Paulo aos cristãos de Roma:

> A ira de Deus se revela do céu contra toda impiedade e perversão dos homens que detêm a verdade pela injustiça; porquanto o que de Deus se pode conhecer é manifesto entre eles, porque *Deus lhes manifestou*. Porque os atributos invisíveis de Deus, assim o seu eterno poder, como também a sua própria divindade, *claramente se reconhecem, desde o princípio do mundo, sendo percebidos por meio das coisas que foram criadas*. Tais homens são, por isso, indesculpáveis; porquanto, tendo conhecimento de Deus, não o glorificaram como Deus, nem lhe deram graças; antes, se tornaram nulos em seus próprios raciocínios, obscurecendo-se-lhes o coração insensato. Inculcando-se por sábios, tornaram-se loucos [...] Por isso, Deus entregou tais homens à imundícia, pelas concupiscências de seu próprio coração, para desonrarem o seu corpo entre si; pois eles mudaram a verdade de Deus em mentira, adorando e servindo a criatura em lugar do Criador, o qual é bendito eternamente. Amém! [i] (Rm 1.18-25, grifos nossos).

Introdução

O apóstolo, inspirado pelo Espírito Santo, está afirmando nessa passagem que Deus não se ocultou à raça humana, pelo contrário, manifestou-se claramente aos homens desde o princípio do mundo. E essa manifestação se deu por meio das coisas que foram criadas. Mas o que Deus revelou de si mesmo por intermédio de sua criação? O próprio texto nos informa: seu *poder* e sua *divindade*! E, de acordo com o escritor sagrado, essa revelação é tão óbvia, que quando os homens a rejeitam, eles se tornam indesculpáveis por isso. Em outras palavras, a despeito de terem todas as razões para conhecer a Deus por meio das coisas que foram por ele criadas, os homens se recusam a aceitar esse conhecimento e a reconhecer essa verdade. Assim, de acordo com o texto apostólico, tal insensatez do ser humano traz várias consequências: A *primeira* é o *obscurecimento interior*, pois desde que o conhecimento mais básico e natural da vida (o conhecimento de Deus) foi voluntariamente rejeitado pelo homem, o seu coração se fecha para receber a verdadeira iluminação e é envolvido por trevas; a *segunda* consequência é a *desonestidade intelectual*, pois como há abundantes provas científicas de um projeto cuidadosamente elaborado da natureza e do Universo, quando o homem rejeita essas evidências, o seu raciocínio se torna nulo e a sua mente vã; a *terceira* consequência da rejeição do Criador é a *degradação moral*, pois, sem a referência de um Deus soberano perante o qual todos teremos que prestar contas, não restará nenhum impedimento para refrear o homem de seus instintos mais degradantes; e, finalmente, a *quarta* e última consequência (que é decorrente da terceira), é a *ira de Deus se revelando do céu contra toda impiedade e perversão dos homens.*

Contudo, Deus, por meio das coisas criadas, não somente revelou seu poder e sua divindade, mas nos parece também que, por meio dessa mesma criação, o evangelho foi anunciado a toda criatura. É o que podemos deduzir ao lermos outro trecho dessa epístola:

---

[i] Todas as citações e expressões bíblicas foram extraídas da versão Revista e Atualizada da Tradução de João Ferreira de Almeida, publicada pela Sociedade Bíblica do Brasil, exceto quando outra fonte for indicada.

E, assim, a fé vem pela pregação, e a pregação, pela palavra de Cristo. *Mas pergunto: Porventura, não ouviram? Sim, por certo: Por toda a terra se fez ouvir a sua voz, e as suas palavras, até aos confins do mundo.* Pergunto mais: Porventura, não terá chegado isso ao conhecimento de Israel? (Rm 10.16-19, grifo nosso).

O tema principal da carta aos Romanos é o evangelho! E aqui, no capítulo 10, todo o contexto nos fala a respeito da pregação das boas-novas de salvação. Em certo ponto, o apóstolo faz uma pergunta: "Porventura, não ouviram?". A construção linguística do texto exige uma resposta positiva: Sim, ouviram! E não somente o povo de Israel, mas toda a humanidade: "por toda a terra se fez ouvir a sua voz, e as suas palavras, até aos confins do mundo". Paulo aqui está afirmando que a mensagem do evangelho foi pregada a todas as nações da Terra! Mas de que forma foi o evangelho anunciado em toda a Terra? De que maneira a voz de Deus e as suas palavras foram ouvidas até aos confins do mundo? Para responder a essas perguntas, o apóstolo faz uma clara referência ao Salmo 19:

Os céus proclamam a glória de Deus, e o firmamento anuncia as obras das suas mãos. Um dia discursa a outro dia, e uma noite revela conhecimento a outra noite. Não há linguagem, nem há palavras, e deles não se ouve nenhum som; no entanto, *por toda a terra se faz ouvir a sua voz, e as suas palavras, até aos confins do mundo.* (Sl 19.1-4, grifo nosso).

Consideraremos, posteriormente, com mais detalhes esse salmo, mas o que queremos realçar no momento é que ele nos diz que os céus anunciam uma mensagem que nos fala a respeito, não somente da glória divina (v.1), mas, ao ser utilizada por Paulo no trecho de Rm 10.16-19, também nos dá a entender que se refere à proclamação do evangelho, ou seja, das boas-novas da salvação para toda a humanidade. Quando comparamos esses dois trechos (Rm 10.16-19 e Sl 19.1-4), podemos concluir que nos céus há uma proclamação, sem palavras escritas e nem som audível, mas com uma mensagem tão clara como se pudéssemos ouvi-la, e que pessoas de todas as línguas

Introdução

e em todas as partes do mundo tiveram a oportunidade de escutar e a capacidade de compreender e, portanto, não há desculpas para não acreditarem nela.[6]

Portanto, na epístola aos Romanos encontramos relatada uma *dupla revelação* de Deus: no capítulo primeiro temos uma *revelação geral* (a respeito do poder e da divindade do Criador) e, no décimo capítulo, temos uma *revelação específica* (a respeito da pregação do evangelho em toda a Terra). E ambas as revelações ocorrem por meio da criação!

Essa proclamação do evangelho por meio da natureza não deve nos surpreender, pois, desde o início, Deus sempre buscou o homem. Apesar de a mensagem de salvação ter se manifestado plenamente por intermédio da vida e dos ensinamentos de nosso Senhor Jesus Cristo, ela não é exclusividade do Novo Testamento, pois vemos nas Escrituras que o evangelho foi preanunciado tanto a Abraão (Gl 3.8) quanto a Adão[ii]. Além disso, encontramos também, no último livro da Bíblia, o relato da pregação de um "evangelho eterno" (Ap 14.6). Ora, se ele é eterno, significa que sempre existiu!

É a respeito desse anúncio do evangelho que ocorreu, desde o princípio, por intermédio das coisas criadas e, em especial, por meio dos céus, que falaremos neste livro. Pois, o que pode ser maior e mais notório em toda a criação do que este imenso Universo que nos cerca e que a cada dia e a cada noite se mostra tão evidente acima de nossas cabeças?

Em tempos passados, quando ainda não havia sido inventada a iluminação artificial, nem o rádio ou a televisão, as pessoas não tinham muitas coisas para fazer à noite, exceto olhar para as estrelas e se familiarizar com as constelações celestes. Além do assombro diante da imensidão do cosmo e da beleza do céu noturno, as estre-

---

[ii] A promessa de Gn 3.15 ("[...] Este [o descendente da mulher] te ferirá a cabeça [da serpente], e tu lhe ferirás o calcanhar.") pode ser considerada o mais antigo Protoevangelho. Além disso, para que Deus providenciasse as vestimentas de peles que cobriram a nudez do primeiro casal, provavelmente um animal – um cordeiro – tenha sido morto (ver Gn 3.21).

las e as constelações eram essenciais para a vida dos homens, pois elas serviam como bússola (para orientação em viagens), relógio (para medir a passagem do tempo) e calendário (para indicar as estações do ano, bem como a época de semear, colher, caçar e celebrar outros eventos anuais)[7].

Naquela época, em que não havia poluição e tampouco a luz das grandes cidades para ofuscar a visão noturna, o céu era muito escuro e as estrelas brilhavam fortemente na abóbada celeste, de uma maneira que poucos, hoje em dia, têm a oportunidade de contemplar. Portanto, a atenção do homem na parte da noite estava inteiramente voltada para o céu estrelado. Durante o dia, havia o duro trabalho de sol a sol, mas à noite, quando podia descansar, o homem refletia sobre sua vida e olhava para cima, contemplando os luminares celestes. E, sem dúvida alguma, Deus utilizou o Universo para se revelar às suas criaturas. Sim, acreditamos que Deus transmitiu, no grande quadro-negro do firmamento, por meio das constelações e dos sinais nos céus, a mensagem mais importante de todos os tempos, a saber, a mensagem do evangelho da salvação!

Mas precisamos realçar que essa mensagem do evangelho por meio das estrelas foi mais evidente e necessária durante o tempo em que ainda não havia revelação escrita da Palavra de Deus, ou seja, nos 2500 primeiros anos da raça humana (desde Adão até Moisés) – pois cremos que Deus não deixou essas primeiras gerações sem uma clara revelação de seu plano de salvação. Porém, depois que as Escrituras foram redigidas, o registro no firmamento deixou de ser fundamental, cedendo a sua preeminência para a palavra escrita. Contudo, ainda assim, essa mensagem nos céus continua lá e pode ser percebida até os dias de hoje.

Podemos, portanto, concluir que se os homens (de todas as culturas, em todos os lugares e em todas as épocas) apenas olharem para cima; se eles, tão somente, buscarem o Deus dos altos céus, com certeza o encontrarão ao contemplarem este maravilhoso e estupendo Universo!

Primeira Parte

A ASTRONOMIA E A BÍBLIA

"Levantai ao alto os olhos e vede. Quem criou estas coisas?"

Profeta Isaías (40.26)

"A ciência sem a religião é manca. A religião sem a ciência é cega."

Albert Einstein

Primeira Parte

A ASTRONOMIA
E A BÍBLIA

"Tantas loucuras eles sevem. Quem mora estas tudor?"

Feitzeitatas: 9020

Cuándo termo religiose sempre a proveniar a geometria.

Albert Einstein

Capítulo 1

CIÊNCIA E FÉ

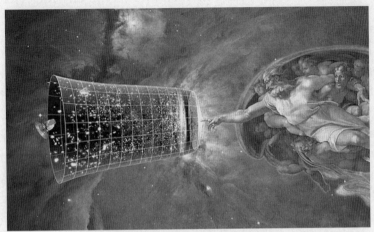

A criação do universo pelas mãos de Deus

Como o tema deste livro procura abordar e unir dois campos distintos (ciência astronômica e teologia cristã), precisamos primeiramente lançar uma base sólida comum para, a partir dela, podermos caminhar. Vamos começar falando sobre ciência e fé.

O propósito da Bíblia não é ensinar ciência, mas verdades morais e espirituais. Fatos científicos podem ser descobertos pelo intelecto e pela inventividade humanos, mas a respeito de Deus, de nossa origem e destino, e do caminho para salvação, somente ela pode nos revelar![1] Esse é o conhecimento mais importante e fundamental para todo ser humano, pois de que adianta ao homem toda a sua competência científica, se ele não sabe responder às questões mais elementares da vida: *De onde vim? Por que estou aqui? Há algum propósito em minha vida? Para onde vou depois da morte?* Ao desconhecer as respostas para essas perguntas básicas, vemos o homem atual mergulhado em completa escuridão: Há trevas no que diz respeito ao seu passado (*De onde eu vim?*), trevas quanto ao seu presente (*Por que estou aqui? Qual é o propósito da vida?*) e trevas também em relação ao seu futuro (*Para onde vou depois da morte?*). Contudo, aqueles que creem em Deus não estão em trevas, pois Jesus disse: "Eu sou a luz do mundo; quem me segue não andará nas trevas; pelo contrário, terá a luz da vida" (Jo 8.12).

Como cristãos, precisamos possuir uma visão ampla e completa da vida e do mundo no qual vivemos. Além das questões físicas e naturais, precisamos saber responder também às questões espirituais e transcendentais. A nossa cosmovisão deve responder tanto às questões objetivas quanto às questões subjetivas; deve incluir tanto a ciência quanto a fé, pois não podemos separar essas duas realidades – elas precisam caminhar juntas. O problema dos cientistas é que eles têm uma visão apenas parcial da vida e do mundo: eles conseguem responder a algumas perguntas, mas não conseguem encontrar respostas para outras. Eles respondem às questões naturais, mas não têm capacidade para responder às questões transcendentais (que, diga-se de passagem, são as mais importantes para nós, seres humanos). Da mesma maneira errônea, agem os religiosos que tentam separar a fé da ciência: eles dizem possuir as respostas para as questões espirituais, mas falham ao responder às questões naturais. Esses também respondem a algumas perguntas, mas falham em responder a outras.

Porém, a cosmovisão judaico-cristã é a única coerente e abrangente o suficiente para responder a todas as questões: as naturais e as espirituais, as morais e as físicas, as visíveis e as invisíveis.

Portanto, para o verdadeiro cristão, estas duas realidades não estão em conflito, mas são complementares, pois tanto a matéria quanto o espírito têm sua origem e estão sujeitos ao mesmo Deus, Criador de todas as coisas. Como consequência, a ciência e a fé devem, de alguma forma, harmonizar-se e não precisam ser vistas como áreas distintas ou antagônicas.

Ciência e fé

Na verdade, as últimas décadas têm testemunhado um florescimento mundial, sem precedentes, do diálogo entre religião e as disciplinas científicas. Atualmente, várias associações internacionais, instituições acadêmicas, igrejas e missões cristãs contribuem para um esforço conjunto de construção de pontes entre a fé cristã e a ciência contemporânea[2]. O bioquímico Alister McGrath[i], um dos mais influentes pensadores cristãos da atualidade, chama isso de "teologia científica", e diz:

> Longe de se tratar de um diálogo arbitrário, trata-se de um diálogo natural, baseado na crença elementar de que o Deus da teologia cristã é o mesmo que criou o mundo investigado pelas ciências naturais. [3]

Duas realidades subordinadas a um único Deus

Apesar de a Bíblia possuir um enfoque espiritual, pode-se encontrar muito de ciência nela, pois, conforme as Escrituras, foi o Deus único e verdadeiro que criou tanto o mundo espiritual (as coisas invisíveis) quanto o mundo natural (as coisas visíveis). Veja o que Paulo nos diz a esse respeito em sua carta aos Colossenses:

> [...] pois, nele (em Cristo), foram criadas *todas as coisas, nos céus e sobre a terra, as visíveis e as invisíveis,* [...] Tudo foi criado por meio dele e para ele. (Cl 1.16, grifos e parêntese nossos).

Como ambas as realidades foram criadas pelo mesmo Deus, tanto o mundo natural quanto o mundo espiritual estão sujeitos às normas que o próprio Criador estabeleceu. As leis do mundo natural são de natureza física e as leis do mundo espiritual são principalmente de natureza moral. Essas duas esferas são distintas e estão separadas no que diz respeito às suas leis e regras, mas

---

[i] Alister McGrath: teólogo cristão, ex-ateu, autor de dezenas de livros, com pós-doutorado em biofísica molecular e doutorado em teologia, ambos pela universidade de *Oxford*. É presidente do *Centro Oxford para Apologética Cristã* e diretor do *Ian Ramsey Center for Science and Religion*.

ambas, segundo a Palavra de Deus, estão debaixo da soberania e jurisdição do Todo-Poderoso. Essas leis foram estabelecidas para as criaturas de ambos os mundos (sejam homens ou anjos) e, quando qualquer desses seres quebra alguma das leis às quais está submetido, sofre as consequências. Porém, o próprio Criador não está sujeito a essas leis, mas está acima delas, pois como foi ele que as estabeleceu, quando deseja, tem todo o poder e liberdade para operar além delas.

Por exemplo: no mundo espiritual, Deus estabeleceu princípios, tanto para recompensar a obediência quanto para punir a transgressão, mas, por amor, e sem violar a sua própria justiça, ele pode usar de misericórdia quando assim desejar (ver Rm 9.14-24). Da mesma maneira, no mundo natural, Deus pode operar em nossas vidas usando as leis físicas, químicas e biológicas ou, se desejar, pode escolher operar de maneira sobrenatural, pois, como dissemos, ele não está limitado ou restrito pelas leis que estabeleceu. Esses são os milagres que estão relatados na Bíblia e que são as pedras de tropeço para os ateus e para todos aqueles que não possuem uma mente espiritual[ii].

Exemplos de ciência na Bíblia

Para confirmarmos esse ponto de vista unificado, mostraremos alguns exemplos de ciência na Palavra de Deus. Como dissemos, apesar de não ser um livro científico, a Bíblia, contudo, nos fala muito sobre ciência. E, talvez para confundir aqueles que se julgam sábios, a maioria das referências científicas na Bíblia estão registradas em alguns dos livros mais antigos do Antigo Testamento: Gênesis, Jó e Isaías.

[ii] Os céticos afirmam que milagres são cientificamente impossíveis. Correto! Porém, dizer que milagres são cientificamente impossíveis é uma coisa, e dizer que eles não podem ocorrer é outra, pois neste caso está se negando a existência e/ou o poder absoluto de Deus sobre a sua criação. Em outras palavras, quando dizem que eventos sobrenaturais não ocorrem, essas pessoas simplesmente estão afirmando o que são: céticos e nada mais! Mas a ciência por si só não exclui os milagres de acontecerem, pois, por definição, milagres são eventos que estão além da esfera natural. [MORRIS, *Many Infallible Proofs*].

Ciência e fé

O livro de Jó é considerado por muitos eruditos como sendo o primeiro e mais antigo livro escrito de toda a coleção de livros da Bíblia. Sua autoria é situada na época dos patriarcas[4], por volta de aproximadamente[5] 2100 a.C. O livro de Gênesis foi escrito na época de Moisés, por volta de 1520 a.C.; e o livro do profeta Isaías, mesmo sendo posterior aos dois últimos, é datado de 750 a.C., e nele também encontramos algumas verdades científicas.

Dentre os muitos e variados exemplos que poderíamos citar de ciência na Bíblia, para não nos estendermos muito, mencionaremos apenas cinco.

*O **primeiro exemplo** diz respeito ao **formato** do nosso planeta.* Temos registrado nos livros de Jó e Isaías, o fato da redondeza da Terra, o que somente há poucos séculos foi comprovado cientificamente[iii]. Porém, esses escritores bíblicos, sem qualquer recurso técnico disponível em seu tempo e apenas com a inspiração divina em seus corações, já declaravam isso com uma clareza surpreendente:

Pelo sopro de Deus se dá a geada, e as largas águas se congelam. Também de umidade carrega as densas nuvens, nuvens que espargem os relâmpagos. Então, elas, segundo o rumo que ele dá, se espalham para uma e outra direção, para fazerem tudo o que lhes ordena sobre a *redondeza da terra*. (Jó 37.10-12, grifo nosso).

Fonte: NASA (2008)

A redondeza da Terra

[iii] Apesar dos filósofos gregos Pitágoras (572-496 a.C.), Aristóteles (384-322 a.C.) e Eratóstenes (276-194 a.C.) terem indicações da forma esférica de nosso planeta por meio de observações e da utilização da geometria/trigonometria, até o tempo de Nicolau Copérnico (1473-1543) e Galileu Galilei (1564-1642) a visão mais comumente aceita era de que a Terra possuía uma superfície relativamente plana.

Com quem comparareis a Deus? Ou que coisa semelhante confrontareis com ele? [...] Ele é o que está assentado sobre a *redondeza da terra*, cujos moradores são como gafanhotos; é ele quem estende os céus como cortina e os desenrola como tenda para neles habitar; é ele quem reduz a nada os príncipes e torna em nulidade os juízes da terra. (Is 40.18-23, grifo nosso).

*O **segundo exemplo** que desejamos citar, fala para nós sobre a **composição interior** de nosso planeta:* "Da terra procede o pão, mas embaixo é revolvida como por fogo" (Jó 28.5).

O inglês Lord Kelvin[iv] deduziu no século 19 que, pela teoria das pressões e temperaturas, o planeta Terra, no seu interior, deveria ser liquefeito tal a pressão e temperatura que deveria haver lá. Porém Jó, aproximadamente 40 séculos antes, já nos dizia que "embaixo", ou seja, debaixo da crosta terrestre, a Terra não era estática como uma massa dura e sólida, mas se movimentava como que se revolvendo sobre si mesma. E o material que se "revolvia" não era o fogo, mas "como por fogo". Essa é uma admirável descrição do magma ou rocha derretida que se desloca continuamente nas profundezas do nosso planeta!

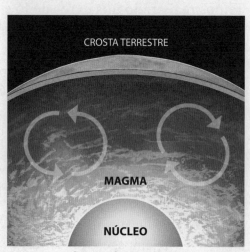

O interior de nosso planeta

[iv] William Thomson (1824-1907 d.C.), conhecido também como Lord Kelvin, foi um físico-matemático e engenheiro britânico, considerado líder nas ciências físicas do século 19. Ele é amplamente conhecido por desenvolver a escala *Kelvin* de temperatura absoluta.

*O **terceiro exemplo** de ciência extraída da Bíblia, diz respeito à **atmosfera** da Terra:*

Tens tu notícia do equilíbrio das nuvens [...] ? (Jó 37.16).

Quem pôs sabedoria nas camadas de nuvens? (Jó 38.36).

A nossa atmosfera é uma imensa camada gasosa que envolve o planeta com a altura de aproximadamente 800 km e é como um tapete de várias camadas, cada qual com composição e características distintas. As suas propriedades são muitas e variadas: ela protege o planeta do constante choque de meteoros; é transparente à luz do Sol e ao mesmo tempo nos protege dos raios cósmicos e outras radiações do espaço; retém o calor da radiação solar, aquecendo o planeta na temperatura certa para a manutenção da vida; mantém um equilíbrio dinâmico natural por conta do deslocamento de massas de ar, precipitações meteorológicas e mudança do clima, etc. Além disso, ela também atua como um "espelho" que reflete as ondas eletromagnéticas de várias frequências. Na verdade, grande parte da ciência das telecomunicações está baseada nessa reflexão seletiva das camadas atmosféricas. Realmente, como declarado por Jó, podemos afirmar que há um delicado equilíbrio nas camadas de nuvens e uma "sabedoria" nesse manto de ar que envolve o planeta. Como seria possível para o autor desse livro sagrado, que em sua época não possuía nenhum meio científico de investigação e nem a possibilidade de se elevar às alturas, escrever tais declarações acerca da atmosfera terrestre, a não ser por inspiração divina?

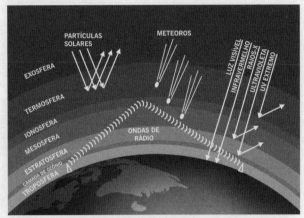

Camadas atmosféricas

*O **quarto exemplo** de ciência na Bíblia diz respeito à **condição** do nosso planeta no Universo:* "Ele estende o norte sobre o vazio e faz pairar a terra sobre o nada" (Jó 26.7).

Planeta Terra visto da Lua

Que estupenda declaração do escritor bíblico que, várias dezenas de séculos atrás, nos revela que o planeta em que vivemos, tanto no norte (em cima), como no sul (embaixo), está como que "pairando sobre o nada", ou seja, no vazio ou vácuo do espaço sideral. Observe que o autor usa uma linguagem extremamente poética, mas nem por isso deixa de ser cientificamente correto.

Esses quatro exemplos estão no livro mais antigo de toda a Bíblia (o livro de Jó) e nos falam com precisão e rigor científico sobre o planeta em que vivemos: sua *forma, composição interior, atmosfera* e *posição no Universo.*

Finalmente, o **quinto exemplo** de ciência na Bíblia é uma indicação científica de algo que é tida, por muitos, como uma parábola ou mito, e diz respeito à nossa origem como seres humanos. No livro de Gênesis (cap. 2), temos o relato da criação do homem por Deus:

> Mas uma neblina subia da terra e regava toda a superfície do solo. Então, formou o Senhor Deus ao homem do pó da terra e lhe soprou nas narinas o fôlego de vida, e o homem passou a ser alma vivente. (Gn 2.6,7).

Na universidade de Cornell, nos Estados Unidos, na década de 1980, uma química da NASA, Dra. Leila Coyne, ganhou um prêmio em Nova York pela sua tese baseada na parte matemática das probabilidades[6]. Em seu trabalho, ela afirma que o local mais provável para o surgimento da vida não é o mar, como diz a teoria da evolução[v], pois nesse meio os elementos estão muito diluídos. Essa cientista provou matematicamente, por meio da lei das probabilidades que, se a vida se originou de algum lugar, foi do barro, pois além de suas propriedades químicas propícias à formação da vida é nesse elemento que se encontra a maior concentração de sais e nutrientes necessários à geração biológica.

A revista *Seleções*[vi], referindo-se à pesquisa dessa cientista, publicou um artigo em novembro de 1982 com o título *Como a vida na Terra começou*. O artigo afirmava que, de acordo com cientistas do Centro de Pesquisas da NASA, os ingredientes necessários para formar um ser humano podem ser encontrados no barro. O autor do artigo diz: "O cenário descrito pela Bíblia quanto à criação da vida vem a ser não muito distante do alvo"[vii]. A Bíblia não apenas "passou perto", mas atingiu perfeitamente o alvo!

Em Gênesis temos narrado exatamente isso: após o relato bíblico dizer que uma neblina regava toda a superfície do solo, vemos Deus usando o pó da terra (que tinha sido umedecido pelo orvalho), ou seja,

A criação do homem

---

[v] A Teoria da Evolução nos diz que a vida surgiu no mar, evoluiu e subiu para a terra.
[vi] Versão brasileira da *Reader's Digest*, revista mensal americana de assuntos diversos e conhecimentos gerais, criada em 1922 por Lila Bell Wallace e DeWitt Wallace, publicada em 35 línguas e distribuída em 120 países (no Brasil foi publicada a partir de 1942).
[vii] *Seleções do Reader's Digest*, novembro de 1982, página 116.

o barro para a criação do homem. Como cristãos, não cremos absolutamente que a vida surgiu espontaneamente do barro e que evoluiu até nós, mas nas Escrituras podemos ver Deus utilizando o elemento mais propício para a formação da vida ao criar o ser humano!

Poderíamos continuar citando muitos exemplos, mas cremos que com esses poucos mencionados, podemos concluir que a ciência e a fé não se contrapõem, mas se complementam, e que os que creem em Deus e em sua Palavra não estão em falta no que diz respeito ao verdadeiro conhecimento científico. Dizendo isso, não queremos de forma alguma confirmar a Bíblia com a ciência, pois dessa forma estaríamos colocando a ciência acima da Bíblia. Citando certo autor cristão, podemos dizer que:

> [...] quando se toma a ciência como contraponto para enfatizar a veracidade da Bíblia e a existência de Deus, pode parecer que se está sugerindo que a ciência esteja acima da Bíblia, pois para enfatizar a verdade dos fatos bíblicos recorre-se à ciência. Ao contrário, a utilização da ciência como contraponto é necessária porque ela é a única instância definidora e legitimadora de critérios de verdade sobre a vida natural. Além disso, a demonstração da existência de um conhecimento objetivo anterior à ciência e que guarda correspondência com ela é algo que prova a objetividade e anterioridade do conhecimento da Bíblia. Assim, o conhecimento bíblico não se sustenta na ciência porque lhe é anterior. Logo, o respaldo do conhecimento bíblico não está na ciência, mas na própria Bíblia ao antecipar temas e fatos que também são tratados pela ciência moderna. Assim, ao se utilizar o contraponto científico não se está sugerindo, nem de forma consciente e nem inconsciente, que a ciência é maior do que a Bíblia. Afirma-se o contrário, isto é, a Bíblia não precisa do respaldo da ciência. A Bíblia é verdadeira e creditável. [7]

A Bíblia está inteiramente consistente com as descobertas da ciência! Esse livro é realmente a Palavra de Deus e nunca passará! Veja o que o profeta Isaías já nos dizia a respeito da eternidade das Escrituras: "seca-se a erva, e cai a sua flor, mas a palavra de nosso Deus permanece eternamente" (Is 40.8). Também no Novo Testamento Jesus confirma essa mesma veracidade e imutabilidade: "Porque em verdade vos digo: até que o céu e a terra passem, nem um i ou um til jamais passará da Lei" (Mt 5.18); e ainda: "Passará o céu e a terra, porém as minhas palavras não passarão" (Mt 24.35). Portanto, como cristãos, podemos confiar que encontraremos nas Sagradas Escrituras base sólida para uma cosmovisão única e abrangente, tanto espiritualmente segura quanto cientificamente correta.

O testemunho da natureza a respeito do Criador

Apesar de todas as evidências científicas na Palavra de Deus, a maioria dos cientistas insiste em remover o Criador de seu papel principal na obra da criação e se apegar à ideia de um universo que veio a existir espontaneamente ou sem uma causa aparente. Porém, a própria natureza fornece abundantes provas de um projeto cuidadosamente elaborado. Veja o que diz o famoso físico teórico Albert Einstein:[viii]

> *O cientista é controlado pelo senso de causa universal* [...] Sua percepção religiosa toma a forma de um assombro magnífico diante da harmonia da lei natural, a qual revela uma inteligência de tamanha superioridade que, comparada a ela, todo o pensamento sistemático e ações dos seres humanos se tornam uma reflexão totalmente insignificante.[8] (grifo nosso).

O que Einstein quer dizer (no princípio da citação) é que o pensamento lógico exige uma causa para cada efeito. Essa conclusão não requer conhecimento científico profundo, mas apenas bom senso, pois ninguém jamais observou algo diferente disso. Que

---

[viii] Albert Einstein (1879-1955 d.C.): matemático e físico alemão, considerado o mais brilhante físico teórico de todos os tempos, ganhador do prêmio Nobel de física, que desenvolveu a teoria da relatividade geral visando modelar a estrutura do Universo como um todo.

todo efeito deve ter uma causa é uma verdade evidente, não somente para aqueles que foram ensinados a pensar logicamente, mas para qualquer ser pensante.[9]

Até pouco tempo, a queda de braço entre evolução e criação (também chamada cientificamente de *design inteligente*) estava restrita apenas ao campo da biologia. Mas, hoje, a evidência de um projeto intencional do Universo está sendo discutida na física e na cosmologia, pois o cosmo está tão bem afinado para existir, que é estatisticamente impossível que ele seja resultado apenas do acaso. Os físicos e cosmólogos da atualidade descobriram que as forças fundamentais do Universo estão tão bem sintonizadas e equilibradas, que é como se estivessem sido intencionalmente ajustadas para permitir a existência de vida biológica[10].

Stephen Hawking[ix], que se definia como ateu, afirmou: "O fato notável é que os valores desses números parecem ter sido muito bem ajustados para tornar possível o desenvolvimento da vida".

Veja, igualmente, o que dizem os editores de *Scientific American*, revista de divulgação científica mundialmente respeitada:

> O nosso universo é como uma máquina muito bem ajustada. Os cientistas descobriram que há cerca de 20 constantes fundamentais da natureza que dão ao universo as características que temos hoje. São números como: a constante de Hubble; o peso do elétron; a relação entre as massas do próton e do elétron; a intensidade das quatro forças principais da natureza (gravidade, força eletromagnética, força nuclear "forte"[x] e força nuclear "fraca"[xi]); entre outras. Somente se todos estes 20 parâmetros estão muito bem alinhados e sintonizados é que o universo

---

[ix] Stephen William Hawking (1942-2018 d.C.): físico teórico e cosmólogo britânico, reconhecido internacionalmente por sua contribuição à ciência, sendo um dos mais renomados cientistas das últimas décadas.

[x] Força que mantém os prótons e nêutrons no interior do núcleo do átomo.

[xi] Força responsável pela radioatividade.

pode existir. Se quaisquer destes valores fossem modificados minimamente, o universo não conseguiria se manter estável, ou seja, não poderia existir e desapareceria! O que então ajusta estas 20 variáveis de maneira tão precisa? Este é um dos mais profundos mistérios da natureza.[11]

O que é um mistério para os cientistas é uma certeza óbvia para os que têm sua fé colocada em Deus e em sua Palavra! Como o cosmo não pode ser explicado como obra do acaso, uma vez que o *design* óbvio (visto desde o código genético até as constantes cósmicas) mostra propósito e superinteligência[12], temos, portanto, a prova de um Criador que projetou as leis do Universo antes que houvesse universo.[13]

O astrofísico Arthur Eddington[xii] chegou a conclusão parecida:

> A ideia de uma mente ou logos universal seria, em minha opinião, uma inferência bastante plausível do estado presente da teoria científica.[14]

Note também o que diz o jornalista científico Fred Heeren[xiii], em seu livro *Mostre-me Deus – O que a mensagem do espaço nos diz a respeito de Deus*:

> Olhar para cima para contemplar os céus deveria nos tornar humildes, talvez nos lembrar de que não somos exatamente os senhores e controladores de todas as coisas como gostaríamos de ser, e certamente nos ensinar que quem quer que tenha criado tal espetáculo é merecedor de toda a honra que possamos dar. [...] A criação deveria inspirar não apenas humildade, mas gratidão para com o Criador, que não mediu esforços para preparar um lugar para nós, [...] pois Ele preparou este universo antes de nos entregá-lo.[15]

[xii] Arthur Stanley Eddington (1882-1944 d.C.): astrofísico britânico do início do século 20, famoso por seu trabalho sobre a Teoria da Relatividade.
[xiii] Jornalista americano que trabalhou para revistas científicas, como a *Scientific American*, *Nature*, *Science*, além de muitos outros importantes veículos de comunicação dos EUA.

E prossegue:

> A revelação natural nos diz não apenas o quanto somos pequenos, mas quão grandioso Ele é, quer olhemos casualmente para o céu ou quer dediquemos nossas vidas às descobertas das incríveis seleções naturais que tornaram possível tamanha ordem (no universo). Tais seleções criteriosas nos contam a respeito do cuidado Dele para conosco. Tais insondáveis mistérios físicos nos contam a respeito da sabedoria Dele. Tais precisões matemáticas nos contam a respeito da perfeição Dele. Tal energia imensa fala de Seu poder. Tal simetria e elegância falam de Seu amor à beleza. Esses atributos – senso estético, poder bem direcionado, perfeição, tremenda sabedoria e cuidado – apontam para o caráter pessoal de um Deus bíblico transcendente e não para os acidentes não planejados e descuidados do acaso cego. [16]

Desejo concluir este capítulo com a citação de Robert Jastrow[xiv], astrônomo respeitado internacionalmente (e agnóstico declarado), que no final de seu livro *God and the Astronomers* [Deus e os Astrônomos], declarou:

> Neste momento nos parece que a ciência nunca estará apta a levantar a cortina a respeito do mistério da criação. Para o cientista que viveu colocando sua fé no poder da razão, a história termina como um pesadelo. Ele escalou as montanhas da ignorância; está prestes a conquistar o pico mais alto; à medida que se esforça para superar a última rocha, ele é recebido por um bando de teólogos que estavam sentados lá há séculos. [17]

Porém, apesar de todos esses fatos irrefutáveis, os cientistas terminantemente se recusam a reconhecer a existência de um Deus infinitamente sábio, Criador de todas as coisas, e insistem que todo este tremendo e maravilhoso Universo é apenas decorrência do acaso. Tais "sábios" em seu desespero para rejeitar Deus e encontrar

---

[xiv] Robert Jastrow (1925-2008 d.C.): americano, cientista premiado, diretor-fundador da NASA, físico e cosmólogo.

uma razão lógica para a vida e o Universo, apegam-se a teorias exóticas que, no mínimo, poderíamos chamar de ridículas, como o atual conceito de *multiverso*[xv]. Realmente, como declara a Palavra de Deus, a condenação destes é justa, pois tendo conhecimento do Criador por meio de suas obras, deliberadamente fecham os olhos para tais evidências científicas e trocam a revelação do Eterno pelo acaso e o caos.

Fonte: NASA (1995)

Galáxia NGC4414

[xv] Multiverso: teoria científica que diz existirem infinitos universos, cada um deles com constantes físicas diferentes uns dos outros, sendo que o nosso Universo seria o único capaz de abrigar vida inteligente. Esta teoria é utilizada por muitos cientistas como contraposição à ideia de um "*Design Inteligente*" e como explicação para a pré-assumida improbabilidade estatística das leis da física e das constantes físicas fundamentais serem tão bem ajustadas para permitirem a existência do universo tal qual o conhecemos. Essa teoria, na verdade, é uma conjectura essencialmente ideológica, pois como não há qualquer tipo de prova tecnicamente real – pois é impossível sair do nosso Universo para saber se existe outro universo além daquele em que habitamos – pode-se concluir que ela é, em essência, apenas mera especulação e não ciência de fato, pois a verdadeira ciência lida com evidências observacionais e experimentais – o que não ocorre no caso do "multiverso".

Capítulo 2

A ASTRONOMIA DA BÍBLIA

Abraão contando as estrelas

Se examinarmos com cuidado os escritos bíblicos, podemos encontrar várias áreas da ciência reveladas em suas páginas. Dentre estas, uma das principais é a astronomia, pois há muitos versículos nas Escrituras que nos falam, direta ou indiretamente, sobre o Universo e seus astros. Na verdade, essa área do conhecimento e investigação humana foi uma das mais antigas ciências, pois desde o início o homem sempre tentou decifrar o céu, e tanto a história como a arqueologia confirmam esse fato.[1]

Para comemorar os 400 anos desde as primeiras observações telescópicas do céu feitas pelo astrônomo italiano Galileu Galilei[i], o ano de 2009 foi eleito em todo o mundo como o ano internacional da astronomia. A partir do advento do telescópio, o espectro da visão do Universo ampliou-se tremendamente iniciando, assim, a astronomia moderna. Porém, como o escopo deste livro abordará

---
[i] Galileu Galilei (1564-1642 d.C.): físico, matemático, astrônomo e filósofo italiano que desempenhou importante papel na revolução científica dos séculos 16 e 17.

apenas a astronomia bíblica, nos limitaremos tão somente às estrelas e aos corpos celestes que são visíveis a olho nu, pois, durante toda a época em que o Antigo e o Novo Testamentos foram escritos, essa era a única forma de se conhecer os céus.

Nesse sentido, E. W. Maunder[ii], em seu livro *The Astronomy of the Bible* [A Astronomia da Bíblia], faz um comentário interessante:

Logotipo do Ano Internacional da Astronomia

> A astronomia nos dá o poder de nos colocarmos, em certo grau, na posição dos patriarcas e profetas da antiguidade. Sabemos que o mesmo sol e lua, estrelas e planetas, que brilham sobre nós, brilharam sobre Abraão e Moisés, Davi e Isaías. Nós podemos, se assim desejarmos, ver os imutáveis céus com os seus olhos, e entender a sua atitude em relação a eles.[2]

Entretanto, apesar de podermos ver hoje (a olho nu) os mesmos céus que as pessoas do passado[iii], é muito significativo o tipo de abordagem que os escritores bíblicos tinham a respeito dos corpos celestes.

Na teologia modernista, chamada de "alta crítica da Bíblia", muito se tem dito sobre a inspiração das Sagradas Escrituras e a respeito dos autores bíblicos terem, ao escreverem os livros do Antigo Testamento, sido influenciados pelos povos ao redor. Como existem semelhanças entre as histórias bíblicas e as lendas de vários povos antigos, há uma linha de pensamento que apoia a ideia de que o relato bíblico seja apenas uma forma evoluída (ou mesmo cópia) de antigas religiões do mundo.[iv]

[ii] Edward Walter Maunder (1851-1928 d.C.): astrônomo inglês, fundador da Associação Astronômica Britânica.

[iii] Era uma crença antiga que as estrelas estavam fixas nos céus e que elas não modificavam as suas posições relativas. E, realmente, até aproximadamente dois séculos atrás, os instrumentos astronômicos não eram sensíveis o suficiente para medir o pequeno desvio relativo entre as estrelas. Só recentemente o homem adquiriu capacidade tecnológica para detectar e medir esse movimento. Portanto, sob um ponto de vista humano, podemos dizer que as estrelas se moveram tão pouco, que estão praticamente na mesma posição de milênios atrás.

[iv] Se examinarmos com cuidado, veremos que essas religiões é que podem ser vistas como uma corrupção grosseira da verdade bíblica.

A astronomia da Bíblia

Porém, contrariamente a esse ponto de vista, vemos que os hebreus da antiguidade tinham conceitos totalmente diferentes aos das culturas vizinhas e contemporâneas a eles. Podemos constatar com surpresa e admiração que, naqueles tempos antigos, enquanto todos os povos se valiam dos corpos celestes para adivinhação e idolatria, a atitude dos escritores sagrados em relação aos mesmos era de perfeita sanidade e coerência científica.[3]

No princípio

Para comprovar essa afirmação, tomaremos como referência o primeiro versículo da Bíblia: "No princípio, criou Deus os céus e a terra" (Gn 1.1).

Essa simples declaração, que dá início ao livro de Gênesis, descreve a cosmogonia[v] bíblica, e contém o germe de toda a verdade, tanto espiritual quanto física, no que diz respeito aos corpos celestes. Baseado nesse pequeno verso das Escrituras, podemos compreender como os antigos hebreus interpretavam e se relacionavam com o Universo:

➤ *Em primeiro lugar, eles criam que o Universo não era eterno, mas teve um princípio.* Esse conceito, que é hoje uma certeza comprovada pela ciência[vi], durante milênios na história da humanidade foi tema de intermináveis discussões. Muitos sábios da antiguidade criam que o Universo sempre existiu. Tanto os antigos gregos quanto os astrônomos e físicos de apenas um século atrás acreditavam na eternidade da matéria e do cosmo. Mas vemos Moisés afirmando, com tal simplicidade que mesmo uma criança poderia entender, que o Universo teve um princípio e que ele não era autoexistente.

---

[v] Cosmogonia – Estudo das teorias a respeito da origem do Universo.
[vi] O astrônomo americano Edwin Hubble (1889-1953 d.C.) provou, na década de 1920, que o Universo não é estático, pois constatou que as galáxias estão se afastando umas das outras, ou seja, o Universo está se expandindo. Como consequência, se voltarmos no tempo, podemos concluir que ele teve um princípio ou, teologicamente falando, uma criação.

41

➤ *Em segundo lugar, a visão dos hebreus era de que, como o Universo (com todas as partes que o compõem) tinha sido criado por Deus, obviamente ele não era Deus.* Dessa forma, todo o exército dos céus (incluindo a Terra) fazia parte da criação de Deus. Os corpos celestiais eram, portanto, apenas "coisas" e não divindades[4] e, como consequência natural, eles não deveriam ser adorados. Esse único ponto basta para diferenciar o povo hebreu de todos os outros povos ao redor que adoravam o Sol, a Lua e as estrelas. Portanto, contrariamente ao panteísmo[vii] dos povos antigos (e atuais), as Escrituras Sagradas nos dizem que o Deus Criador é separado e distinto de sua criação.

➤ *Em terceiro lugar, o Deus que criou todas as coisas é apenas um e não muitos deuses.* Temos, portanto, no primeiro versículo das Escrituras, a base de todo pensamento monoteísta judaico/cristão. Esse aspecto era também um extraordinário diferencial em relação aos outros povos que adoravam uma infinidade de deuses. Na verdade, essa ideia de uma divindade fora do Universo era um conceito único entre as religiões primitivas do mundo[5]. O posicionamento diferenciado dos hebreus nessa questão era evidentemente impressionante.[6]

➤ *Em quarto lugar, com essa singela declaração eles podiam deduzir que a Terra não era o centro do Universo,* como Aristóteles[viii] e Ptolomeu[ix] acreditavam, pois está registrado que Deus criou "os céus e a terra" e não "a terra e os céus". A ordem descrita em Gênesis é significativa e mostra que primeiro os céus foram criados, e somente depois a Terra veio a existir.

[vii] Palavra derivada de dois termos gregos: *pan* (tudo) + *theos* (deus). Ou seja, tudo é deus: o Sol é deus, a árvore é deus, a rocha é deus, eu sou deus, você é deus. Assim, o panteísmo é o conceito que diz que deus e todo o universo são uma única e a mesma coisa. Esse conceito contradiz a ideia de um deus pessoal e criador (separado de sua criação).

[viii] Aristóteles (384-322 a.C.): um dos mais influentes de todos os filósofos gregos.

[ix] Cláudio Ptolomeu (100-170 d.C.): considerado o maior dos astrônomos gregos. Seu modelo do universo geocêntrico, delineado no tratado astronômico *Almagesto* (uma série de 13 volumes), foi a maior fonte de conhecimento sobre astronomia da Grécia Antiga e que dominou a teoria astronômica por 1400 anos.

A astronomia da Bíblia

Além disso, o relato da criação divina dos céus e da Terra feito por Moisés (autor do livro de Gênesis) torna-se ainda mais significativo quando levamos em consideração sua formação intelectual. A Bíblia nos informa que Moisés foi educado "em toda a ciência dos egípcios" (At 7.22), e isso incluía, com certeza, os variados mitos egípcios sobre a criação do mundo e do universo. Dentre as muitas cosmogonias egípcias, uma das principais falava do "ovo primordial" ou "ovo cósmico", e dizia que no princípio havia o ovo, e esse ovo estava voando, e, um dia, esta nossa Terra surgiu desse ovo[7]. Porém, apesar de ter recebido toda a herança cultural e científica do povo pelo qual fora instruído, Moisés não se deixou influenciar e, por meio de revelação divina, registrou o princípio de todas as coisas de forma original e coerente.

Ainda no que diz respeito à visão de um único Deus como criador de todo o Universo, encontramos uma excepcional coesão de pensamento em ambos os Testamentos, pois não somente Moisés, mas muitos outros escritores bíblicos de épocas diferentes declararam essa mesma verdade:

> Porque todos os deuses dos povos são ídolos; o Senhor, porém, fez os céus. (1Cr 16.26).

> Só tu és Senhor, tu fizeste o céu, o céu dos céus e todo o seu exército, a terra e tudo quanto nela há, os mares e tudo quanto há neles; [...] (Ne 9.6).

> O nosso socorro está em o nome do Senhor, criador do céu e da terra. (Sl 124.8).

> O Deus que fez o mundo e tudo o que nele existe, sendo ele Senhor do céu e da terra, não habita em santuários feitos por mãos humanas. (At 17.24).

A visão do povo hebreu em relação aos céus era não somente astronomicamente correta (em relação ao fato de que o Universo teve um princípio), mas também revelava maturidade e discerni-

O evangelho revelado nas estrelas

mento no que dizia respeito aos eventos celestes. Como os astros eram apenas "coisas" e não "deuses", os hebreus não deviam adorá-los e nem se assustar (como faziam os demais povos) com quaisquer acontecimentos celestes, fossem eclipses, cometas, meteoritos ou qualquer outro fenômeno atmosférico ou do espaço exterior. Observe as palavras do profeta Jeremias, um homem com personalidade intensamente emocional, mas que escreve com frio rigor científico a seguinte exortação ao povo de Deus no Antigo Testamento:

> Povo de Israel, escutem a mensagem de Deus, o SENHOR, para vocês! Ele diz: "Não sigam os costumes de outras nações. Elas podem ficar espantadas quando aparecem coisas estranhas no céu, mas vocês não devem se assustar". (Jr 10.1,2, NTLH).

Toda essa forma particular de enxergar o Universo, não como deus (ou deuses), mas como criação de um único Deus, livrava os israelitas de muitas superstições ridículas e insensatas, e lhes dava um correto entendimento acerca da natureza e do cosmo. E, assim, considerando todo o escopo da revelação divina por meio das Escrituras do povo hebreu, a adoração ao Sol (ou a qualquer outro corpo celeste) foi um pecado várias vezes denunciado (Dt 4.19 e 17.2-5); além disso, também toda forma de adivinhação pelos astros foi considerada como imprópria e abominável (Is 47.13,14).

Não apenas em tempos passados (na época do Antigo Testamento) esse conhecimento diferenciou os hebreus de todos os outros povos, mas também, desde a época do Novo Testamento, com a propagação da fé Cristã por todo o mundo e sua crença em um Deus único e Criador de todas as coisas (incluindo os céus e Terra), a mentalidade cristã foi mudando pouco a pouco a relação da humanidade com a natureza, pavimentando o caminho para uma abordagem mais científica, por rejeitar a multidão de deuses e espíritos que antes eram considerados responsáveis pelas leis naturais. Entre outros benefícios, esse fato trouxe uma importante distinção entre astronomia[x] e astrologia[xi]. Como resultado, através dos séculos, a antiga crença na astrologia foi ruindo, sendo, a partir de então, restrita a um grupo muito reduzido de pessoas.[8]

Concluindo este capítulo sobre a astronomia da Bíblia, poderíamos aprofundar nosso estudo e fornecer uma longa lista de referências bíblicas sobre o Sol, a Lua e as estrelas, e ver como os hebreus usavam os astros para a marcação de horas, dias, meses e anos. A respeito desses assuntos, podemos recomendar a leitura do excelente livro *The Astronomy of the Bible* [A Astronomia da Bíblia] do astrônomo cristão E. W. Maunder. Porém, como já dissemos, desde que a Bíblia não é primariamente um livro sobre ciência, mas sobre questões espirituais, esse é também o nosso objetivo. Assim, não estamos interessados na astronomia registrada na Bíblia em seu sentido apenas natural, mas o nosso enfoque será descobrir o significado espiritual que as Escrituras atribuem aos corpos celestes. É disso que trataremos no próximo capítulo.

Fonte: Takeshi Kuboki (2009)

Eclipse Solar (Mar das Filipinas)

---

[x] Fenômenos causados pela diária rotação dos céus e o curso do Sol, da Lua e dos planetas.
[xi] Que tentava predizer o futuro pela suposta relação entre o dia de nascimento e a influência dos astros na vida humana.

Capítulo 3

PARÁBOLAS CELESTES

Como dissemos no capítulo primeiro, cremos que a ciência e a fé não estão em conflito, pois tanto o mundo material quanto o mundo espiritual foram criados e estão sujeitos ao Deus único e verdadeiro, e debaixo de leis que ele próprio estabeleceu. Mas há uma sequência específica nesse duplo domínio da criação: primeiro veio o espiritual e, só depois, o natural; primeiro o invisível e, em seguida, o visível. Essa ordem é confirmada pelo escritor do livro aos Hebreus: "É pela fé que entendemos que o Universo foi criado pela palavra de Deus e que *aquilo que pode ser visto foi feito daquilo que não se vê*" (Hb 11.3, NTLH, grifo nosso).

O mundo visível como reflexo das realidades invisíveis

Como o visível veio a existir daquilo que não se vê, muitas vezes, as coisas materiais trazem em si mesmas e/ou refletem as realidades espirituais das quais procederam. Portanto, este mundo que enxergamos com nossos olhos naturais é como um meio que pode ser utilizado por Deus para transmitir as verdades do reino espiritual.

Foi precisamente esse recurso que Jesus usou para ensinar seus discípulos. Nosso Senhor valeu-se das coisas visíveis e cotidianas da vida como ilustrações de verdades espirituais. Somente para citar um exemplo, no famoso "sermão do monte" (Evangelho de Mateus, capítulos 5 a 7), cujo tema é o Reino de Deus, Jesus nos falou sobre muitas coisas terrenas para transmitir princípios espirituais. Esse sermão nos fala sobre fome e sede; sobre o sal da terra; a cidade edificada sobre o monte e a candeia colocada no velador; regras ortográficas; o julgamento no tribunal terreno e no tribunal celestial; o olho direito e a mão direita; cabelo branco ou preto; a túnica e a capa; o Sol e a chuva; tesouros na Terra e no céu; o pão de cada dia; luz e trevas; senhor e servo; comer, beber e vestir; as aves dos céus e os lírios do campo; o argueiro e a trave; pérolas e porcos; a respeito de pedir, buscar e bater; sobre portas e estradas; ovelhas e lobos; uvas, figos, espinheiros e abrolhos; os dois tipos de árvores e seus frutos; os dois fundamentos de uma casa; a chuva, os rios e os ventos. Vemos que praticamente todo tipo de coisas criadas (e atividades humanas) foram utilizadas para transmitir verdades espirituais.

Além das coisas deste mundo e da nossa vida terrena, o Espírito Santo também se utilizou dos corpos celestes para nos transmitir verdades eternas e espirituais: o Sol, a Lua e as estrelas foram comparadas à glória associada à ressurreição dos cristãos (1Co 15.41,42); em alguns de seus atributos Deus é comparado ao Sol em seu poder e glória (Sl 84.11; Ml 4.2; Mt 17.2); a Lua pode ser associada à igreja, já que não possui luz própria, mas apenas reflete a luz do Sol, e por isso ela é comparada a uma fiel testemunha no espaço (Sl 89.37); as estrelas, em seu incontável número, foram utilizadas como referência à vasta descendência de Abraão (Gn 26.4), além de simbolizar os seres celestiais, a saber, os anjos (Ap 1.20).

A importância e as características das parábolas

Também em suas parábolas, que foram utilizadas para o doutrinamento de seus discípulos (Mc 4.2), Jesus se valeu de muitas

Parábolas celestes

ilustrações, utilizando coisas naturais e visíveis. Ao lermos o capítulo 13 do Evangelho de Mateus, podemos ver diversas delas: o semeador, a semente e os tipos de solos; o joio e o trigo; o grão de mostarda; o fermento na farinha; o tesouro escondido em um campo; o comprador e a pérola de grande valor; a rede lançada ao mar que recolhe peixes de toda espécie. E todas estas parábolas de Mateus 13 incluem a expressão "o reino dos céus é semelhante", indicando que o propósito delas é ensinar realidades invisíveis e espirituais.

Esse recurso de ensino de verdades espirituais por meio de parábolas é tão eficaz e importante, que o Espírito Santo faz um comentário muito significativo a esse respeito:

> Todas estas coisas disse Jesus às multidões por parábolas e sem parábolas nada lhes dizia; para que se cumprisse o que foi dito por intermédio do profeta: Abrirei em parábolas a minha boca; publicarei coisas ocultas desde a criação [do mundo]. (Mt 13.34,35).

Essa explicação, inserida bem no meio das parábolas de Mateus capítulo 13, revela a nós duas importantes características, que nos servem de chaves para o entendimento do assunto que trataremos neste livro:

(1) *Em primeiro lugar nos é dito que Jesus falava às multidões por parábolas e somente por meio delas.* Por quê? Há várias razões para tal fato, porém, citaremos apenas uma: em particular, Jesus explicava detalhadamente as parábolas para seus discípulos, mas para os de fora, ele expunha as verdades do reino de Deus somente por meio de parábolas, pois, por causa da capacidade espiritual limitada dos ouvintes, essa era a única forma pela qual eles conseguiriam entender:

> E com muitas parábolas semelhantes lhes expunha a palavra, conforme o permitia a capacidade dos ouvintes. E sem parábolas não lhes falava; tudo, porém, explicava em particular aos seus próprios discípulos. (Mc 4.33,34).

49

(2) **Em segundo lugar**, *o Espírito Santo está nos mostrando que, por meio dessas parábolas, que utilizam coisas naturais e comuns da vida, Deus iria "publicar"* (Mt 13.34,35), isto é, tornar manifesto e evidente para toda a humanidade aquelas coisas que estavam ocultas desde o princípio do mundo. As parábolas, portanto, são meios de que Deus se vale para revelar verdades profundas, que retrocedem até mesmo ao início da criação.

Além dessas duas características, ao estudarmos as parábolas de Jesus, e vermos a forma como ele se utilizou delas, podemos observar uma terceira característica importante:

(3) **Em terceiro lugar**, *as parábolas podem ser verbais ou visuais.*

Ao comentar o seu uso das parábolas, Jesus citou o profeta Isaías, utilizando a seguinte ilustração: "Ouvireis com os ouvidos e de nenhum modo entendereis; vereis com os olhos e de nenhum modo percebereis" (Mt 13.14 citando Is 6.9), indicando com isso que elas podiam ser tanto verbais ("Ouvireis com os ouvidos") quanto visuais ("vereis com os olhos").

Temos, portanto, dois tipos de parábolas: as verbais (que usam palavras) e as visuais (que usam figuras ou imagens). Há parábolas ou mensagens que são transmitidas mais eficazmente pela linguagem falada e outras que são comunicadas mais claramente pela observação visual. Deixando de lado as parábolas verbais (que são as mais comuns), vamos considerar com mais atenção as parábolas visuais, pois elas estão diretamente relacionadas ao tema que estamos tratando neste livro.

No que diz respeito às parábolas visuais, podemos citar certo ditado que diz: "uma imagem vale mais que mil palavras". E Jesus, sabendo disso, muitas vezes se utilizou desse recurso para ensinar lições espirituais aos seus discípulos. Ele os exortou a observarem certas coisas, como por exemplo: "Observai as aves do céu" (Mt 6.26), "Observai os lírios" (Lc 12.27), "Vede a figueira e todas as árvores" (Lc 21.29). E não somente Jesus, mas também os apóstolos se valeram desse artifício para transmitir seus ensinamentos. Um exemplo claro pode ser encontrado na epístola de Tiago:

> *Observai*, igualmente, os navios que, sendo tão grandes e batidos de rijos ventos, por um pequeníssimo leme são dirigidos para onde queira o impulso do timoneiro. Assim, também a língua, pequeno órgão, se gaba de grandes coisas. (Tg 3.4,5, grifo nosso).

Portanto, as três características principais das parábolas são:

➤ Elas são a forma mais didática de comunicação divina com as multidões;

➤ Apesar de utilizarem coisas naturais e comuns da vida, elas transmitem verdades espirituais profundas que estão ocultas desde o princípio da criação;

➤ Elas podem ser verbais ou visuais.

Como Deus se revelou por meio das coisas criadas

Agora podemos chegar a uma conclusão importante. Na introdução deste livro, já consideramos a passagem de Rm 1.18-25, que nos fala que Deus se manifestou aos homens por meio das coisas que foram criadas, e que essa revelação foi tão clara, que os homens são indesculpáveis quando não a percebem. Mas a forma com que Deus se revelou por meio de sua criação segue os princípios que acabamos de mencionar:

(1) Deus se revelou à humanidade não diretamente, mas por meio de parábolas, pois essa era a forma que as multidões podiam compreender a mensagem divina;

(2) Nas parábolas, Deus utilizou coisas criadas (visíveis) para transmitir verdades eternas (invisíveis);

(3) Deus se revela por meio da natureza pelo método visual e não pelo método verbal.

Para confirmarmos esse ponto de vista, basta considerarmos com atenção os primeiros versículos do Salmo 19:

> Os céus *proclamam* a glória de Deus, e o firmamento *anuncia* as obras das suas mãos. Um dia *discursa* a outro dia, e uma noite *revela conhecimento* a outra noite. *Não há linguagem, nem há palavras, e deles não se ouve nenhum som*; no entanto, por toda a terra se faz ouvir a sua voz, e as suas palavras, até aos confins do mundo. (v. 1-4, grifos nossos).

Assim, de acordo com este salmo: (1) Deus utilizou os céus (o firmamento), incluindo tudo o que neles há, para transmitir sua mensagem aos homens; (2) essa mensagem foi proclamada e anunciada até aos confins da Terra, ou seja, para toda a raça humana; (3) ela não foi transmitida verbalmente (com palavras e sons), mas visualmente.

O Evangelho nas Estrelas

Assim, quando Paulo cita o Salmo 19 para afirmar que o evangelho foi pregado por toda a Terra (Rm 10.16-18), significa que as boas-novas de salvação foram anunciadas a todos os homens através de parábolas visuais, utilizando os astros para formar símbolos e figuras nos céus. Mas quais símbolos e figuras nós temos representados no firmamento? A resposta é simples: *As constelações*! Podemos, então, concluir que as verdades espirituais do evangelho foram pregadas desde o princípio do mundo por meio das figuras celestes, a saber, das constelações nos céus; pois, ao criar o Universo e as estrelas, o propósito de Deus foi se comunicar com a humanidade por meio desses desenhos, pois as figuras, diferentemente das palavras, têm a extraordinária característica de transmitir uma mensagem universal, que transcende línguas, culturas e gerações[1]. Em outras palavras, Deus colocou graficamente o *Evangelho nas Estrelas*!

Portanto, a mensagem do evangelho está lá, nos céus, desenhada nas constelações e contada por meio de parábolas visuais.

Como isso ocorreu e como podemos entender essa mensagem são os temas dos próximos capítulos.

Galáxia Whirlpool (M51) — Núcleo da galáxia Whirlpool (M51)

Segunda Parte

OS SINAIS NOS CÉUS

"Disse também Deus:
Haja luzeiros no firmamento dos céus,
para fazerem separação entre o dia e a noite;
e sejam eles para sinais, para estações, para dias e anos.
E sejam para luzeiros no firmamento dos céus, para alumiar a terra.
E assim se fez. Fez Deus os dois grandes luzeiros:
o maior para governar o dia, e o menor para governar a noite;
e fez também as estrelas."

Moisés (Livro de Gênesis 1.14-16)

"Observe as estrelas e aprenda com elas."

Albert Einstein

Capítulo 4

ESTRELAS COMO SINAIS

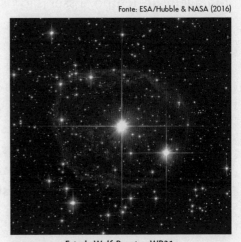

Fonte: ESA/Hubble & NASA (2016)

Estrela Wolf-Rayet ou WR31a

A Bíblia se inicia com o registro da criação dos céus e da Terra (Gn 1.1). Os versículos seguintes do primeiro capítulo do livro de Gênesis nos revelam de forma mais detalhada como essa criação ocorreu. Dentre os seis dias da criação, temos, no quarto dia, registrada a criação (ou o aparecimento[i]) dos corpos celestes: o Sol, a Lua e as estrelas:

> Disse também Deus: Haja luzeiros no firmamento dos céus, para fazerem separação entre o dia e a noite; *e sejam eles para sinais, para estações, para dias e anos*. E sejam para luzeiros no firmamento dos céus, para alumiar a terra. E assim se fez. Fez Deus os dois grandes luzeiros: o maior para governar o dia, e o menor para governar a noite; e fez também as estrelas. E os colocou no firmamento dos céus [...] (Gn 1.14-17, grifo nosso).

---

[i] No original hebraico, a palavra "criou" no versículo de Gn 1.1 ("No princípio, criou Deus os céus e a terra") e a palavra "haja" no versículo de Gn 1.14 ("Disse também Deus: haja luzeiros no firmamento dos céus, [...]") são duas palavras distintas: A palavra utilizada em Gn 1.1 é "*bara*", que tem o significado de "criar do nada", e a palavra utilizada em Gn 1.14 é "*hayah*", que significa "fazer aparecer".

57

O evangelho revelado nas estrelass

É interessante notar que os corpos celestes foram criados com propósitos bem específicos. De acordo com o relato de Gn 1.14, eles foram criados para cumprir certas atribuições especiais de acordo com os desígnios de Deus. Esse versículo atribui quatro funções para os luzeiros: "E sejam eles para *sinais*, para *estações*, para *dias* e *anos*".

Vamos estudar mais detalhadamente cada uma dessas funções, começando pelas últimas e indo até a primeira.

Dias e Anos

O propósito dos **dias** e **anos** é óbvio: eles nos servem para a contagem do tempo. Esses são os períodos resultantes dos movimentos de rotação e translação da Terra ao redor de si mesma e ao redor do Sol, respectivamente.

Porém, as razões pelas quais Deus criou os corpos celestes não se resumem apenas a essas duas funções básicas, que nos falam da passagem cronológica do tempo para nós, habitantes deste planeta. Se fosse assim, as estrelas não desempenhariam qualquer outro papel, a não ser o estético, pois elas estão tão distantes de nós, que não podem nos afetar de nenhuma forma. As estrelas, portanto, devem estar associadas aos outros dois propósitos – *sinais* e *estações* – e o papel delas deve ser nos mostrar algumas outras coisas, pois temos um grande painel acima de nossas cabeças que, por razões óbvias, nos serve como orientação noturna, mas que não deve estar colocado lá somente para isso. Com certeza há outras razões mais importantes!

Portanto, além da marcação de dias e anos, há ainda outros dois propósitos pelos quais Deus criou o espaço sideral com toda a sua inumerável quantidade de estrelas: estações e sinais.

Estações

De acordo com Gênesis, outra finalidade para a criação dos corpos celestes é a de que eles nos servissem como *estações*. Essa função não é tão óbvia quanto a questão dos dias e anos. A palavra "estações" no hebraico não se refere às estações do ano (verão, inverno, outono, primavera). No original, a palavra utilizada é *moed*, que significa "períodos", "tempos" ou "épocas"[ii]. Esse é o motivo pelo qual, em algumas traduções da Bíblia, nesse versículo não temos a palavra "estações", mas a expressão "tempos determinados"[iii]. Logo, os corpos celestes foram colocados no firmamento também com o propósito de nos servirem como marcações para tempos específicos ou épocas fixadas por Deus. Não entraremos em maiores detalhes a esse respeito no momento, pois o nosso principal objetivo agora é ressaltar a próxima função para o qual os corpos celestes foram criados. Falaremos do emprego da palavra *moed* como "tempos" ou "épocas" na parte final do livro (cap. 22).

Sinais

Além de serem criados com os propósitos de marcarem estações, dias e anos, os corpos celestes também foram estabelecidos por Deus para outra função, a saber, para nos servirem como *sinais*: "e sejam eles para *sinais*, para estações, para dias e anos" (Gn 1.14, grifo nosso). Se observarmos atentamente esse versículo, veremos que a função de nos servir como sinais é a primeira citada quando somos informados a respeito dos propósitos da criação dos corpos celestes. Esse é um fato muito significativo, e precisamos abrir um parêntese aqui para realçar isso.

Cremos que a Palavra de Deus é perfeita (Sl 19.7) e divinamente inspirada (2Tm 3.16). Sendo assim, podemos inferir que até a ordem em que as coisas aparecem nas Escrituras é cuidadosamente escolhida. Citaremos apenas três exemplos para ilustrar esse princípio: [1] No Antigo Testamento, temos a lista dos 10 mandamentos. Os quatro primeiros mandamentos são "verticais", isto é, dizem respeito ao nosso relacionamento com Deus, e os seis últimos são "horizontais", pois nos falam do nosso relacionamento com os nossos semelhantes. Isso significa que as responsabilidades do

---

[ii] Por exemplo: em Lv 23.4 encontramos a palavra *moedim* (plural de *moed*), em que temos várias festas ordenadas por Deus, que deveriam acontecer em épocas determinadas.
[iii] Como por exemplo: João Ferreira de Almeida Revista e Corrigida (1995), Las Sagradas Escrituras (1569), Tradução Brasileira, Jerome's Latin Vulgate, etc.

homem diante de Deus são mais importantes (e por isso vêm antes) do que as responsabilidades do ser humano para com o seu próximo. Até mesmo dentro desses dois conjuntos de mandamentos, a ordem em que eles aparecem é significativa: os mais importantes vêm à frente, e os menos importantes vêm depois; [2] No Novo Testamento, na oração que Jesus ensinou aos seus discípulos (Mt 6.9-15 e Lc 11.2-4), vemos essa mesma estrutura básica de prioridades, pois os pedidos iniciais referem-se às necessidades de Deus (a santificação de seu nome, a vinda do seu reino e a sua vontade sendo feita tanto na Terra como no Céu), e somente depois temos as necessidades humanas mencionadas (o pão diário, o perdão dos pecados, o livramento das tentações e a proteção contra o maligno); [3] Ainda no Novo Testamento, quanto à lista dos 12 apóstolos, todas as vezes em que a encontramos registrada (Mt 10; Mc 3; Lc 6), vemos que o apóstolo Pedro sempre aparece no topo da lista e, Judas Iscariotes, no final, em último lugar. Assim, com esses exemplos, desejamos ressaltar que não somente o conteúdo, mas até mesmo a ordem em que as coisas estão registradas nas Escrituras foi cuidadosamente determinada pelo Espírito Santo.

Voltando ao nosso tema, quando a Bíblia nos diz que os luzeiros no firmamento dos céus foram estabelecidos, em *primeiro lugar*, para nos servirem como *sinais*, e somente depois para *estações*, *dias* e *anos*, significa que a função mais imporante das quatro deve ser que os corpos celestes nos sirvam como "sinais"! Porém, se perguntarmos para a grande maioria das pessoas, como o Sol, a Lua e as estrelas podem nos servir de sinais, talvez ninguém saiba responder. Apesar disso, esse foi o propósito principal e mais importante pelo qual Deus criou os luzeiros celestes! Não é estranho que haja tamanha ignorância de nossa parte a respeito desses sinais que Deus colocou nos céus? Porém, de alguma forma, esse conhecimento foi perdido ou encoberto!

A palavra "sinais" no original hebraico é *oth*, que significa, *"um sinal (literal ou figurativo), um monumento, uma evidência ou uma marca"*. E esses sinais ou marcas foram colocados por Deus nos céus por meio dos corpos celestes. Isso significa dizer que cada estrela, planeta, cometa ou asteroide foi criado e colocado em sua posição no Universo com propósito e objetivo bem definidos. Talvez fiquemos assombrados com tal afirmação, mas conhecendo o Deus extraordinário que servimos, tão detalhado e minucioso, que chega a numerar [iv] cada fio de cabelo de nossas cabeças, não iremos nos surpreender!

Deus nomeia as estrelas

Quando estudamos as Escrituras, vemos exatamente este nível de detalhe e cuidado de Deus para com a sua criação, pois, apesar de inumeráveis para nós, seres humanos, o Todo-Poderoso conta todas as estrelas e dá nome específico a cada uma delas:

> Levantai ao alto os olhos e vede. Quem criou estas coisas? Aquele que faz sair o seu exército de estrelas, *todas bem contadas, as quais ele chama pelo nome*; por ser ele grande em força e forte em poder, nem uma só vem a faltar. (Is 40.26, grifo nosso).

> *Conta* o número das estrelas, chamando-as todas pelo seu *nome*. (Sl 147.4, grifos nossos).

Deus dá nome às estrelas do céu! Isso é algo surpreendente e extremamente significativo! Em relação aos animais, Deus pediu que Adão desse nome a cada um deles (Gn 2.19,20), mas no que diz respeito às estrelas, Deus não confiou essa tarefa ao homem, mas ele mesmo as nomeou[1]. Com que finalidade? Certamente o Criador teve uma razão bem especial para ter dado nome às estrelas, pois ele faz todas as coisas com um propósito! É importante res-

---

[iv] Nas traduções em português da Bíblia Sagrada, encontramos a palavra "contados" nos versículos de Mt 10.30 e Lc 12.7, mas na maior parte das traduções em inglês, a palavra utilizada é "numerados", o que está mais de acordo com o sentido original do texto.

saltarmos esse ponto, pois muitas vezes nos valeremos do nome das estrelas neste livro.

Deus como arquiteto do Universo

Deus não somente conta as estrelas que criou e dá um nome particular a cada uma delas, mas também as colocou em suas posições específicas para que elas pudessem formar *sinais*, pois, como dissemos, esta é a primeira e mais importante função dos corpos celestes. Nesse sentido, é interessante ver como as Escrituras descrevem a criação dos céus e da Terra:

> *Quando ele preparava os céus, aí estava eu*; quando traçava o horizonte sobre a face do abismo; quando firmava as nuvens de cima; quando estabelecia as fontes do abismo; quando fixava ao mar o seu limite, para que as águas não traspassassem os seus limites; quando compunha os fundamentos da terra; então, *eu estava com ele e era seu arquiteto*, dia após dia, [...] (Pv 8.27-30, grifos nossos).

O trecho de Provérbios 8.22-36 nos fala da eternidade da sabedoria e de como ela estava com Deus no princípio da criação. É interessante notar que essa sabedoria não é mostrada apenas como um atributo de Deus, mas como uma pessoa: "aí estava eu" (v.27), e "eu estava com ele (com Deus) e era seu arquiteto" (v.30, parêntese nosso). Quem é essa "sabedoria" personificada? O apóstolo João nos revela isso no começo de seu Evangelho:

> No princípio era o Verbo, e o Verbo estava com Deus, e o Verbo era Deus. Ele estava no princípio com Deus. Todas as coisas foram feitas por intermédio dele, e, sem ele, nada do que foi feito se fez. (Jo 1.1-3).

Comparando esses dois trechos, podemos concluir que essa sabedoria que estava com Deus quando ele preparava os céus, era o Verbo de Deus, a saber, nosso Senhor Jesus Cristo (Jo 1.14) pois, por meio dele, todas as coisas foram criadas e vieram a existir (Cl 1.16). Voltando ao texto de Provérbios, observamos que, quando Deus "preparava os céus" (v.27), a sabedoria, ou seja, o Senhor Jesus, "estava com ele e era seu arquiteto" (v.30). Essa é uma declaração muito interessante, pois nos mostra que quando os céus foram criados, eles foram criados com sabedoria pelo divino "Arquiteto"[v].

Como o trabalho da criação foi comparado ao trabalho de um arquiteto, isso significa dizer que Deus, em sua infinita inteligência, quando criou os céus, não espalhou as estrelas aleatoriamente no espaço sideral, mas, com o cuidado de um arquiteto posicionou cada uma delas em seu devido lugar. Ora, um arquiteto nunca aloca as coisas descuidadamente! Quando um arquiteto compõe uma casa ou ambiente, cada item tem a sua própria finalidade, seja ela funcional ou de embelezamento[vi]. Se um arquiteto humano tem esse nível de cuidado e detalhe, quanto mais o Arquiteto divino tem essas características muito mais ampliadas! Se, como seres humanos pecadores e imperfeitos, ao projetarmos e implementarmos um local para nossa habitação, o fazemos com todo o esmero, em muito maior medida podemos concluir que Deus, em sua sabedoria e perfeição, cuidadosamente colocou cada parte deste imenso Universo em seu devido lugar e com sua respectiva função!

Podemos, então, dizer que o Eterno, ao criar os céus e a Terra, formou as estrelas, deu nome a cada uma delas, e, como um arquiteto, preparou os céus colocando cada estrela em sua posição específica, não somente levando em conta as suas funções físicas e astronômicas, mas também para que elas pudessem compor um conjunto de tal forma a nos servir como "sinais", pois essa, como

---

[v] Com esta afirmação e com o conteúdo deste parágrafo, não desejamos, de maneira nenhuma, nos referir (direta ou indiretamente) à Maçonaria, e nem apoiá-la, pois cremos que a mesma é totalmente contrária aos princípios da Palavra de Deus.

[vi] É interessante notar que, em algumas traduções da Bíblia, o trecho de Jó 26:13 diz literalmente isso: "Pelo seu sopro, os céus são embelezados" [Almeida Revista e Corrigida; Tradução Brasileira de 1917; The Amplified Bible; New Living Translation; King James Version; English Standard Version; American Standard Version; etc].

O evangelho revelado nas estrelass

ressaltamos, foi a primeira e mais importante razão pela qual o Todo-Poderoso posicionou cada um dos luzeiros no firmamento do céu quando foram criados.

Que sinais são esses que, utilizando as estrelas, Deus colocou nos céus? É isso que veremos a seguir.

Fonte: NASA/ESA/Jesoes Maz Apellÿniz (2006)

Nebulosa NGC6357

Capítulo 5

QUE SINAIS SÃO ESSES?

Além de fazerem separação entre o dia e a noite, os luzeiros no firmamento dos céus foram estabelecidos para outros dois propósitos: para nos servirem como marcações de tempos e épocas e também para nos servirem como sinais (Gn 1.14). Focando a nossa atenção para a questão dos sinais, precisamos nos perguntar: que sinais são esses que os astros desejam mostrar? Há algum versículo na Palavra de Deus que nos fala desses sinais nos céus formados pelas estrelas? Sim, com certeza:

> [5]Ele (Deus) é quem remove os montes, sem que saibam que ele na sua ira os transtorna; [6]quem move a terra para fora do seu lugar, cujas colunas estremecem; [7]quem fala ao sol, e este não sai, e sela as estrelas; [8]quem sozinho estende os céus e anda sobre os altos do mar; [9]*quem fez a Ursa, o Órion, o Sete-Estrelo* e as recâmaras do Sul; [10]quem faz grandes coisas, que se não podem esquadrinhar, e maravilhas tais, que se não podem contar. (Jó 9.5-10, grifo e parêntese nosso).

Nesse texto, os versículos 5 e 6 nos falam dos feitos de Deus na Terra, e os versículos de 7 a 9, dos feitos de Deus nos céus. E dentre os feitos de Deus nos céus, é citado que foi Deus quem fez a "*Ursa*", o "*Órion*" e o "*Sete-Estrelo*". Estes nomes apontam para algumas das mais famosas constelações dos céus: Ursa (*Ursa Major*), Órion (o grande caçador) e *Sete-estrelo* (também conhecida como *Plêiades*). Portanto, de acordo com as Escrituras, Deus não somente deu nome às estrelas nos céus (como nos relata o Salmo

147:4), mas também nomeou alguns conjuntos de estrelas, ou seja, as constelações. Veja os seguintes versículos:

> Porque as estrelas e *constelações* dos céus não darão a sua luz; o sol, logo ao nascer, se escurecerá, e a lua não fará resplandecer a sua luz. (Is 13.10, grifo nosso).

> E eliminou os sacerdotes pagãos nomeados pelos reis de Judá para queimarem incenso nos altares idólatras das cidades de Judá e dos arredores de Jerusalém, aqueles que queimavam incenso a Baal, ao sol e à lua, às *constelações* e a todos os exércitos celestes. (2Rs 23.5, NVI, grifo nosso).

Sim, durante os milênios que nos precederam, as constelações sempre foram vistas nos céus como figuras[i] ou sinais:

Antiga representação   Representação atual

Constelação *Órion*

---

[i] Em todas as línguas germânicas (exceto no Inglês), a palavra "constelações" significa literalmente "figuras de estrelas" (*The Stars*. Houghton Mifflin Co., 1952).
[ii] Exceto quando outra fonte for indicada, todas as figuras foram extraídas do programa *Stellarium*, um dos mais conhecidos softwares livres de astronomia (nos moldes de um planetário) para visualização do céu. Este software foi desenvolvido pelo programador Fabien Chéreau, que criou o projeto no verão de 2001. Outros como Robert Spearman, Johannes Gajdosik e Johan Meuris são responsáveis pelos aspectos gráficos do programa.

Que sinais são esses?

O livro de Jó, como dissemos, é considerado por muitos eruditos como o mais antigo livro da Bíblia, com data de autoria por volta do ano 2000 a.C. (alguns o datam 2150 a.C.). Como há muita discussão sobre a data de sua redação, pois alguns estudiosos o situam na época do exílio ou pós-exílio babilônico, precisamos abrir um parêntese para justificar a adoção desta data mais antiga, pois isso é de fundamental importância para o nosso estudo. Tradicionalmente, a data desse livro tem sido colocada dentro da Era Patriarcal, pois quando consideramos os costumes relatados no livro, vemos que é o chefe da família quem oferece sacrifícios, ao invés de um sacerdote oficial da tribo de Levi. Assim, ocorre antes do período da Lei, ou seja, antes de Moisés. Também, muitas obras de Deus são citadas neste livro, mas em nenhum momento se faz menção aos milagres do Êxodo, que foi um evento marcante na história do povo de Israel (isso exclui a possibilidade de uma autoria exílica ou pós-exílica). Além disso, ele deve ter sido escrito antes dos descendentes de Jacó irem para o Egito (em 1675 a.C.), pois todo o povo de Deus habitou nesta nação durante 430 anos[1], e os acontecimentos do livro de Jó ocorrem na terra de Uz (norte da Palestina). Por último, há muitos detalhes de diálogos e sentimentos no livro, o que nos leva a crer que o autor o registrou logo após os fatos ocorrerem e não séculos depois, pois a tradição oral não conseguiria conservar tantos pormenores.

Temos, então, há mais de quatro milênios, o registro do nome de algumas constelações nos céus (Jó 9.5-10 citado no início deste capítulo). Também, pelo fato de essas constelações serem mencionadas sem maiores explicações, comprova que elas já eram conhecidas tanto por Jó quanto por seus contemporâneos, sendo de uso comum na época (o que lhes confere uma antiguidade maior ainda).

Portanto, de acordo com a Palavra de Deus, além de ter formado as estrelas, o Criador, como um arquiteto, as colocou nos céus de tal forma que alguns conjuntos fossem identificados com nomes e figuras específicas. Assim, os sinais que os luzeiros procuram nos

Os Signos ou Sinais do Zodíaco

mostrar são as constelações (que foram nomeadas e reconhecidas há milhares de anos e ainda hoje podem ser identificadas no mapa celeste).

Os Signos ou Sinais do Zodíaco

Dentre os textos das Escrituras que nos falam das constelações, um é especial, pois nele temos a chave para entendermos toda esta questão dos sinais nos céus:

> Ou poderás tu atar as cadeias do *Sete-estrelo* ou soltar os laços do *Órion*? Ou fazer aparecer os *signos do Zodíaco* ou guiar a *Ursa* com seus *filhos*? (Jó 38.31,32, grifos nossos).

No início do capítulo 38 do livro de Jó, o Senhor aparece ao seu servo e começa a lhe fazer uma série de perguntas. Todas as perguntas que Deus faz a Jó têm algo em comum, pois é como se Deus estivesse perguntando: *Jó, você é capaz de fazer isso?* A resposta óbvia para todas as perguntas é: *Não, Senhor, eu não posso.* E, dentre as perguntas divinas, uma delas é o texto citado acima.

Esses dois versículos do livro de Jó mencionam várias constelações celestes: *Sete-estrelo, Órion, Ursa Major* e *Ursa Minor.* Porém, bem no meio dessa lista de constelações, encontramos mencionada a expressão **signos do Zodíaco**. Colocando de lado todo o preconceito que possamos ter sobre esse assunto, na verdade, os signos do Zodíaco são as 12 principais constelações dos céus: *Virgem, Libra, Escorpião, Sagitário, Capricórnio, Aquário, Peixes, Áries, Touro, Gêmeos, Câncer* e *Leão.* Em qualquer mapa celeste, você encontrará todas essas constelações e muitas outras. Portanto, os signos ou sinais do Zodíaco dizem respeito às 12 constelações mais conhecidas no firmamento. Inclusive, até os dias atuais, tais constelações são conhecidas pelos astrônomos pelo nome de "constelações zodiacais".

Mazzaroth

Podemos ficar surpresos ao encontrar a expressão "signos do Zodíaco" em nossas Bíblias, e, por causa disso, precisamos nos aprofundar no estudo dela. O termo "signos do Zodíaco", encontrado no versículo de Jó 38.32, é a tradução da palavra hebraica *Mazzaroth*, que só é encontrada nessa passagem em toda a Escritura. Um dos dicionários de palavras hebraicas mais respeitado mundialmente, o dicionário Strong, nos diz o seguinte a respeito do seu significado: [4216] *Mazzaroth "algumas constelações notáveis (somente no plural), talvez coletivamente o Zodíaco"*. Além disso, muitos tradutores e comentaristas bíblicos de renome concordam que a palavra *Mazzaroth* deve ser traduzida como **signos do Zodíaco**, apontando para as 12 principais constelações dos céus. E, na verdade, temos muitas versões da Bíblia com essa tradução, como na tradução que está sendo utilizada como referência para este livro: a tradução de João Ferreira de Almeida Revista e Atualizada (1999). Além dessa tradução, podemos citar também outras traduções[iii] que utilizam a expressão "signos do Zodíaco" como significado para a palavra *Mazzaroth*. Outras versões da Bíblia[iv] traduzem *Mazzaroth* como **constelações**. Ainda outras[v], utilizam a expressão **sinais dos céus**. Juntando todos esses esforços de tradução (que apontam na mesma direção), podemos aferir o real significado da palavra *Mazzaroth*: **são os sinais nos céus, representados pelas constelações celestes, também conhecidos como os signos do Zodíaco.**

Quando estudamos a etimologia dessa palavra, podemos confirmar esta interpretação. A palavra *Mazzaroth* é uma palavra composta pela junção de duas outras palavras hebraicas: "*Mazzara*" e "*oth*". "*Mazzara*" significa todo o conjunto das constelações e "*oth*", como já vimos no capítulo anterior, tem o sentido de "sinal" ou "marca". Portanto, *Mazzaroth* significa os sinais que as constelações nos mostram e, tomando como referência as 12 principais

---

iii A famosa versão amplificada da Bíblia no idioma inglês, chamada *The Amplified Bible* (1965), Bíblia Hebraica (2006), Literal Standard Version, Smith's Literal Translation, entre outras.

iv João Ferreira de Almeida Revista e Corrigida (1995), Nova Versão Internacional (2000), Darby (1889), Reina-Valera Atualizada (1989), Reina-Valera Revisada (1995), entre outras.

v Reina-Valera versão em espanhol (1090), Las Sagradas Escrituras (1569), entre outras.

constelações dos céus, podemos concluir que são os 12 sinais (ou signos) do Zodíaco.[2]

Outro fato que comprova essa interpretação é que, quando consideramos todo o conteúdo dos versículos de Jó 38.31-32, vemos que eles nos falam exclusivamente sobre constelações celestes: *Sete-estrelo* (*Plêiades*), *Órion*, *Ursa Major* e *Ursa Minor*. E, como a palavra *Mazzaroth* aparece no meio dessa lista, ela precisa ser entendida nesse contexto. Dessa forma, podemos com segurança afirmar que a tradução mais adequada para a palavra hebraica *Mazzaroth* em Jó 38.32 é a expressão ***"signos do Zodíaco"***, que diz respeito às 12 principais constelações nos céus.

O significado do termo "Signos do Zodíaco"

Ao usarmos a expressão **signos do Zodíaco** como tradução da palavra hebraica *Mazzaroth*, precisamos esclarecer qual é o seu real significado para desmistificá-la, e assim retirar todo o preconceito que possamos ter a esse respeito.

A palavra "Zodíaco" tem sido comumente interpretada como o "ciclo da vida" ou a "roda dos animais", pois se supõe que sua raiz venha do grego *zoe* (vida) ou *zoo* (animais). Porém, essas interpretações estão incorretas, pois a simples lógica da evidência interna dos signos mostra que nas 12 constelações não temos somente animais, e nem apenas seres viventes, pois uma delas é um objeto inanimado: a constelação *Libra*. Além disso, se considerarmos as demais 36 constelações ancestrais (chamadas de "zodiacais"), vemos que podem ser encontrados vários objetos inanimados: flecha, harpa, copo, barco, cruz, altar e coroa. Em resumo, nada menos do que um sexto das antigas constelações celestes representam coisas inanimadas e, portanto, uma palavra que signifique animais ou vida não reflete adequadamente essas constelações[3]. Na verdade, a palavra "Zodíaco" vem do grego *Zodiakos*, que tem a sua raiz da palavra hebraica *Zodi* (sânscrito *Sodi*), que significa "um caminho"[4]. Sua etimologia não tem nenhuma conexão com criaturas vivas, mas denota "um caminho com passos" e é utilizada no sentido do "caminho ou percurso do Sol entre as estrelas durante o ano". Essa interpretação faz todo o sentido do ponto de vista astronômico!

Quando o planeta Terra faz o seu giro anual em redor do Sol (movimento de translação), sob o nosso ponto de vista terreno, é como se o Sol estivesse aparentemente se movendo em relação ao Universo que permanece estático ao fundo. E, no decorrer dos meses do ano, temos a percepção de que o Sol percorre certo caminho entre as estrelas. Este caminho do Sol entre as estrelas atravessa as 12 constelações principais dos céus, que são as constelações do Zodíaco.

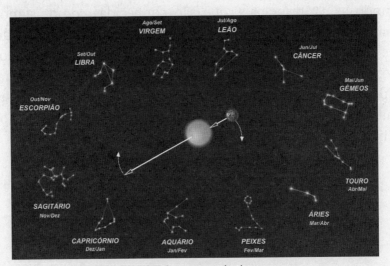

O caminho do Sol entre as estrelas durante o ano

Assim, a expressão "signos do Zodíaco", em sua essência, não tem nenhum sentido astrológico ou místico, mas um sentido puramente astronômico, significando literalmente "os sinais (ou constelações) que estão no caminho do Sol quando este faz o seu percurso entre as estrelas durante o ano".

É verdade que desde a antiguidade a astrologia usa estes "signos do Zodíaco" de maneira deturpada, e nós estamos tão acostumados a associar os "signos do Zodíaco" ao contexto dos horóscopos e das ciências ocultas, que é muito difícil crer que a origem desse termo não se originou nessa pseudociência. Na realidade, o que os astrólogos fizeram foi corrompê-la e usá-la de uma forma diferente daquela que Deus intentou. Porém, como acabamos de constatar, essa expressão tem um significado meramente astronômico e é inclusive citada na própria Palavra de Deus.

Conclusão

Precisamos terminar este capítulo realçando a resposta a respeito da pergunta sobre quais são os sinais que Deus colocou nos céus utilizando as estrelas. Tendo em vista tudo o que foi dito, podemos concluir que esses sinais nos céus são as constelações, incluindo as 12 principais, que são conhecidas como "signos do Zodíaco". Portanto, foi Deus quem nomeou os conjuntos de estrelas (as constelações) e os associou a figuras nos céus, sendo que as doze principais são as que estão no caminho do Sol quando este percorre o seu trajeto durante os meses do ano. É a respeito da autoria, nome e forma dessas constelações que trataremos no próximo capítulo.

Nebulosa Cabeça de Cavalo ou Barnard 33

Capítulo 6

QUAL A ORIGEM DOS SINAIS NOS CÉUS?

Desde os primórdios da humanidade, a astronomia e as constelações zodiacais sempre estiveram associadas. De fato, a ciência astronômica foi, por toda a história, vinculada aos signos do Zodíaco. Ptolomeu, no século II de nossa era, referindo-se a eles, disse que eram de "inquestionável autoridade, origem desconhecida e antiguidade insondável "[1]. Também Albumazer[i], famoso astrônomo árabe do século 9 depois de Cristo, diz que as constelações: "chegaram aos nossos dias inalteradas, eram conhecidas em todo o mundo, tem sido objeto de longa especulação e muitos têm atribuído a elas uma origem divina e uma virtude profética"[2]. Realmente, de acordo com os cientistas, a procedência das constelações ainda está aberta a conjecturas, pois, apesar de todas as nações desde o prin-

---

[i] Albumazer, Abulmazar ou Abu Masher (787-886 d.C.) é a tradução para o latim do nome *Abu Ma'shar al-Balkhi*. Ele foi um dos maiores compiladores de todo o conhecimento antigo sobre astronomia. Sua obra prima foi *Flores Astrologiae*, escrita em árabe.

cípio da história terem reconhecido essas antigas configurações estelares, o fato é que até o presente momento os pesquisadores e arqueologistas têm falhado em comprovar sua origem.[3]

Mas qual é a verdadeira origem destes sinais nos céus?
De onde vieram e como foram formados?

Sabemos que estas constelações foram conhecidas há muito tempo, uma vez que temos o registro de várias delas no livro de Jó, que é o livro mais antigo da Bíblia, escrito por volta de 2000 a.C. Além dele, também encontramos o nome de algumas constelações em outro livro do Antigo Testamento, a saber, no livro do profeta Amós, que é datado de aproximadamente 750 a.C.:

> Ó vós, que transformais o juízo em algo amargo e lançais por terra a justiça! *Aquele que fez as Plêiades e o Órion*, e torna a sombra da noite em manhã, e transforma o dia em noite; o que chama as águas do mar e as derrama sobre a terra; o Senhor é o seu nome. (Am 5.7,8, AS21, grifo nosso).

E. W. Maunder, astrônomo da antiga Sociedade Real de Astronomia da Inglaterra, nos diz o seguinte em seu livro *The Astronomy of the Bible* [A Astronomia da Bíblia]: "De maneira geral, pode-se dizer que o conhecimento das figuras das constelações foi o principal patrimônio da astronomia nos séculos quando o Antigo Testamento estava sendo escrito"[4]. E ele ainda acrescenta: "as constelações evidentemente foram desenhadas muito antes dos mais antigos livros do Velho Testamento"[5]. Se isso é verdade, de onde os hebreus receberam este conhecimento? Para respondermos a essa pergunta, precisamos nos voltar para a história.

A possível influência de outros povos

Ao estudarmos a história da humanidade, podemos dividi-la em vários períodos distintos, em cada um dos quais certo povo exerceu papel predominante sobre os demais. A seguir, temos a lista, em ordem cronológica, das principais civilizações nas regiões da Europa, Ásia, Mesopotâmia e Oriente (ver quadro na próxima página):

- *Sumérios:* civilização dominante de 3500 a 2000 a.C.
- *Egípcios:* civilização dominante de 1800 a 1200 a.C.
  (antes do êxodo, o povo de Israel habitou no Egito de 1970 a 1540 a.C.)
- *Assírios:* civilização dominante de 750 a 600 a.C.
- *Babilônicos:* civilização dominante de 600 a 520 a.C.
  (Israel esteve no cativeiro da Babilônia no período de 590 a 520 a.C.)
- *Persas:* civilização dominante de 520 a 330 a.C.
- *Gregos:* civilização dominante de 330 a 60 a.C.
- *Romanos:* civilização dominante de 60 a.C. a 560 d.C.

Com base nesses dados, podemos tirar algumas conclusões importantes:

(1) Geralmente se atribui a origem e o significado das constelações nos céus como sendo provenientes da mitologia grega, hipótese que não se sustenta cronologicamente, pois os gregos conquistaram e impuseram sua língua e cultura em todo o mundo (Helenismo) muitos séculos depois dos registros bíblicos de Jó e Amós (os quais já citavam as constelações em seus escritos);

(2) O livro do profeta Amós foi escrito mais de um século antes do exílio do povo judeu na Babilônia, logo, o autor também não poderia ter sido influenciado pela cultura babilônica;

(3) Considerando a data do livro de Jó como sendo 2000 a.C., conclui-se que foi escrito algumas centenas de anos antes do período em que o povo de Israel esteve no Egito, e, por isso, o autor não poderia ter sido influenciado pela cultura egípcia.

O evangelho revelado nas estrelas

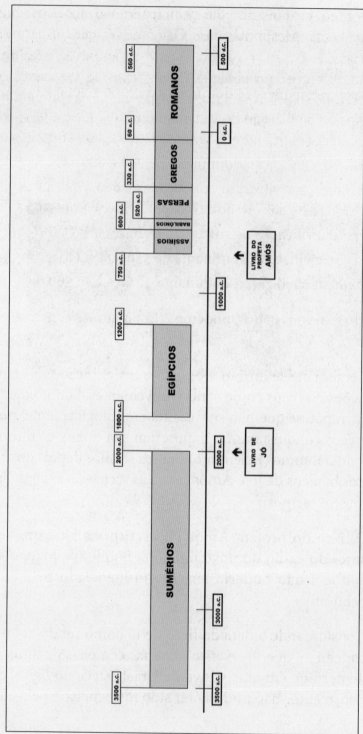

Época da redação dos livros de Jó e Amós (Antigo Testamento) em relação ao período das principais civilizações antigas.

Portanto, tomando por base a época da autoria desses dois livros do Antigo Testamento (Jó e Amós), vemos que foram escritos muito antes de Egito, Babilônia ou Grécia exercerem qualquer influência sob a nação de Israel. Assim, quando levamos em consideração tanto a visão diferenciada dos judeus em relação aos povos vizinhos no que diz respeito à astronomia (vide cap. 2) quanto a cronologia histórica, podemos dizer que a origem dos nomes e formas das constelações nos céus não podem ser atribuídas a nenhuma influência dessas três nações sobre o povo hebreu, seja do misticismo egípcio, da cultura babilônica ou da mitologia grega. Mas se o conhecimento astronômico acerca das constelações celestes não foi herdado desses povos, qual então é a sua origem? A única possibilidade, cronologicamente falando, é que os hebreus tenham recebido essas informações dos sumérios, cuja civilização é considerada como sendo a mais antiga da humanidade.

Escrita Cuneiforme   Placa de argila *Mul.Apin*

Os sumérios foram os primeiros a registrar informações na forma escrita (cuneiforme) em placas de argila que são datadas de 3000 a.C. aproximadamente[6]. Como foram encontradas muitas inscrições e textos desse povo sobre observações celestes (inclusive listas de constelações[ii]), considera-se que os sumérios foram os inventores da astronomia[7]. Porém, esse fato isolado não comprova

---
[ii] Entre elas, podemos citar as placas de argila chamadas *Mul.Apin* (figura acima à direita), um tratado astronômico que contém um catálogo de estrelas e o nome de várias constelações (mencionando todas as 12 constelações zodiacais ou signos do Zodíaco).

que as constelações tiveram sua origem na cultura desse povo, mas apenas que eles foram os primeiros a registrá-las. Na verdade, as constelações podem ter sido criadas muito antes dos sumérios. O fato desse povo ter sido o primeiro a registrar as constelações nos céus (em placas de argila) somente comprova a antiguidade da astronomia e não a sua origem e criação, pois senão teríamos o registro da criação dessas constelações pelos próprios sumérios (o que não se verifica).

Mas será que a astronomia e as suas constelações tiveram realmente a sua origem na antiga suméria? Vamos nos voltar agora para a Palavra de Deus e ver o que as Escrituras nos dizem a esse respeito.

O testemunho das Escrituras

Como cristãos, precisamos levar em consideração, acima de tudo, a Palavra de Deus. Se reconhecemos a inspiração divina das Escrituras Sagradas (2Pe 1.20,21), precisamos dar todo crédito ao que elas dizem. Nesse sentido, o próprio Jesus confirmou a autoridade e veracidade do Antigo Testamento quando disse que a Escritura não pode falhar (Jo 10.35). Ele também realçou a firmeza e a imutabilidade da Palavra de Deus quando declarou que a menor letra ou qualquer acento da Lei de Moisés é mais sólido e permanente do que a Terra e os céus (Mt 5.18).

Baseados nesses pressupostos e, examinando o que a Bíblia nos diz a respeito do assunto que estamos abordando, podemos concluir, sem sombra de dúvida, que as constelações celestes não tiveram uma origem humana, mas divina. As passagens a seguir nos afirmam precisamente isto: que foi Deus quem fez aparecer as constelações celestes (incluindo as zodiacais):

> Ele transporta montanhas sem que elas o saibam, e em sua ira as põe de cabeça para baixo. Sacode a terra e a tira do lugar, e faz suas colunas tremerem. Fala com o sol, e ele não brilha; ele veda e esconde a luz das estrelas. Só ele estende os céus e anda sobre as ondas do mar. *Ele é o criador da Ursa e do Órion, das Plêiades e das constelações do sul.* (Jó 9.5-9, NVI, grifo nosso).

> Ou poderás tu atar as cadeias do *Sete-estrelo* ou soltar os laços do *Órion*? Ou fazer aparecer os *signos do Zodíaco* ou guiar a *Ursa* com seus *filhos*? (Jó 38.31,32, grifos nossos).
>
> Ó vós, que transformais o juízo em algo amargo e lançais por terra a justiça! *Aquele que fez as Plêiades e o Órion*, e torna a sombra da noite em manhã, e transforma o dia em noite; o que chama as águas do mar e as derrama sobre a terra; o Senhor é o seu nome. (Am 5.7,8, AS21, grifo nosso).

Tomando por base as duas primeiras passagens acima (livro de Jó), sabemos que elas foram escritas muitos séculos antes da terceira (livro do profeta Amós). E quando estudamos o contexto delas dentro da estrutura do livro de Jó, podemos confirmar o ponto de vista da origem divina das constelações celestes.

O livro de Jó pode ser dividido em quatro partes principais: a primeira parte (caps. 1 e 2) nos fala da disputa que ocorre nos céus, com implicações na Terra; na segunda parte (caps. 3 a 37), que ocupa a maior parte do livro, temos registrado os diálogos de Jó com seus amigos; na terceira parte (caps. 38 a 41) Deus intervém e começa a falar com Jó, convencendo-o de ignorância; e na quarta parte (cap. 42) temos a conclusão do livro com a restauração de Jó.

A primeira referência bíblica que citamos acima, do capítulo 9 (versos 5 a 9), se encontra na segunda parte do livro, na qual temos Jó conversando com seus amigos. Nesse trecho, o próprio Jó afirma que foi Deus quem fez a *Ursa*, o *Órion* e as *Plêiades* (v.9). Esse é o testemunho humano acerca da origem divina das constelações. Porém, muito mais significativo é o registro encontrado na passagem do capítulo 38 (v.31,32), que está na terceira parte do livro, pois aí vemos o próprio Deus se revelando a Jó e descrevendo as suas obras, algumas das quais são manifestadas nos céus (38.22-38). E, dentre essas, temos mencionadas algumas constelações celestes e também os signos do Zodíaco (v.32).

Vemos, então, nessas duas passagens do livro de Jó, tanto o testemunho dos homens (pois Jó atribui a Deus a formação das constelações no firmamento) quanto o testemunho divino (pois vemos o próprio Deus atribuindo a si mesmo a formação destes símbolos e figuras celestes, que são as constelações). Portanto, as Escrituras nos afirmam categoricamente que a origem das constelações do Zodíaco procedeu de Deus e não dos homens!

Se a astronomia fosse invenção de homens, poder-se-ia dizer que Deus fez as estrelas, mas não que ele inventou as constelações. Cada uma dessas classes teria sua própria autoria: Deus criou as estrelas e o homem definiu alguns conjuntos de estrelas (constelações) com nomes e formas específicas. Se esse fosse o caso, as afirmações do livro de Jó seriam tanto uma mentira (por parte de Jó) quanto um plágio (por parte de Deus), pois Deus estaria usurpando para si a autoria de alguma coisa que tinha sido concebida pelo homem! Mas sabemos que ele nunca faria isso! Portanto, a única opção coerente com as Escrituras é que foi Deus quem criou as estrelas e que também fez aparecer os sinais nos céus, a saber, as constelações.

O testemunho da história

Além do testemunho das Sagradas Escrituras, precisamos, semelhantemente, nos voltar para a história. Um fato que corrobora a origem divina das constelações é que esses sinais nos céus foram reconhecidos e são basicamente os mesmos em todas as mais importantes culturas da antiguidade.

Nesse sentido, é importante ressaltar o fato de que os antigos impérios mundiais que se sucederam na região do Oriente/Oriente Médio (sumérios, egípcios, assírios, babilônicos, persas, gregos, romanos), com características completamente diferentes entre si, todos possuíam basicamente o mesmo mapa e a mesma representação das estrelas nos céus. Essas figuras celestes poderiam muito facilmente terem sido enxergadas de formas diferentes por cada uma dessas culturas. Contudo, por mais diferentes que fossem, nesse aspecto em especial, todas elas se harmonizavam. Como isso foi possível? Poder-se-ia supor que esse conhecimento foi passado de um povo para outro, mas é muito pouco provável que culturas dominantes, que prevaleceram sobre dominadas, assumissem ou herdassem, sem nenhuma mudança, algo tão subjetivo quanto a representação de grupos de estrelas nos céus, que eram, inclusive, associados à religião e aos deuses. O mais plausível seria que cada cultura tivesse a sua própria representação celeste e impusesse sua visão à cultura conquistada (no mínimo, mudando os nomes, como ocorreu com os deuses gregos que foram sincretizados pelos romanos). Mas, contrariamente a essa tendência humana natural, parece que todos esses povos viam nos céus os mesmos símbolos e figuras, inclusive mantendo os mesmos nomes. Esse é um fato extraordinário!

Além desses símbolos permanecerem inalterados pelas civilizações que se sucederam, temos também o registro de culturas distantes (tanto do Oriente quanto do Ocidente)[8] que não tiveram nenhum contato entre si e que também registraram esses mesmos símbolos celestes, inclusive, mantendo sua ordem. Veja o que nos diz o famoso erudito do século 19, E. W. Bullinger[iii], em seu livro *The Witness of the Stars* [O testemunho das Estrelas]:

> Se nos voltarmos para a história e a tradição, nós veremos de imediato o fato de que os 12 signos são os mesmos em todas as nações antigas do mundo, tanto quanto ao sentido de seus nomes, como quanto à ordem que aparecem.[9]

Também Jean Chevalier[iv], em sua obra *Diccionnario de los Símbolos* [Dicionário dos Símbolos], diz:

> Em todos os países e em todas as épocas exploradas pela ciência histórica, encontramos o Zodíaco mais ou menos idêntico, com sua forma circular, suas dozes subdivisões, seus doze signos com os mesmos nomes e seus sete planetas. A Babilônia, o Egito, a Judeia, a Pérsia, a Índia, o Tibete, a China, as Américas do Norte e do Sul, os países escandinavos, os países islâmicos e muitos outros conheceram o Zodíaco [...][10]

---

iii Ethelbert William Bullinger (1837-1913 d.C.): inglês, pastor e teólogo anglicano.
iv Jean Chevalier (1906-1993 d.C.): escritor francês, filósofo e teólogo.

O evangelho revelado nas estrelas

Zodíaco Sumério

Zodíaco Oriental

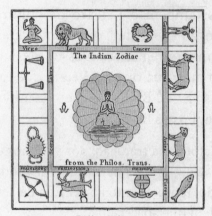
Zodíaco Indiano

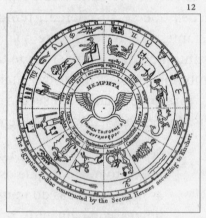
Zodíaco Egípcio

Zodíaco Árabe

Zodíaco Hebraico

Como podemos acreditar que pessoas separadas por milhares de quilômetros, sem quaisquer meios de comunicação entre si, e sem possuírem ideias em comum, puseram-se a contemplar essas constelações indefinidas nos céus e chegaram a conclusões idênticas sobre o formato e a ordem de tais figuras? Impossível! A única alternativa plausível é que essas constelações tiveram uma mesma origem, um centro comum ancestral de difusão e foram transmitidas à raça humana em uma época em que toda a humanidade estava reunida, pois elas se tornaram um legado cultural compartilhado por todos os povos da antiguidade.

Quando, no relato bíblico, temos o registro de tais circunstâncias em que todos os homens estavam juntos? No livro do Gênesis, desde o capítulo 1 até ao capítulo 11, ou seja, desde a criação do primeiro casal até a época da torre de Babel, ocasião na qual Deus confundiu a linguagem dos homens e os espalhou por toda a Terra. Essa seria a única possibilidade viável para que ideias comuns a toda a humanidade (no caso, os desenhos das constelações) fossem disseminadas sem modificação significativa a todas as principais civilizações do mundo. Portanto, se o relato bíblico da dispersão em Babel for verdadeiro (e cremos que é), o conhecimento das constelações, seus nomes e formas, foram reconhecidas desde os primórdios da humanidade, mesmo antes que os homens fossem espalhados pela Terra em povos com línguas distintas (Gn 11.8,9).

A forma e desenho das constelações

Ainda que esse conhecimento astronômico, que foi compartilhado por todos os principais povos ancestrais, confira certo grau de antiguidade aos sinais do Zodíaco, eles ainda poderiam ter sido resultado da criatividade humana. Mas o bom senso não aponta nessa direção. O astrônomo E. W. Maunder lista vários motivos pelos quais a autoria humana não seria algo plausível:[14]

- ➤ *A grande diferença no tamanho das constelações:* Ursa Major e *Argo* são imensamente maiores do que a constelação *Sagitta* – o sensato seria que todas fossem aproximadamente do mesmo tamanho;

- ➤ *A irregularidade das constelações:* no que diz respeito à sua localização e ao preenchimento assimétrico do céu;

- ➤ *A repetição de símbolos e formas:* temos 10 homens, 3 mulheres, 3 pássaros, 3 cobras, 3 peixes, 2 centauros, 2 cabras, 2 ursos, 2 cachorros, etc. – o esperado seria que as constelações fossem todas distintas umas das outras;

- ➤ *O entrelaçamento de constelações:* muitas estrelas pertencem a duas constelações simultaneamente – a constelação *Ophiuchus (Ofiúco)* compartilha estrelas com as constelações *Serpens* e *Escorpião*; *Eridanus* compartilha estrelas com *Cetus*; – o mais apropriado seria que todas as constelações fossem separadas umas das outras;

- ➤ *Algumas figuras são representadas em atitudes não naturais:* na constelação *Aquário*, um homem está despejando um cântaro de água não em plantas ou para seus rebanhos, mas na boca de um peixe; na constelação *Peixes* temos dois peixes sendo atados por cordas em suas caudas e não com um anzol em suas bocas; e na constelação *Crater* uma taça está colocada no dorso de uma serpente (constelação *Hydra*);

- ➤ *A existência de figuras truncadas:* as constelações *Pegasus* e *Touro* estão representadas parcialmente – algo muito incomum quando comparadas às outras 46 constelações;

- ➤ *A existência de figuras conectadas:* as constelações *Centaurus* e *Lupus*; *Aquário* e *Piscis Austrinus*; *Ophiuchus (Ofiúco)* e *Escorpião*; *Órion* e *Lepus*; *Corvus* juntamente com *Crater* e *Hydra*; *Cetus* e *The Band* – o que revela um simbolismo deliberado no projeto do desenho das constelações;

- ➤ *A omissão de muitas estrelas visíveis:* há um grande número de estrelas que não estão contempladas no conjunto tradicional das constelações do Zodíaco – o mais adequado seria não deixar nenhuma (ou muito poucas) estrelas de fora;

➤ *A presença de figuras de seres que não existem na natureza: Centauro* (metade homem, metade cavalo), *Pegasus* (cavalo alado) e *Capricórnio* (metade peixe, metade bode).

Portanto, se o objetivo da criação das constelações fosse apenas de utilidade astronômica ou naturalística[v], sem dúvida as constelações teriam possivelmente o mesmo tamanho, estariam espalhadas uniformemente na abóbada celeste, seriam utilizadas figuras distintas (sem repetição) e, com certeza, não seriam de forma nenhuma truncadas ou interconectadas[15]. Assim, a hipótese de que as constelações se originaram de um deliberado projeto humano ou de observações naturais (animais, ocupações humanas e estações do ano) são apenas uma conjectura racionalista, não se sustentando por fatos ou analogia.[16]

Além de todas essas razões, se há algo além do registro das Sagradas Escrituras, da história da humanidade e do bom senso natural, que aponta para uma origem divina das constelações é a forma e o desenho delas. Como as constelações do Zodíaco foram desenhadas nos céus? Quando consideramos essas figuras, podemos ver que elas são muito especiais e peculiares. Se observarmos os agrupamentos de estrelas associados ao desenho delas, veremos que apresentam pouca ou nenhuma semelhança com as imagens que representam, ou seja, elas não poderiam ter sido criadas pela imaginação do homem. E, de fato, há muito poucas constelações nos céus em que o seu agrupamento natural parece sugerir a figura associada a ela.

Para citarmos apenas um exemplo, se examinarmos o conjunto de estrelas na figura seguinte à esquerda, talvez possamos imaginar muitas coisas, menos o que elas realmente representam: a constelação *Libra* (balança)!

---

[v] Exemplos: Para orientação em viagens (terrestres ou marítimas), medir a passagem do tempo (calendários), demarcar ciclos de plantação/colheita, fenômenos naturais (enchentes, secas), símbolos culturais ou nacionais, etc.

 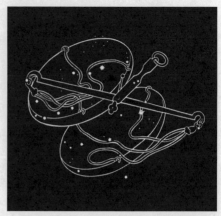

Estrelas da Constelação *Libra*   Representação gráfica da Constelação *Libra*

Como podemos, então, explicar a origem dos desenhos destes sinais celestes? Naturalmente falando, não podemos! Por mais que nos esforcemos para ver essas figuras nos céus e por mais que nos voltemos para a história ou para a ciência, não temos qualquer pista ou indicação de onde surgiram esses símbolos que, por milênios, foram a principal herança cultural/astronômica da humanidade. Logo, não há motivos concretos que nos façam abdicar da ideia de uma origem divina para a forma, o posicionamento e o desenho das constelações!

Realmente, como afirma E. W. Maunder, deve haver um significado muito importante ligado a esses símbolos desenhados nos céus à época de sua criação, pois essa seria a única explicação para que tal configuração celeste tenha sido transmitida e permanecida inalterada por milênios[17]. Confirmando este ponto de vista, vemos também Joseph Seiss [vi] nos informando o fato de que todos os povos antigos reputavam às constelações como tendo uma procedência divina e um significado sagrado.[18]

Portanto, podemos concluir que não foram os astrônomos ou astrólogos que, com a sua imaginação e criatividade, formaram as constelações nos céus e os signos do Zodíaco, mas sim o próprio

---

[vi] Joseph Augustus Seiss (1823-1904 d.C.): teólogo americano e ministro luterano do século 19, autor de mais de 100 livros.

Deus! Foi o Altíssimo quem criou, nomeou, atribuiu forma e significado às constelações zodiacais! Mas com qual objetivo? Muitos eruditos cristãos defendem a tese de que as figuras do Zodíaco e o nome das estrelas foram concebidos por Deus para transmitir o mais antigo e importante conhecimento para a raça humana, a saber, o evangelho da salvação – numa época em que ainda não existia qualquer revelação escrita da Palavra de Deus. É isso que veremos no próximo capítulo.

Os símbolos nos céus de algumas culturas

Não poderíamos terminar sem abrir um parêntese. É fato que alguns povos têm (ou tiveram) suas próprias figuras celestes, que são diferentes das constelações reconhecidas mundialmente. Esse campo de estudo da ciência astronômica é chamado de etnoastronomia, arqueoastronomia ou astronomia antropológica. Como o próprio nome diz, essa área do conhecimento procura entender como diversos grupos étnicos e culturais viam e se relacionavam com o Universo. Esses povos procuravam associar grupos de estrelas nos céus a coisas do seu próprio cotidiano e, nesse caso, obviamente as figuras celestes foram criadas pela lógica e razão humanas. Porém, não encontramos essa associação natural nos signos do Zodíaco, pois temos nos céus a representação de seres que nem sequer existem na natureza, como *Sagitário* (homem e cavalo) e *Capricórnio* (bode e peixe), o que, como veremos mais adiante, são símbolos celestes colocados por Deus que procuram transmitir verdades espirituais. Além disso, nas culturas que possuem uma visão das constelações diferente da universalmente adotada, não há uma representação que envolva grande parte do céu ou que mostre uma sequência linear, como temos na astronomia zodiacal.

Nos casos das poucas e raras representações celestes distintas de outras culturas, elas nunca chegaram a alcançar uma importância significativa, dado que aqueles povos eram muito pequenos e isolados ou não tinham antiguidade e nem representatividade relevantes. Podemos aqui citar algumas culturas que tinham sua própria visão do céu: *inuit* (tribo ártica), *lakota* e *navajo* (tribos norte-americanas), *tupi-guarani*, *bororos* e *caiapós* (tribos sul-americanas), *maori* (tribo da Nova Zelândia), *boorongs* (tribo Australiana)[vii], polinésios, noruegueses, coreanos e chineses.

Constelação de Nuvem Escura
(Astronomia Indígena Australiana)

Ema

Porém, o atual mapa celeste que contém as constelações zodiacais é o mais antigo, significativo e abrangente de todos e, como vimos, foi conhecido e utilizado pelas mais importantes culturas da antiguidade, permanecendo até os dias de hoje. E por causa de suas características únicas, ele é singular e diferente de todos os outros criados pela imaginação humana.

[vii] Uma característica interessante desse povo é que eles viam (ou imaginavam) figuras nos céus não por meio do traçado de estrelas, mas pelos espaços vazios (ou regiões escuras) entre elas – chamadas de "constelações de nuvem escura" –, uma abordagem totalmente distinta de todas as outras culturas.

Capítulo 7

PARA QUE SÃO ESSES SINAIS OU SIGNOS?

É consenso entre os eruditos que as constelações celestes não estão colocadas em seus respectivos lugares por mero acaso. O famoso matemático e astrônomo francês LaPlace[i] afirma que "não há nenhuma dúvida de que as constelações são resultado de um plano deliberado"[1]. Também, E.W. Maunder diz que "essas constelações foram desenhadas por alguém, todas de uma só vez e em um só lugar"[2]. Além disso, Olcott[ii], consagrado autor americano de vários livros de astronomia, declara:

> Uma cuidadosa inspeção dos grupos estelares levanta muitas questões interessantes, principalmente o fato de que em todo o conjunto há indicações de um projeto e não apenas do acaso no arranjo das constelações. Parece ter havido uma ideia bem definida na mente de alguém e um desejo de perpetuar um registro de vital importância.[3]

---

[i] Pierre Simon Marquis de Laplace (1749-1827 d.C.): matemático, astrônomo e físico francês que organizou a astronomia matemática e também traduziu o estudo geométrico da mecânica clássica para um estudo baseado em cálculo, conhecido como mecânica física.
[ii] William Tyler Olcott (1873-1936 d.C.).

O evangelho revelado nas estrelas

Portanto, mesmo para os cientistas, está claro que houve um propósito intencional na mente de quem formou as constelações. Como já vimos no capítulo anterior, a sua origem, de acordo com as Escrituras, pode ser atribuída ao próprio Deus! Então, por que Deus colocou esses sinais nos céus? Qual foi o propósito divino para o Todo-Poderoso criar, nomear, desenhar, e posicionar os vários conjuntos de estrelas no Universo?

Um "sinal" é uma representação gráfica arbitrariamente escolhida e tem sempre o propósito de revelar algo que vai além dele próprio. Consequentemente, quando Deus disse que os luminares no firmamento serviriam para sinais (Gn 1.14), isso significava dizer que eles seriam usados para indicar algo maior do que eles mesmos expressam em sua natureza e ofícios astronômicos[4]. Assim, as figuras celestes que as estrelas retratam têm a finalidade de nos transmitir um conhecimento muito mais profundo do que o próprio sinal representa!

Quando o Criador preencheu a abóbada celeste com constelações, ele desejou nos contar uma história. E essa história foi contada por meio dos sinais ou figuras que as constelações representam, pois uma mensagem pode ser transmitida não somente por palavras, mas também por meio de figuras, como no caso de uma história em quadrinhos. Sim, uma narrativa pode ser transmitida a pessoas analfabetas e sem formação intelectual apenas desenhando uma série de figuras, dispostas numa certa ordem específica. E essa sequência de figuras, quadro a quadro, cena a cena, comunica uma mensagem tão eficazmente quanto as palavras. Desse mesmo modo, Deus fez com a humanidade em tempos passados, quando a escrita ainda não tinha sido inventada e a Palavra de Deus ainda não fora revelada e registrada.

Quando o Sol, durante o ano, percorre o seu caminho nos céus, ele passa por 12 constelações (que são as mais importantes). É como se esse astro estivesse apontando, a cada mês, para um desses sinais, desejando assim nos contar uma história sequencial em 12 partes.

Para que são esses sinais ou signos?

E estas figuras celestes, as constelações, cada uma delas individualmente e todas em conjunto, são como uma parábola celeste, colocada pelo Criador no firmamento dos céus para nos transmitir uma mensagem divina e espiritual.

Nessa imensa parábola desenhada na cúpula celeste, o Sol pode ser comparado ao Senhor Jesus, pois, nas Escrituras, um de

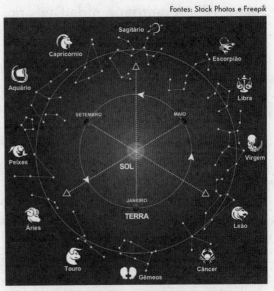

Fontes: Stock Photos e Freepik

O caminho do Sol entre as estrelas durante o ano

seus nomes é "*sol da justiça*" (Ml 4.2). Além disso, Cristo é também o narrador dessa parábola, pois sendo o "*Verbo de Deus*" (Ap 19.13), ele nos transmite sua mensagem por meio das coisas que por ele foram criadas, a saber, por meio das estrelas e das constelações do Universo. E, finalmente, ele é a própria trama da história, pois esse "caminho" do Sol entre as estrelas pode também ser a ele associado, pois Jesus declarou a respeito de si mesmo: "*Eu sou o caminho*" (Jo 14.6).

Assim, podemos ver Cristo como o ator principal (o astro de maior grandeza), o narrador (aquele por intermédio do qual a mensagem é transmitida) e também a trama dessa história escrita nos céus (pois é ele quem dirige e governa tudo e todos). Realmente, todo este quadro corrobora a revelação bíblica que nos diz que ele é o Alfa e o Ômega, o Princípio e o Fim (Ap 21.6), aquele que era, que é e que há de vir (Ap 1.8), pois todas as coisas foram criadas por ele, por meio dele e para ele (Rm 11.36). A ele, pois, a glória eternamente, amém!

Salmo 19 - A mensagem de Deus nos céus

Há alguma passagem na Bíblia que confirma esse ponto de vista, a saber, dos céus e seus astros nos contando uma história? Sim, o Salmo 19! Vejamos o que esse salmo nos diz nos seus versículos iniciais (em negrito):

[1] *Os céus proclamam a glória de Deus,*
e o firmamento anuncia as obras das suas mãos.
[2] *Um dia discursa a outro dia,*
e uma noite revela conhecimento a outra noite.
[3] *Não há linguagem, nem há palavras,*
e deles não se ouve nenhum som;
[4] *no entanto, por toda a terra se faz ouvir a sua voz,*
e suas palavras, até aos confins do mundo.
[5] *Aí, pôs uma tenda para o sol, o qual, como noivo que sai dos seus*
aposentos, se regozija como herói, a percorrer o seu caminho.
[6] *Principia numa extremidade dos céus, e até à outra vai o seu*
percurso; e nada refoge ao seu calor.

[7] *A lei do Senhor é perfeita e restaura a alma;*
o testemunho do Senhor é fiel e dá sabedoria aos símplices.
[8] *Os preceitos do Senhor são retos e alegram o coração;*
o mandamento do Senhor é puro e ilumina os olhos.
[9] *O temor do Senhor é límpido e permanece para sempre;*
os juízos do Senhor são verdadeiros e todos igualmente, justos.
[10] *São mais desejáveis do que ouro, mais do que muito ouro*
depurado; e são mais doces do que o mel e o destilar dos favos.

Se considerarmos atentamente a primeira parte do salmo (versos 1 a 6), podemos chegar a várias conclusões, que estão em perfeita harmonia com a linha de raciocínio que estamos adotando:

(1) Esse salmo do Antigo Testamento começa nos dizendo que os céus proclamam a glória de Deus. No Novo Testamento vemos que a glória de Deus foi inteiramente revelada na pessoa de nosso Senhor Jesus Cristo. Além disso, nas epístolas, temos o apóstolo Paulo nos falando do conheci-

mento da glória de Deus "na face de Cristo" (2Co 4.6). Portanto, se temos a expressão da glória de Deus tanto nos céus quanto na vida e obra de Jesus, não seria apropriado procurarmos a história de Cristo e de sua redenção expressa de alguma maneira por meio das estrelas nos céus?[5]

(2) Também, segundo o salmo, nos céus há uma *proclamação* (v.1a), há um *anúncio* (v.1b), há um *discurso* (v.2a) e há *conhecimento revelado* (v.2b), ou seja, há literalmente uma mensagem sendo transmitida por meio dos corpos celestes (o Sol, a Lua e as estrelas);

(3) Essa mensagem comunicada por intermédio dos astros consegue ser, ao mesmo tempo, curta e extensa, simples e complexa, superficial e profunda. As palavras "proclamação" e "anúncio" no verso primeiro apontam para uma mensagem com conteúdo breve e claro, e estão relacionadas, respectivamente, com a glória divina e com as obras de Deus. Isso é bem evidente para nós, seres humanos, que habitamos este planeta, pois a grandeza, a beleza e a diversidade do Universo nos mostram claramente o poder e a divindade do Criador. Porém, os céus não comunicam apenas esses dois aspectos óbvios, mas também um conteúdo muito mais complexo. As palavras "discurso" e "conhecimento revelado" no versículo dois nos mostram que essa mensagem por meio dos luminares celestes possui simultaneamente um teor mais amplo e profundo, pois um discurso não é algo curto, mas extenso, e conhecimento não é algo simples, mas detalhado;

(4) Desejamos chamar a atenção para um aspecto do verso dois e realçar como essa mensagem é transmitida: "uma noite revela conhecimento a outra noite". Portanto, durante a sequência de noites do ano, no céu noturno há, de alguma forma, conhecimento sendo revelado! Essa é uma declaração muito significativa, pois é exatamente isso que veremos no decorrer deste livro ao estudarmos as constelações zodiacais, que são visíveis apenas durante a noite;

(5) O verso três nos informa que essa proclamação, anúncio, discurso e conhecimento revelado ocorrem "sem palavras" e "sem som". Isso confirma o nosso ponto de vista de que essa mensagem divina foi transmitida por meio de uma parábola celeste, por figuras, símbolos e sinais nos céus, que, como já vimos no capítulo 5, são as constelações;

(6) Essa mensagem é tão universal, que, conforme o verso quatro, por todo o mundo se faz ouvir a sua voz e, ao mesmo tempo, tão clara, que ninguém pode deixar de entender o seu conteúdo. Por esse motivo, como declara o apóstolo Paulo em Rm 1.18-23, os homens são indesculpáveis, pois receberam o conhecimento de Deus, isto é, puderam compreender a mensagem transmitida por meio das coisas criadas, mas não responderam adequadamente ao Criador, glorificando-o pelo seu poder e divindade, e dando-lhe graças pelo seu amor e bondade (Rm 1.20,21);

(7) No versículo cinco, vemos que há um personagem central nos céus, a saber, o Sol. Sabemos que o ator principal das Escrituras é Jesus Cristo, pois ele é comparado ao Sol na sua força (At 26.13 e Ap 1.16). É interessante notar que esse personagem (o Sol) desempenha dois papéis distintos nesse versículo: o de noivo e o de herói. O noivo nos transmite a ideia de uma história de amor, e o herói nos fala de uma história de conflito e vitória. Essas são exatamente as duas razões principais que trouxeram o Messias ao mundo: por amor ao ser humano, redimindo para si mesmo uma Noiva (Jo 3.16,29) e também para enfrentar e destruir o adversário de Deus, o diabo (1Jo 3.8).

(8) Ainda no versículo cinco há uma referência de "uma tenda para o sol". Isso é muito significativo, pois Jesus, o Filho Eterno, habitou entre os homens por meio de seu corpo físico. É precisamente isso que o apóstolo João nos relata em seu Evangelho: "E o Verbo se fez carne e *habitou* entre nós" (Jo 1.14). A palavra "habitou" no original grego tem o

sentido de "fazer um tabernáculo ou tenda". A associação é perfeita!

(9) No versículo seis, vemos que este astro (o Sol) percorre seu caminho por toda a abóbada celeste, de uma extremidade até a outra, não somente no sentido do dia e da noite (movimento de rotação da Terra), mas também no sentido dos meses do ano (movimento de translação). Isso nos fala da obra de Cristo que foi não somente temporal e terrena (durante o período que esteve aqui na Terra), mas também abrangente e eterna, pois os seus efeitos se fazem sentir de eternidade a eternidade.

Portanto, no Salmo 19, temos uma ilustração perfeita de como Deus usa as coisas criadas (no caso, os céus) para nos transmitir uma mensagem espiritual. Assim, os céus nos mostram não somente a grandeza de Deus por meio das incontáveis estrelas e galáxias no Universo, mas algo muito mais profundo!

Que mensagem é essa?

Muito bem, desde que temos uma mensagem sendo comunicada por meio dos astros, resta-nos perguntar: *Que mensagem é essa que o Todo-Poderoso deseja nos transmitir por meio do Universo criado?* Ou, colocando essa pergunta de outro modo: *Qual será a mensagem mais importante da parte de Deus para os seres humanos, a ponto do Criador registrar a mesma no firmamento?* Só existe uma resposta possível: o *EVANGELHO* – pois sendo esse o grande tema da Bíblia, seria também o da astronomia primitiva! Além do mais, qual o melhor cenário para transmitir a tremenda e indescritível obra de salvação da raça humana, a não ser no mais espetacular objeto de contemplação, na maior e mais estupenda peça da criação de Deus, a saber, neste gigantesco e assombroso Universo?[6] Pois, de todas as obras de Deus, somente o cosmo poderia ser utilizado como figura (em sua grandiosidade, complexidade e maravilha) à indizível salvação que Deus proveu para os homens pecadores por meio da morte e ressurreição de seu Filho amado!

Portanto, podemos concluir que o Eterno criou os astros celestes e os colocou no firmamento para nos transmitir a história mais importante de todos os tempos: a história universal da queda e salvação dos homens, da derrota do inimigo e do triunfo final de seu Messias e Cristo.

Isso concorda perfeitamente com o argumento de Paulo em Rm 10.16-19 (ver Introdução - págs. 15 a 20) quando, citando o Salmo 19, afirmou que o evangelho foi proclamado em toda a Terra. Nessa passagem, o apóstolo declarou que as boas-novas de salvação foram anunciadas a todos os homens por meio dos céus. Assim, podemos chegar à conclusão que as verdades espirituais do evangelho foram reveladas desde o princípio do mundo por meio dos sinais colocados nas alturas, a saber, das constelações celestes.

Em outras palavras, Deus colocou o *Evangelho nas Estrelas*!

A Palavra de Deus nos Céus

Na verdade, o que pretendemos dizer é que o Todo-Poderoso colocou a sua eterna Palavra nos céus! Como podemos fazer tal afirmação? Pelas próprias Escrituras Sagradas! Veja o que nos diz o Salmo 119: "Para sempre, ó Senhor, está firmada a tua palavra no céu" (Sl 119.89).

O tema do Salmo 119 (assim como do Salmo 19) é a Palavra de Deus. O Salmo 119 é a maior canção do Livro de Salmos e, não por coincidência, bem no centro dele encontramos esta maravilhosa e extraordinária declaração, de que a Palavra do Senhor está firmada no céu para sempre!

Nesse versículo, a palavra "firmada" também pode ser traduzida como "colocada", "fixada", "permanece" ou "faz a sua morada"; e a palavra "céu", no original hebraico (*shamayim* [OT:8064]), aponta, não para uma realidade espiritual (onde Deus habita), mas para uma realidade física (astronômica), a saber, o Universo. Portanto, poderíamos parafrasear esse versículo da seguinte maneira:

> Ó Senhor, para sempre e eternamente a sua Palavra está colocada, fixada, firmada, faz a sua morada e permanece nos céus, no universo criado, no sol, na lua e nas estrelas.

De fato, o que o Espírito Santo está desejando nos dizer, por intermédio do escritor inspirado, é que a Palavra do Senhor pode ser encontrada não somente nos escritos dos profetas, mas também no firmamento acima de nossas cabeças! Deus colocou a sua Palavra não somente nas Escrituras Sagradas, mas também nos céus!

Salmo 19 - A dupla revelação de Deus

Voltando a nossa atenção para o Salmo 19, é precisamente isso que esse Salmo deseja nos mostrar. Nele, o salmista faz um paralelo entre a mensagem dos céus e as Sagradas Escrituras.

Há pouco, consideramos a primeira parte desse salmo. Agora vamos nos ater à segunda parte do mesmo (em negrito):

¹ *Os céus proclamam a glória de Deus,*
e o firmamento anuncia as obras das suas mãos.
² *Um dia discursa a outro dia,*
e uma noite revela conhecimento a outra noite.
³ *Não há linguagem, nem há palavras,*
e deles não se ouve nenhum som;
⁴ *no entanto, por toda a terra se faz ouvir a sua voz,*
e suas palavras, até aos confins do mundo.
⁵ *Aí, pôs uma tenda para o sol, o qual, como noivo que sai dos seus*
aposentos, se regozija como herói, a percorrer o seu caminho.
⁶ *Principia numa extremidade dos céus, e até à outra vai o seu*
percurso; e nada refoge ao seu calor.

⁷ **A lei do Senhor é perfeita e restaura a alma;**
o testemunho do Senhor é fiel e dá sabedoria aos símplices.

⁸ *Os preceitos do Senhor são retos e alegram o coração;*
o mandamento do Senhor é puro e ilumina os olhos.
⁹ *O temor do Senhor é límpido e permanece para sempre;*
os juízos do Senhor são verdadeiros e todos igualmente, justos.
¹⁰ *São mais desejáveis do que ouro, mais do que muito ouro*
depurado; e são mais doces do que o mel e o destilar dos favos.

Quando estudamos esse salmo, podemos ver claramente que ele é dividido em duas partes distintas: em seus primeiros seis versos (v.1-6) ele nos fala dos céus e dos astros celestes nos transmitindo uma mensagem; e, logo a seguir, nos quatro versos seguintes (v.7-10), nos fala da Lei do Senhor. Alguns estudiosos da Bíblia, não compreendendo o motivo dessa mudança abrupta do tema no meio do salmo, dizem que provavelmente o autor uniu dois fragmentos de salmos distintos. Mas esse argumento é apenas uma suposição baseada em uma visão superficial da Palavra de Deus ou na falta de um entendimento mais profundo da inspiração das Escrituras. Na verdade, o salmo é único, completo e perfeito, sendo uma obra-prima literária e científica[7]. Ele primeiramente nos fala da revelação de Deus nos céus e depois nos fala da revelação de Deus escrita em sua Palavra. Veja o que Ben Adam[iii] nos diz a esse respeito:

> Se o leitor examinar este salmo, descobrirá que ele consiste de quatorze versículos, agrupados naturalmente em dois blocos, os quais consistem, respectivamente, dos primeiros seis e dos últimos oito versículos. A primeira metade é em torno dos céus; e a segunda diz respeito às Escrituras; e o ponto central é que "neles", isto é, nos céus e nas Escrituras, há coisas idênticas.[8]

Behrmann[iv] nos diz que a maior indicação da unidade desse

[iii] Ben Adam: autor do livro *Astrology: The Ancient Conspiracy* [Astrologia: A Antiga Conspiração] de 1963.

[iv] Steven E. Behrmann: pastor, teólogo e escritor americano, autor do livro *The Torah of the Heavens* [A *Torah* dos Céus], editado em 2008 pela Editora *Albany*.

salmo vem da comparação entre as suas duas partes, nas quais podem-se encontrar vários paralelos:[9]

- ✔ Ambas as partes trazem glória a Deus;
- ✔ Ambas nos influenciam a cada dia;
- ✔ Ambas são universalmente endereçadas a toda a humanidade;
- ✔ Ambas nos trazem o conhecimento de Deus;
- ✔ Ambas são motivo de alegria para nós, seres humanos;
- ✔ Ambas são perfeitas e poderosas;
- ✔ Ambas são "escritas" com precisão e perfeição sobrenaturais.

Portanto, o Salmo 19 nos fala de uma dupla revelação de Deus: a palavra de Deus nos céus (versos 1 a 6) e a Palavra de Deus nas Escrituras (versos 7 a 10). Ele nos diz que a mensagem dos céus e a mensagem das Escrituras são equivalentes e ambas foram escritas pelas mesmas mãos divinas!

Charles Spurgeon[v], o grande pregador do século 19, em sua obra prima *The Treasury of David* [O Tesouro de Davi], confirma de maneira magistral esse ponto de vista e comenta da seguinte forma a estrutura do Salmo 19:

> Em sua juventude, o salmista Davi, enquanto guardava o rebanho de seu pai, se devotava ao estudo dos dois grandes livros de Deus – a natureza e as Escrituras; e ele penetrou tão completamente no espírito destes únicos dois volumes da biblioteca divina, que foi capaz de compará-los e contrastá-los, exaltando a excelência do Autor como visto em ambos. Quão tolos e perversos são aqueles que, ao invés de aceitar estes dois volumes sagrados e se deleitar em contemplar as mesmas mãos divinas nos mesmos, empregam todo o seu esforço em encontrar discrepâncias e contradições neles. [...] Sábio é aquele que lê o livro da natureza e o livro das Escrituras como sendo dois volumes da mesma obra, e pode sentir o seguinte em relação a eles: "Meu Pai Celeste escreveu a ambos".[10]

---

[v] Charles Haddon Spurgeon (1834-1892 d.C.): pastor inglês, pregador batista, autor de inúmeros livros cristãos, também conhecido como "O Príncipe dos Pregadores".

Existe apenas um único tema no coração de Deus que se encontra nestas duas grandes revelações que são os céus e as Escrituras: ambas as partes do Salmo 19 falam, em última instância, de uma mesma pessoa, a saber, de nosso Senhor Jesus Cristo, que é visto tanto como o *Sol da justiça* (primeira parte do salmo) quanto como o *Verbo de Deus* (segunda parte do salmo).[11]

Mas agora precisamos nos perguntar: *Por que Deus desejou colocar a sua mensagem dessas duas formas?* Vamos responder a essa pergunta abordando dois aspectos diferentes:

Em *primeiro lugar*, Jesus disse que, de acordo com a Lei, o testemunho de duas pessoas é verdadeiro (Jo 8.17). Deus, sendo coerente consigo mesmo, e desejando se fazer conhecido para a humanidade, nos deixou estas duas testemunhas (uma celeste [as constelações] e outra terrena [as Escrituras]), que declaram a mesma mensagem (veremos mais à frente, em detalhes, como o testemunho dos céus está em harmonia com o testemunho da Bíblia). Essa dupla revelação é um dos motivos pelos quais os homens são indesculpáveis, pois Deus não se deixou ficar sem testemunho diante da raça humana.

Em *segundo lugar*, precisamos considerar que, no período inicial da história humana (os primeiros 2500 anos) o mundo esteve sem uma revelação escrita da parte de Deus, pois as Escrituras começaram a ser redigidas a partir de Moisés. Como, então, Deus se revelou à humanidade durante essa fase inicial da história? Será que o Altíssimo ficou por tanto tempo sem um testemunho perante os homens? Com certeza não! Além de falar por intermédio de seus servos, os profetas, o testemunho e a revelação de Deus ocorreram por meio das coisas criadas e, mais especificamente, pelos sinais nos céus, ou seja, as constelações celestes! Portanto, esse é o testemunho duplo de Deus: na sua criação (por meio dos sinais ou signos do Zodíaco) e nas Escrituras Sagradas (pela Bíblia)!

Neste ponto, desejamos ressaltar que essa mensagem nos céus foi o único testemunho universal de Deus para os seres humanos durante o período inicial da história humana e, por isso, foi fundamental durante aquela época. Mas depois que a revelação de Deus veio a assumir a forma escrita, o testemunho por meio dos astros deixou de ser tão necessário e cedeu seu lugar de preeminência para aquela. Desde então, a mensagem por meio da criação não foi mais tão essencial e necessária (a ponto de praticamente cair em esquecimento), dando lugar à mensagem escrita (muito mais clara e detalhada). Contudo, se procurarmos diligentemente a mensagem de Deus na criação, ainda hoje podemos encontrá-la no Universo.

A primazia da mensagem celeste

O filme *Zeitgeist*[vi] (2007) de Peter Joseph[vii], produzido no estilo documentário, tenta desacreditar todo tipo de religião, em especial o Cristianismo, afirmando que este é apenas uma cópia de antigas religiões, teologias, mitos e tradições pagãs.

Ele diz que podemos coletar vários mitos semelhantes às histórias registradas nos Evangelhos, com personagens que possuíam algumas ou várias características relacionadas com o Messias[viii]. Peter Joseph e outros, utilizam esse

---

[vi] Palavra da língua alemã que significa "o espírito da época". O filme pode ser encontrado em https://www.youtube.com/watch?v=5R_Vm2wCQj4.
[vii] Diretor americano de filmes não-comerciais e fundador do Movimento *Zeitgeist*, nascido em 04/02/1979, na Carolina do Norte, Estados Unidos.
[viii] Por exemplo: tinham vindo do céu com o propósito de libertar a raça humana; se diziam a encarnação do Deus eterno (ou alguma emanação da divindade); tinham nascido de uma virgem; foram perseguidos por uma enorme serpente ou dragão, a qual estava destinada a ser conquistada e destruída pelo filho dos deuses; efetuaram muitos milagres; eram humildes e bons, mas também deuses da vingança com poder para destruir seus inimigos; eram os criadores dos mundos e das esferas celestiais; quando fossem mortos, seriam sepultados e desceriam ao mundo inferior, mas ressurgiriam novamente e seriam trasladados para o céu, etc. [SEISS, 1972, p.25]

argumento para afirmar que Cristo nunca existiu e que o Cristianismo é apenas um conjunto de variadas lendas da imaginação humana, muito antes de os registros dos Evangelhos serem redigidos. A justificativa é que um deve ser necessariamente copiado do outro e, como esses antigos mitos antecedem o Cristianismo, este seria uma farsa com roupagem hebraica[12]. Porém, conforme o Dr. Chris Forbes[ix], o dito "documentário" está cheio de generalizações, incoerências e mentiras[x]. Mas ainda que, conforme Joseph, existam algumas semelhanças entre personagens do paganismo e as passagens das Escrituras, em seu próprio "documentário" é mostrado que há um registro astronômico (por meio das estrelas e constelações) que realmente aponta para a história da encarnação e vida de Cristo. Na verdade, a origem e fonte de inspiração de Peter Joseph foi Charles-François Dupuis[xi], estudante de astronomia e mitologia que, em suas famosas obras *Origine de tous les Cultes* [A Origem de todas as Religiões] e *La Rélision Universelle* [A Religião Universal], afirma que as tradições pagãs sobre um personagem semelhante a Cristo têm sua origem nos emblemas das antigas constelações e que nestas se encontram as origens de todas as religiões (incluindo o Cristianismo). Mas o que ele não esclarece é quem associou tais ideias a estas constelações.[13]

Porém, como já vimos, esses símbolos nos céus precisam ter uma origem e inspiração divinas, pois preveem com exatidão a vinda e o ministério do Salvador prometido. Se esse for o caso, como cremos,

---

[ix] Professor senior do Departamento de História Antiga da Universidade de Macquarie (Sydney/Austrália) e especialista em História da Religião. Eis o que ele diz a respeito do filme de Peter Joseph: "quase todas as afirmações são completamente erradas e em alguns casos são simplesmente tolas" (veja em www.youtube.com/watch?v=6A-Q3DQERlQ).

[x] Acesse o link www.youtube.com/watch?v=6A-Q3DQERlQ com a entrevista do Dr. Chris Forbes. Há também outros vídeos que refutam quase que completamente todas as afirmações do "documentário" *Zeitgeist*: www.youtube.com/watch?v=byA4nPJ2Xkg ou www.youtube.com/watch?v=k5KHA9f6kHs ou www.youtube.com/watch?v=cHqHiHafX7c.

[xi] Charles-François Dupuis (1742-1809 d.C.), pensador do Iluminismo Francês; e Constantin François Chasseboeuf de Volney (1757-1820 d.C.), filósofo francês, são os principais expoentes da teoria do Mito de Jesus (também conhecido como Jesus Mítico ou a hipótese da inexistência de Jesus), a qual afirma que Jesus de Nazaré não foi uma pessoa histórica mas sim um personagem fictício criado a partir de um conjunto de várias mitologias antigas.

então podemos dizer que os mitos e lendas pagãs é que são cópia de um registro muito anterior, estampado nos céus (pelas constelações), dos eventos que Deus predeterminou desde o princípio do mundo, e que foram plenamente cumpridas na pessoa, vida e obra de nosso Senhor Jesus Cristo, as quais estão integralmente registradas nos Evangelhos.

Mitologia Grega: A distorção da mensagem dos céus

Atlas, Typhoeus e Prometheus

Devido ao afastamento do homem de seu Criador, essa mensagem celeste foi se perdendo e se corrompendo com o passar do tempo. As mitologias pagãs foram apenas uma distorção da mensagem profética original, colocada por Deus nos céus por meio dos signos do Zodíaco, os quais são figuras representativas para comunicar visualmente a história da redenção[14]. Porém, apesar dos povos terem falhado em guardar o significado original dessas constelações, eles ainda preservaram (em grande parte) os sinais e as figuras dos céus. Posteriormente, o que algumas culturas tentaram fazer foi nomear e imaginar um sentido qualquer para os sinais celestes de acordo com as suas próprias lendas e superstições.

Dentre as culturas que tentaram atribuir significado aos sinais nos céus, os gregos foram os que obtiveram maior aceitação, a ponto de serem considerados por muitos como sendo os criadores das figuras das constelações, a saber, dos signos do Zodíaco, pois devido ao Helenismo, a cultura grega (incluindo seus mitos) se disseminou por todo o vasto império de Alexandre, o Grande, influenciando outros povos e culturas. Assim, durante muito tempo (até os dias de hoje), a mitologia grega e as constelações zodiacais estiveram relacionadas uma com a outra. Porém, como já demonstramos no capítulo 6, quando examinamos mais seriamente essa possibilidade, chegamos à conclusão de que ela não se sustenta nem histórica, nem cronologicamente.

Como constatamos, de acordo com a história, os gregos não poderiam ter concebido, ou seja, dado nome e forma às constelações, pois sua cultura somente dominou o mundo antigo muitos séculos depois de outros povos que já haviam registrado essas constelações (como os hebreus, os babilônicos, os egípcios e os sumérios). Na verdade, a cultura grega é bem recente no que diz respeito ao registro das constelações, e os gregos, com certeza, receberam esse conhecimento (do nome e desenho das constelações – mas não do significado) como herança de povos mais antigos. O que a mitologia grega fez foi tentar descrever a origem das constelações por meio de narrativas fantásticas e de como elas foram colocadas nos céus por vários deuses, em honra a algum personagem histórico ou mitológico. Assim, o que os gregos elaboraram foi apenas uma tentativa grosseira de decifrar as figuras celestes dos signos do Zodíaco segundo suas próprias lendas e tradições.[15]

Além disso, quando estudamos com mais profundidade os mitos gregos e suas relações com as constelações, vemos que sua interpretação e associação é:

➤ *incompleta:* nem todas as constelações possuem significado mitológico e nem todos os mitos gregos estão associados a alguma constelação celeste; na verdade, nunca houve uma mitologia grega como um corpo acabado de narrativas e nem sequer um livro sagrado que reunisse todas elas;[16]

➤ *desconexa:* não vemos continuidade e nem qualquer inter-relação tanto na sequência quanto na posição das constelações nos céus em relação aos mitos associados a elas; na realidade, a mitologia, tal como a conhecemos, foi obra de autores que tentaram sistematizar e ordenar as narrativas míticas, eliminando suas diferenças, sem, entretanto, nunca conseguirem dar unidade e coerência às mesmas;[17]

> ➤ **sem sentido:** algumas lendas não refletem adequadamente o desenho de suas respectivas constelações[18]; além disso, há ambiguidades, incoerências e contradições em vários mitos gregos, inclusive com versões distintas que procuram explicar a origem do mesmo signo ou constelação;[19]

> ➤ **incoerente:** vários personagens da mitologia grega disputam a associação com uma única constelação;[20]

> ➤ **bizarra, tola, grotesca, infantil:** a simples leitura das estórias mitológicas é suficiente para se chegar a essa conclusão.

Portanto, a mitologia grega nos mostra claramente que o significado das constelações do Zodíaco surgiu de uma corrupção e/ou desconhecimento do real sentido de sua origem e mensagem! Um mito, em outras palavras, é a evidência de um conhecimento perdido! Assim, o fato de os gregos terem herdado o mapa dos céus de povos mais antigos e procurarem interpretar o significado dos sinais celestes segundo a sua própria cultura demonstra que tal interpretação não pode ser verdadeira, mas é apenas uma invenção humana sem qualquer conexão ou coerência com a mensagem original. Logo, podemos concluir que os mitos foram inventados a partir das constelações e não as constelações a partir dos mitos!

Por causa disso, neste livro, procuraremos, tanto quanto possível, apresentar as constelações e seus significados, de forma a desconectá-las da associação mitológica que historicamente tem sido atribuída a elas. Mas, algumas vezes, precisaremos nos valer dessas interpretações fantasiosas, pois o cerne da verdade muitas vezes sobrevive por trás delas. Nosso objetivo será retirar todo conceito pagão dessas figuras e restaurar sua verdade original.[21]

Um fato digno de nota é que, apesar de todo o panteão de deuses da mitologia grega ter caído em esquecimento com a chegada do Cristianismo e da ciência[xii], as constelações celestes não

---

[xii] Um aspecto sedutor do paganismo era creditar cada fenômeno da natureza a alguma divindade, o que, com a aurora da ciência, foi sendo gradualmente desmistificado.

O evangelho revelado nas estrelas

desapareceram e permanecem com suas formas e nomes até os dias de hoje. Em relação a isso, veja o que diz uma antiga tradição cristã:

> Quando o anjo avisou os pastores de Belém do nascimento de Cristo, um gemido profundo, ouvido através de toda a Grécia, anunciou que o grande Pã morrera [xiii] e toda a realeza do Olimpo fora destronada, passando as divindades a vagar no frio e nas trevas. [22]

Esse é mais um fato que reforça a ideia de que as constelações não se originaram com a mitologia grega, pois caso afirmativo, teriam também sucumbido juntamente com ela!

Por que a mensagem do *Evangelho nas Estrelas* ficou obscurecida por tanto tempo?

Satanás sempre foi o grande opositor de Deus e do homem, e fez tudo o que pôde para encobrir o conhecimento de Deus e de sua salvação para a humanidade. Ele sempre desejou impedir que qualquer revelação a respeito do Redentor prometido chegasse aos povos. E, assim como ele tentou diversas e variadas vezes desacreditar ou mesmo destruir a Palavra escrita de Deus (a Bíblia), ele também buscou, pelas mesmas razões, distorcer (ou mesmo apagar) a mensagem do evangelho anunciada nos céus por meio das constelações. Infelizmente ele teve sucesso no que diz respeito ao significado destas, mas não quanto a sua forma e símbolos.

É exatamente essa mensagem original que desejamos trazer à luz neste livro e que sobre a qual muito "lixo" do ocultismo tem sido colocado. Um grande erro tem sido cometido pelos cristãos ao longo das eras, a saber, o de ignorar esse antigo testemunho celeste e relegar tal assunto à fantasia ou às ciências ocultas.

[xiii] Junito de Souza Brandão, em seu livro "Dicionário Mítico-Etimológico", diz o seguinte: "Um mito relatado por Plutarco afiança que, à época do Imperador Augusto, um navegante solitário ouviu em pleno mar vozes misteriosas que anunciavam 'a morte do Grande Pã'. [...] A morte do Grande Pã pode ser interpretada como o fim dos deuses antigos. Os lamentos do mar prenunciavam o alvorecer de uma nova era [...]" [BRANDÃO, 2014, p. 478].

Sim, as Escrituras categoricamente condenam todas as práticas da astrologia (2Rs 23:5; Is 47:13,14), pois os corpos celestes *nunca* deveriam ter sido usados para adoração, predição do futuro ou orientação pessoal. Mas a ideia de que Deus se revelou por meio da natureza e, em especial, por meio das estrelas e das constelações, é inteiramente válida.[23]

Conta-se a história que, na Revolução Francesa, ministros e sacerdotes foram arrancados de seus púlpitos. A religião e a crença em Deus foram renunciadas. Bíblias foram queimadas. A "deusa da razão" foi exaltada e as pessoas forçadas a adorá-la. Os concílios enviaram espias para descobrir aqueles que adoravam a Deus em secreto, como os Valdenses[xiv]. Porém, certo dia eles encontraram um valdense alegremente adorando o Deus dos céus.

Jean-Baptiste Carrier[xv], um sanguinário líder dessa revolução, lhe disse: "Deus – você o adora? Se Ele existe, por que não nos castiga por fazermos coisas ruins? Nós o rejeitamos! Nós destruímos suas igrejas e fizemos delas estábulos para animais! Nós matamos seus ministros e sacerdotes!"

Ao que o velho e iletrado valdense replicou: "Sim, vocês podem fazer todas essas coisas, mas não podem remover as estrelas. E, enquanto nós as tivermos, ensinaremos nossas crianças a respeito de Deus através delas".[24]

É fato que esse testemunho celeste não pode ser apagado e nem removido! Ele é atemporal e de valor permanente! Pergaminhos são frágeis e envelhecem. Livros se perdem e páginas caem ou se rasgam. No Antigo Testamento o Livro da Lei se perdeu por algum tempo, mas foi novamente encontrado pelos servos do rei Josias (2Rs 22; 2Cr 34). Na Idade Média a Bíblia estava acorrentada aos

---

[xiv] Os Valdenses foram uma denominação cristã que teve sua origem entre os seguidores de Pedro Valdo na Idade Média e subsiste hoje como um grupo etnorreligioso na Itália (Igrejas Valdenses) e Uruguai (Igrejas Evangélicas Valdenses do Rio da Prata).
[xv] Jean-Baptiste Carrier (1756-1794 d.C.): francês revolucionário, conhecido por sua crueldade contra os inimigos.

púlpitos e seu acesso foi limitado aos sacerdotes (sendo vedado ao povo). Por séculos, somente poucos selecionados do clero tinham a permissão de estudá-la. Mas a "*Torah* dos Céus" está escrita onde nunca pode ser perdida, nem destruída ou sequer escondida de quem quer que seja. Ela está ao alcance de todos os olhos humanos, em especial daqueles que buscam a verdade divina.[25]

Fonte: ESO/A. Fitzsimmons (2013)

Capítulo 8

ALGUMAS CONSIDERAÇÕES SOBRE A ASTRONOMIA E OS SIGNOS DO ZODÍACO

Antes de decifrarmos os detalhes dessa mensagem celeste, precisamos fazer algumas considerações a respeito das constelações e dos signos do Zodíaco.

As 48 constelações celestes clássicas

Durante toda a antiguidade, e até poucos séculos atrás, o mapa dos céus sempre foi representado como possuindo apenas 48 constelações. Ptolomeu, que viveu, aproximadamente, há 1900 anos, registrou estas 48 constelações que permanecem praticamente as mesmas até os dias de hoje. Essas constelações são divididas em dois grupos: 12 constelações principais (*Virgem, Libra, Escorpião, Sagitário, Capricórnio, Aquário, Peixes, Áries, Touro, Gêmeos, Câncer* e *Leão*) e 36 constelações secundárias.

O motivo para essa divisão está relacionada com o caminho do Sol entre as estrelas. Sob o ponto de vista de um observador terreno, quando a Terra faz seu giro anual ao redor do Sol, temos a impressão de que é o Sol que vai trilhando

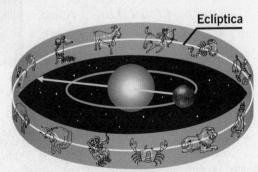

Eclíptica
(caminho aparente do Sol entre as estrelas)

um caminho imaginário através de algumas constelações que estão, ao fundo, no Universo. Este caminho imaginário que o Sol percorre é tecnicamente chamado de *eclíptica*[i]. Portanto, no decorrer dos meses, o Sol vai mudando sua posição relativa em relação às estrelas (ao fundo) e, nessa "viagem", ele passa por apenas 12 das 48 constelações celestes[ii]. Essas 12 constelações são as principais e são também conhecidas como os "12 signos do Zodíaco" ou, em outras palavras, os "12 sinais no caminho do Sol".

Apesar de diferenciados, esses dois grupos de constelações (as 12 principais e as 36 secundárias) estão intimamente relacionados. Para cada uma das 12 constelações principais existem 3 constelações secundárias ou "sub-constelações" (geralmente as que estão mais próximas). Essas constelações secundárias são chamadas tecnicamente de *decanatos*, palavra que vem da antiga raiz semítica *dek* que significa "parte" ou "pedaço"[1]. Ou seja, cada *decanato* está associado a algum signo principal e é uma parte da mensagem deste. Portanto, para cada constelação principal (signo do Zodíaco) temos 3 constelações secundárias (*decanatos*) que, como veremos, ampliam o sentido e o significado do signo.

Uma outra interpretação da palavra *decanato* vem da divisão do céu em graus. Um círculo tem 360 graus de ângulo (360º). Dividindo-o em 12 partes, temos 30 graus (30º) para cada um dos 12 signos do Zodíaco. Dividindo

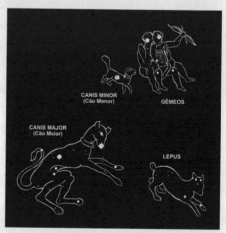

Constelação principal (*GÊMEOS*)
e seus 3 decanatos ou constelações secundárias
(CANIS MAJOR, CANIS MINOR, LEPUS)

---

[i] A *Eclíptica* também pode ser definida como o plano da órbita da Terra em torno do Sol. As constelações pelas quais o plano da *eclíptica* se projeta sobre a esfera celeste são chamadas de Constelações do Zodíaco.
[ii] Apesar de o Sol atravessar uma das extremidades da constelação "*Ophiuchus (Ofiúco)*", esta nunca foi considerada como uma constelação principal ou signo do Zodíaco.

Algumas considerações sobre a astronomia e os signos do zodíaco

cada uma dessas 12 partes em 3 pedaços, temos 10 graus (10°) para cada pedaço, ou seja, um *decan*. Assim, como os 12 signos de 30° abarcam toda a circunferência celeste quando a Terra faz o seu giro ao redor do Sol (perfazendo 360°), também as 36 constelações secundárias (*decanatos*), cada uma delas preenchendo um espaço de 10°, completam todo o circuito dos 360°. Logo, cada signo principal (30°) engloba três constelações secundárias ou *decanatos* (10°).

As 12 constelações principais e seus respectivos decanatos[iii]

VIRGEM	-	*Coma*	*Centaurus*	*Boötes*
LIBRA	-	*Lupus*	*Crux*	*Corona Borealis*[iv]
ESCORPIÃO	-	*Ophiuchus*	*Serpens*	*Hércules*
SAGITÁRIO	-	*Lyra*	*Ara*	*Draco*
CAPRICÓRNIO	-	*Sagitta*	*Aquila*	*Delphinus*
AQUÁRIO	-	*Piscis Austrinus*[v]	*Pegasus*	*Cygnus*
PEIXES	-	*The Band*[vi]	*Andrômeda*	*Cepheus*
ÁRIES	-	*Cassiopeia*	*Cetus*	*Perseus*
TOURO	-	*Órion*	*Eridanus*	*Auriga*
GÊMEOS	-	*Lepus*	*Canis Major*	*Canis Minor*
CÂNCER	-	*Ursa Major*	*Ursa Minor*	*Argo*[vii]
LEÃO	-	*Hydra*	*Crater*	*Corvus*

[iii] Neste livro adotaremos, sempre que possível, o seguinte padrão de nomenclatura: para as 12 constelações principais, utilizaremos seus nomes traduzidos para o português; e para as 36 constelações secundárias, seus nomes na forma mais comumente conhecida, isto é, em latim.

[iv] Os adjetivos *Boreal/Borealis* significam "do lado norte" ou "situado ao norte".

[v] Os adjetivos *Austral/Australe/Australis/Austrinus* significam "do lado sul" ou "situado ao sul".

[vi] A antiga constelação "*The Band*" (as Faixas) não existe mais, pois foi incorporada à constelação "*Peixes*" (veremos isso no capítulo 16).

[vii] A antiga constelação "*Argo*" (Navio), devido ao seu tamanho e complexidade, foi desmembrada no século 18 em 3 constelações menores pelo astrônomo francês Nicolas Louis de Lacaille (1713-1762 d.C.): "*Carina*" (Quilha do Navio), "*Puppis*" (Popa do Navio) e "*Vela*" (Vela do Navio). Veremos isso no capítulo 20.

As 88 constelações celestes atuais

O mapa dos céus (ou Planisfério Celeste), durante milênios, foi desenhado e representado apenas com essas 48 constelações. Porém, nos últimos séculos, vários astrônomos[viii] adicionaram

Sigla da União Astronômica Internacional

muitas outras constelações à ancestral lista de 48 constelações visando preencher áreas específicas dos céus em que haviam lacunas[ix]. Como não existia nenhuma padronização, cada um deles começou a criar suas próprias constelações. Mas, em 1919, alguns astrônomos fundaram a *União Astronômica Internacional* (IAU em inglês), uma sociedade científica cujos membros individuais são astrônomos profissionais de vários países e que atuam na educação e pesquisa em astronomia. Esse grupo, em 1922, elaborou, por um acordo geral, uma lista oficial definitiva com 88 constelações (inclusive delimitando a fronteira entre elas), preenchendo, assim, toda a abóbada celeste. E, para diferenciar as constelações clássicas das novas constelações, convencionou-se chamar as antigas 48 constelações de "constelações zodiacais", pois elas estavam direta ou indiretamente associadas aos 12 signos do Zodíaco.

As novas constelações que foram acrescentadas ao mapa dos céus, ou seja, adicionadas às antigas constelações são as seguintes:

Antlia *(Máquina Pneumática)*
Caelum *(Buril)*
Canes Venatici *(Cães de Caça)*
Circinus *(Compasso)*
Corona Australis *(Coroa Austral)*
Equuleus *(Cavalo Menor)*
Grus *(Grou)*

Apus *(Ave do Paraíso)*
Camelopardalis *(Girafa)*
Chamaeleon *(Camaleão)*
Columba *(Pomba)*
Dorado *(Dourado)*
Fornax *(Fornalha)*
Horologium *(Relógio)*

[viii] Os principais são: Petrus Plancius (1552-1622 d.C.), Johann Bayer (1572-1625 d.C.), Johannes Hevelius (1611-1687 d.C.) e Nicolas Louis de Lacaille (1713-1762 d.C.).
[ix] O simples fato de as 48 constelações ancestrais não incluírem todas as estrelas do céu noturno é prova suficiente de que esse não foi o propósito original na mente de quem as criou. [SHERSTAD, 2011, posição 630 de 6400]

Algumas considerações sobre a astronomia e os signos do zodíaco

Hydrus (Hydra Macho)
Lacerta (Lagarto)
Lynx (Lince)
Microscopium (Microscópio)
Musca (Mosca)
Octans (Oitante)
Phoenix (Fênix)
Pyxis (Bússola)
Sculptor (Escultor)
Sextans (Sextante)
Triangulum (Triângulo)
Tucana (Tucano)
Vulpecula (Raposa)

Indus (Índio)
Leo Minor (Leão Menor)
Mensa (Mesa)
Monoceros (Unicórnio)
Norma (Esquadro)
Pavo (Pavão)
Pictor (Pintor)
Reticulum (Retículo)
Scutum (Escudo)
Telescopium (Telescópio)
Triangulum Australe (Triângulo Austral)
Volans (Peixe-Voador)

Como neste livro estamos interessados em resgatar a antiga mensagem que Deus colocou nos céus, ateremo-nos apenas às 48 constelações ancestrais, pois as demais (citadas acima) foram introduzidas em séculos recentes pelos cientistas.

A antiga e a atual representação das constelações

Outra mudança importante diz respeito à representação das constelações nos atlas celestes. Por toda a antiguidade, o mapa dos céus sempre foi representado de forma artística por meio de figuras. Porém, a partir da segunda metade do século 19, as cartas celestes se tornaram basicamente ferramentas técnicas. Portanto, nos planisférios celestes modernos, não há praticamente nenhum vestígio das antigas imagens, e as constelações agora são representadas, não mais por meio de desenhos, mas por poucas linhas retas unindo as estrelas principais, apenas sugerindo a forma geral de cada constelação (atualmente há mapas celestes em que temos somente desenhadas as linhas de fronteiras delimitando a área do céu designada para cada constelação).[x]

---

[x] De fato, do ponto de vista astronômico, o termo "constelação" agora é aplicado à área contendo a figura em vez da própria figura, ou seja, todas as estrelas dentro das fronteiras de uma dada "constelação" pertencem àquela constelação, embora elas não estejam conectadas às estrelas que produzem a figura da constelação.

O evangelho revelado nas estrelas

Representações da constelação *Capricórnio*:
A antiga (acima) e a atual (ao lado)

Como vimos nos capítulos anteriores, desde que uma mensagem pode ser transmitida não somente com palavras, mas também por meio de imagens, quando substituímos as tradicionais figuras das constelações por linhas retas, perdemos todo o conteúdo que elas tencionavam nos comunicar. Veja um exemplo de planisfério celeste atual:

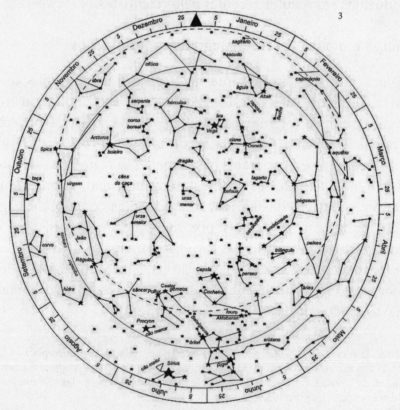

114

Porém, mesmo hoje, quando as constelações são representadas graficamente com imagens, elas diferem em vários detalhes das antigas figuras, pois atualmente há muita liberdade em representá-las, o que também implica em distorções quando tentamos decifrar a antiga mensagem transmitida pelas estrelas. Só para citarmos um exemplo, veja a seguir três representações distintas da constelação *Perseus*: as duas primeiras foram geradas por programas de computador e a terceira reproduz o desenho de um antigo mapa celeste:

A primeira figura (à esquerda) é uma imagem extraída do famoso programa de computador *Stellarium*; a segunda (no centro) é gerada pelo programa de computador *WWT* (*World Wide Telescope*), da Microsoft; e a terceira figura é extraída de um antigo planisfério que estamos utilizando como referência neste livro. Podemos ver uma série de pequenas diferenças entre essas figuras: na *primeira*, o guerreiro tem os dois braços abaixados, empunha um escudo com a mão direita e é visto de frente (sem nenhuma espada); na *segunda*, o guerreiro está sem escudo, empunhando uma espada na mão esquerda (na altura da cabeça) e é visto de costas olhando para a direita; o *terceiro* é visto de frente, olhando para a esquerda, empunhando uma espada com a mão direita acima da cabeça. Estas diferenças (com/sem escudo, olhando para frente/direita/esquerda, de frente/costas, mãos abaixadas/levantadas, manejando a espada com a mão direita/esquerda, posição da espada baixa/alta) parecem insignificantes, mas, como veremos mais adiante, fazem uma enorme diferença, pois as figuras do planisfério não estão posicionadas independentemente umas das outras, mas estão intimamente relacionadas.

Sendo o nosso objetivo resgatar a mensagem original desenhada nos céus, estaremos nos baseando nas antigas representações pictóricas das constelações, pois as mesmas foram adotadas e reconhecidas durante os milênios que nos precederam.

A história das representações celestes

Desde que utilizaremos as antigas representações gráficas das constelações, precisamos voltar nossa atenção para a história dos mapas celestes. Vamos, como exemplo, mostrar a representação gráfica da constelação *Escorpião* nos principais atlas celestes no decorrer do tempo.

Como já dissemos, desde 1922 d.C., o mais importante órgão mundial da ciência astronômica (União Astronômica Internacional) removeu todas as representações pictográficas das constelações e as definiu formalmente apenas como um conjunto de poucas linhas ligando as principais estrelas, juntamente com a área delimitada por cada constelação no céu (veja a figura ao lado):

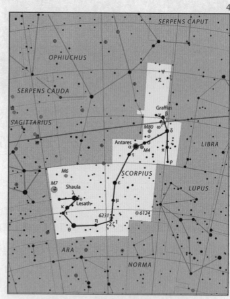

Atual representação da Constelação *Escorpião*
[IAU] (1922 d.C.)

Antes dessa padronização, o mais importante catálogo estelar era chamado *Atlas Coelestis* (1729 d.C.), tendo sido criado pelo astrônomo inglês John Flamsteed[xi] e produzido logo após a invenção do telescópio:

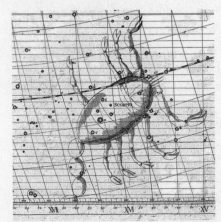 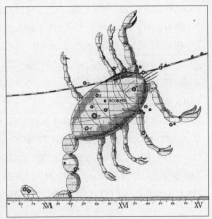

Constelação *Escorpião* – *Atlas Coelestis* [*John Flamsteed*] (1729 d.C.)

Antes dessa era, o mais elaborado dos atlas celestes foi o *Uranometria*[xii] (1603 d.C.), do astrônomo alemão Johann Bayer[xiii]:

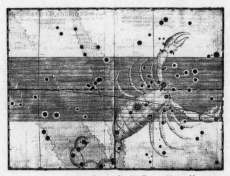 

Constelação *Escorpião* – *Uranometria* [*Johann Bayer*] (1603 d.C.)

[xi] John Flamsteed (1646-1719 d.C.): primeiro astrônomo real da Inglaterra.
[xii] *Uranometria*: palavra de origem grega, que significa "geometria ou geografia dos céus".
[xiii] Johann Bayer (1572-1625 d.C.): advogado e astrônomo amador alemão que produziu o primeiro grande atlas celeste impresso, o *Uranometria*, em 1603 d.C. Ele também introduziu a convenção de designar letras gregas às estrelas em cada constelação, em ordem de brilho decrescente (vista da Terra), isto é, a estrela mais brilhante recebe a designação α (alpha), a segunda mais brilhante a designação β (beta), e assim por diante.

O evangelho revelado nas estrelas

CRISTIANIZANDO AS CONSTELAÇÕES DOS CÉUS

Neste ponto desejamos abrir um parêntese: Entre estes dois últimos atlas celestes (*Uranometria* [1603 d.C.] e *Atlas Coelestis* [1729 d.C.]), houve uma tentativa de "cristianizar" as constelações dos céus pelo alemão Julius Schiller[xiv]. Este cartógrafo publicou, em 1627 d.C., o seu atlas celeste chamado *Coelum Stellatum Christianum* [O Céu Estrelado Cristão], no qual os personagens da Bíblia substituíam os antigos nomes e formas das constelações zodiacais, pois ele cria que já estava na hora de "despaganizar" o céu[xv]. O livro *The Mapping of the Heavens* [O Mapeamento dos Céus] explica que ele reservou o Hemisfério Norte para o Novo Testamento e o Hemisfério Sul para o Antigo Testamento, e trocou os doze principais signos do Zodíaco pelas figuras e nomes dos doze apóstolos de Cristo. Contudo, esse atlas celeste não teve boa aceitação no meio científico e foi considerado apenas uma mera curiosidade.

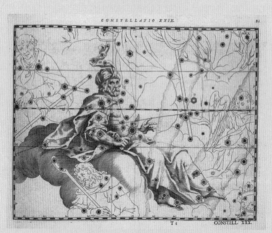

A Constelação *Escorpião* foi substituída pelo Apóstolo Bartolomeu
Coelum Stellatum Christianum [Julius Schiller] (1627 d.C.)

[xiv] Julius Schiller (1580-1627): erudito alemão e cartógrafo.
[xv] Alguns exemplos: a constelação *Cassiopeia* passou a chamar-se "*Maria Madalena*"; a constelação *Perseus* se tornou "*São Paulo*"; *Touro* foi substituída pelo apóstolo "*Santo André*"; a constelação *Eridanus* se tornou o "*Mar Vermelho*"; *Argo* foi associada à "*Arca de Noé*"; a constelação *Boötes* pelo "*Papa Silvestre*"; e assim por diante.

Algumas considerações sobre a astronomia e os signos do zodíaco

Um século antes do atlas estelar *Uranometria*, temos a primeira carta celeste impressa, que foi produzida pelo artista alemão Albrecht Dürer[xvi] (1515 d.C.):

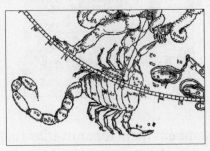
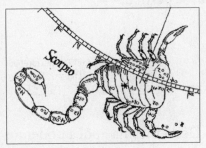

Constelação *Escorpião* – Ilustração de *Albrecht Dürer* (1515 d.C.)

Antes disso, em 964 d.C., o astrônomo Persa[xvii] Al-Sufi[xviii] produziu seu famoso *Book of Fixed Stars* [Livro das Estrelas Fixas]:

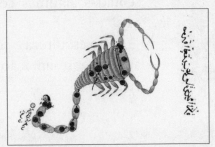

Constelação *Escorpião* – *Book of Fixed Stars*
[*Al-Sufi*] (964 d.C.)

Porém, o livro de Al-Sufi foi apenas uma versão atualizada do mais antigo catálogo estelar sobrevivente do segundo século (150 d.C.), chamado *Almagest* (um imenso tratado astronômico de treze volumes) do astrônomo e geógrafo grego Ptolomeu[xix]. Este, por sua

---

[xvi] Albrecht Dürer (1471-1528 d.C.): pintor, ilustrador, matemático e teórico de arte, provavelmente o mais famoso artista do renascimento nórdico.
[xvii] Depois do declínio das cidades-estado gregas, os mais importantes avanços da astronomia foram realizados pelos árabes.
[xviii] Abd al-Rahman al-Sufi (903-986 d.C.): um dos maiores astrônomos persas, conhecido também pelo seu nome latinizado *"Azophi"*.
[xix] Ptolomeu foi um cientista grego que viveu no Egito. Apesar da destruição da Biblioteca de Alexandria, o *Almagest* foi preservado por meio de manuscritos árabes.

vez, também se baseou num catálogo anterior de Hiparco de Nicéia[xx] (190-120 a.C.)[5], o qual se perdeu.

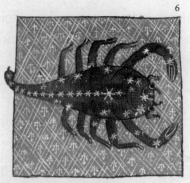

Constelação *Escorpião*
Almagest [*Ptolomeu*]
(150 d.C.)

Desta mesma época podemos também mencionar o *Atlas Farnese*, uma escultura romana de mármore do segundo século, no qual *Atlas*, personagem da mitologia grega, carrega o globo terrestre, como que sustentando o mundo em suas costas. Nesse globo temos representadas algumas constelações zodiacais[xxi].

Essa escultura é considerada a mais antiga representação gráfica da esfera celeste:

Atlas Farnese: A mais antiga representação da esfera celeste

[xx] Hiparco de Nicéia (190-120 a.C.): considerado o maior astrônomo grego da era pré-cristã. Construiu um observatório na ilha de *Rhodes* onde, com suas observações, produziu um catálogo estelar com a posição e magnitude de quase 1000 estrelas dos céus.
[xxi] Essa escultura provavelmente retrata a configuração das constelações na época de Hiparco de Nicéia (190-120 a.C.), levando à conclusão de que foi baseada no catálogo estelar de Hiparco.

Algumas considerações sobre a astronomia e os signos do zodíaco

Projeção Estereográfica do Atlas Farnese por *Martin Folkes* (1739 d.C.)

Apesar de, ao longo dos séculos, muitas constelações terem aparecido e desaparecido, em todos os mapas celestes de referência que foram citados, podemos encontrar graficamente representadas[xxii] praticamente as mesmas 48 constelações clássicas ancestrais (em especial os 12 signos do Zodíaco).

Nick Kanas[xxiii], em seu livro *Star Maps - History, Artistry and Cartography* [Mapas Estelares - História, Arte e Cartografia], nos diz que as imagens das constelações nos antigos mapas estelares eram inteiramente gráficas e que essas figuras nos céus eram tão amplamente reconhecidas a ponto de estrelas individuais poderem ser localizadas por meio de descrições tais como: "no fim da cauda" ou "acima do joelho direito".[7]

[xxii] Exceto o mais recente da UAI (União Astronômica Internacional) de 1922 d.C.
[xxiii] Nick Kanas: professor emérito da universidade da Califórnia, nos Estados Unidos. Publicou a primeira edição de seu livro *Star Maps - History, Artistry and Cartography* [Mapas Estelares - História, Arte e Cartografia] em abril de 2007.

O evangelho revelado nas estrelas

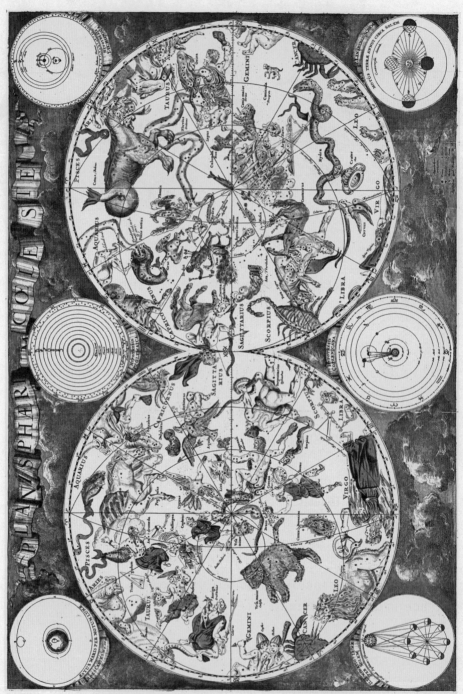

Exemplo de um antigo mapa celeste do século 18 com as constelações representadas em forma pictórica produzido pelo cartógrafo holandês *Frederik de Wit* (1630-1706 d.C.)

Retrocedendo mais ainda (no que se refere às antigas representações gráficas dos céus), temos também um importante registro das constelações em forma literária: o famoso poema *Phaenomena*[xxiv], de 275 a.C., do poeta grego Aratus[xxv]. Nesse poema encontramos citadas todas as 48 constelações zodiacais clássicas. Muitos creem que o poema de Aratus foi em grande parte copiado da obra de mesmo nome do astrônomo grego Eudoxus de Cnidos[xxvi] escrito um século antes (em 366 a.C.)[xxvii]. Quando consideramos a obra de Aratus e a época em que foi escrita, podemos descobrir algo extraordinário:

> Um fato extremamente significante emerge desta obra poética de Aratus, que dá testemunho da grande antiguidade das fontes de informação passadas a ele e, além disso, reforça o nosso argumento de que a verdadeira fonte é divina. As constelações que ele descreve não eram todas visíveis da cidade de Tarso de onde as outras observações tinham sido feitas. Por exemplo, a constelação do CRUZEIRO DO SUL que foi incluída em sua obra, não poderia ser vista naquela parte do mundo por mais de 20 séculos. E não foi até a época da viagem de Américo Vespúcio[xxviii] pelo Cabo da Boa Esperança em 1502, onde a existência do Cruzeiro do Sul foi confirmada como sendo mais do que uma lenda. Aqui nós podemos ver a mão de Deus desvendando a resposta para outro mistério: como poderia esta constelação ser conhecida por aqueles que nunca poderiam tê-la visto em primeira mão, a não ser que sua existência fosse revelada no passado diretamente ao homem por Deus? [8]

Retornando ao tema da representação gráfica dos céus e voltando ainda mais no tempo, a mais antiga representação das constelações de que temos notícia é o famoso "Zodíaco de *Dendera*", uma gravura esculpida no teto do Templo de *Hathor*[xxix] na antiga

---

[xxiv] Palavra grega "φαινόμενα" que, em seu sentido mais literal, pode ser traduzida como "coisas que aparecem", se referindo às constelações.

[xxv] Aratus (315–250 a.C.)

[xxvi] Eudoxus (403-350 a.C.): astrônomo grego. / Cnidus (ou Knidos): antiga cidade grega (localizada na atual Turquia).

[xxvii] Infelizmente nenhuma cópia desta obra chegou aos nossos dias.

[xxviii] Américo Vespúcio (1454-1512 d.C.): mercador, navegador e explorador italiano.

[xxix] No complexo do Templo de *Dendera*, temos o Templo de *Hathor*, que é um dos mais bem preservados – se não o melhor – de todo o Egito.

Templo de *Hathor* na cidade de *Dendera* (Egito)

cidade egípcia de *Dendera*. Juntamente com algumas figuras da mitologia egípcia, podemos encontrar, de forma estilizada, no círculo interno deste mapa celeste os 12 principais signos do Zodíaco e, no círculo externo, as 36 constelações zodiacais secundárias. É interessante notar que essa gravura reproduz os signos do Zodíaco na mesma ordem e com uma representação idêntica (ou muito similar) ao que temos nos dias de hoje.⁹

O Zodíaco de *Dendera*
Zodíaco de *Vivant Denon*, publicado em *Viagem ao Baixo e ao Alto Egito*, Paris, 1802 d.C.

Precisamos destacar que tal conhecimento das constelações tinha tamanha importância a ponto de ser colocado em um local de destaque nesse templo. Essa figura é uma das mais antigas e importantes representações dos signos do Zodíaco que se tem notícia e nos valeremos dela algumas vezes como referência em nosso estudo.

Algumas considerações sobre a astronomia e os signos do zodíaco

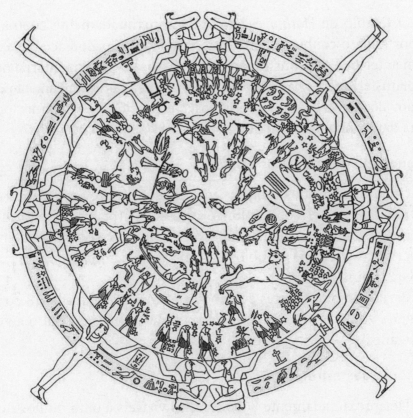

O Zodíaco de *Dendera*

O Zodíaco de *Dendera* com os 12 signos do Zodíaco destacados

O templo de *Hathor* é datado de aproximadamente 2000 a.C. e, portanto, o conhecimento das constelações do Zodíaco deve ser bem anterior à sua construção. Além disso, a evidência interna neste planisfério (em relação à posição dos planetas e ao alinhamento dos signos do Zodíaco com os solstícios[xxx] e equinócios[xxxi]) aponta para uma data ainda mais remota, a saber, por volta de 4000 a.C.[10]

Cronologia dos registros estelares

Quando reunimos todas as informações sobre os variados registros das constelações ao longo da história (placas cuneiformes, figuras, esculturas, poemas, citações e cartas celestes), podemos observar a sequência cronológica, conforme demonstrado no quadro da página ao lado.

Portanto, temos fortes evidências históricas de que as 48 constelações zodiacais foram conhecidas e são as mesmas há mais de 6000 anos!

O nome das estrelas

De aproximadamente 8000 estrelas visíveis a olho nu nos nossos dias, somente umas poucas centenas têm nomes próprios. No capítulo 4 realçamos o fato das Escrituras declararem que o próprio Deus deu nome às estrelas:

> Levantai ao alto os olhos e vede. Quem criou estas coisas? Aquele que faz sair o seu exército de estrelas, todas bem contadas, *as quais ele chama pelo nome*; por ser ele grande em força e forte em poder, nem uma só vem a faltar. (Is 40.26, grifo nosso).

> Conta o número das estrelas, *chamando-as todas pelo seu nome*. (Sl 147.4, grifo nosso).

[xxx] O solstício ocorre em dois dias durante o ano: um no verão, sendo o dia mais longo e a noite mais curta (21 de dezembro); e outro no inverno, com o dia mais curto e a noite mais longa (21 de junho). No Hemisfério Norte ocorre o oposto, isto é, as datas se invertem.
[xxxi] O equinócio ocorre em dois dias durante o ano: um no outono (20 de março) e outro na primavera (23 de setembro), nos quais a duração do dia e da noite são exatamente iguais. Em astronomia, dizemos que são os momentos em que o Sol atravessa o equador celeste (ou que a *eclíptica* cruza o equador celeste).

Algumas considerações sobre a astronomia e os signos do zodíaco

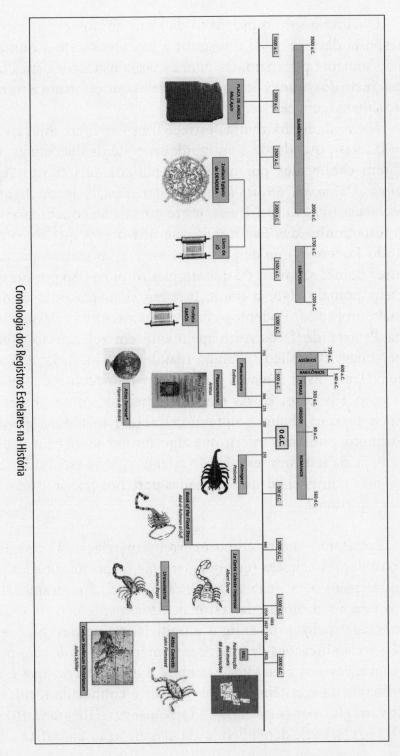

Cronologia dos Registros Estelares na História

O evangelho revelado nas estrelas

Qual teria sido o propósito de Deus ao nomear as estrelas? A resposta deve ser a de transmitir a sua mensagem à humanidade não somente por meio das figuras das constelações, mas também por meio dos nomes de algumas estrelas que reforçam e completam essa mensagem celeste.

Na verdade, há muitas estrelas nos céus (em especial as mais brilhantes), que desde a antiguidade, e até os dias atuais, sempre foram conhecidas por nomes específicos, tais como: *Vega, Antares, Aldebaran, Sirius, Pollux, Castor, Deneb, Rigel, Regulus, Fomalhaut, Arcturus, Betelguese*, entre outras. Se concordarmos com o testemunho das Escrituras, que nos dizem que foi o próprio Todo-Poderoso que deu nome às estrelas, podemos deduzir que esses nomes são mais do que simples rótulos. Isso porque quando Deus nomeia algo, o nome traz em si mesmo um significado mais profundo. Podemos citar vários exemplos desse princípio na Palavra de Deus, principalmente em relação ao nome dos personagens bíblicos: Abraão (pai de multidões), Israel (príncipe com Deus), Esaú (homem peludo), etc. Isso acontece também em relação a lugares, coisas e acontecimentos, como por exemplo: Éden (prazer), Babel (confusão), Icabode (nenhuma glória), etc. Portanto, podemos inferir que algo similar se dá com as estrelas, ou seja, os seus nomes não são apenas títulos escolhidos ao acaso, mas nomenclaturas designadas para nos transmitirem verdades espirituais.

Entretanto, assim como ocorreu em relação às imagens das constelações celestes (que recentemente foram substituídas por traços técnicos sem nenhum significado visual), o mesmo sucedeu em relação ao nome das estrelas. Atualmente elas não são mais chamadas pelos seus antigos e tradicionais nomes, mas segundo várias classificações de catálogos numéricos e/ou de suas posições geográficas nos céus. Por exemplo, a estrela *Vega*, que é a mais brilhante da constelação *Lyra* (Harpa) é conhecida tecnicamente de várias formas (*Alpha Lyrae*; 3 *Lyr*; *Gliese* 721; HIP 91262; HD172167; SAO 67174; etc.), dependendo da classificação científica adotada.

Essas terminologias atuais não somente trazem confusão em relação à identificação das estrelas (devido aos diferentes padrões de catalogação) mas, em especial, retiram desses astros o seu objetivo primário, que é transmitir, por meio dos seus títulos, a mensagem divina. De acordo com alguns estudiosos, *Vega*, que tem sido a nomenclatura dessa estrela desde tempos remotos, significa "Exalte-o" ou "Ele será exaltado".

Portanto, não utilizaremos nenhuma das classificações técnicas atuais para nos referirmos às estrelas, mas nos basearemos apenas em seus antigos e bem conhecidos nomes.

A corrupção na tradução dos nomes das estrelas

Há um problema que precisamos mencionar, que é o da interpretação dos nomes das estrelas. Nos capítulos seguintes citaremos os nomes de várias estrelas, baseados em estudos de eruditos, tais como Frances Rolleston[xxxii], J.A. Seiss e E.W. Bullinger, que empreenderam enorme esforço pesquisando em línguas ancestrais a origem, raiz e significado de seus títulos.

Desses autores, Frances Rolleston se sobressai, pois dedicou grande parte de sua vida a esse trabalho. Sua obra-prima, o livro *Mazzaroth, or the Constellations* [*Mazzaroth*, ou as Constelações], publicado em 1862 d.C., contém o resumo de mais de 50 anos de estudo e pesquisa em diversas línguas antigas a esse respeito. Essa erudita cria que por meio dos nomes das estrelas e do significado das constelações do Zodíaco poderíamos descobrir o mais antigo e importante conhecimento transmitido por Deus aos homens, a saber, o plano de redenção divino para a raça humana. Citando seu livro, ela diz:

> Assim como os Judeus guardaram a palavra da profecia, os Árabes preservaram os nomes das estrelas e os Gregos e Egípcios

---

[xxxii] Frances Rolleston (1781-1864 d.C.), natural de Keswick, Inglaterra: escritora, erudita em línguas antigas, literatura, ciência e arte.

transmitiram as figuras associadas a elas. Estes independentes, porém concordantes testemunhos, não somente revelam o propósito destes antigos e mal interpretados emblemas, mas também a existência de uma revelação anterior à sua formação.[11]

Porém, precisamos dizer que não temos como checar com certeza as informações fornecidas por essa linguísta, pois seu livro foi publicado *post-mortem*, sendo editado como uma coleção de suas muitas notas não indexadas, as quais foram redigidas a partir de antigas obras de astrônomos árabes como Albumazer (século 9), Ulugh Beg[xxxiii] (século 15), entre outros[xxxiv], os quais registraram informações astronômicas vindas de tempos remotos.

No entanto, obras mais recentes a respeito do significado dos nomes das estrelas, como por exemplo, o imenso livro *Star Names: Their Lore and Meaning* [Nomes de Estrelas: Suas Lendas e Significados], de Richard H. Allen[xxxv] (século 19), que até pouco tempo era tido por referência nessa área, já não goza mais de tanto prestígio nos dias atuais. Isso porque esse autor se baseou em fontes de pesquisa que não eram as mais confiáveis

e, além disso, o próprio autor não era douto na língua árabe (na qual estão registrados a maioria dos nomes das estrelas). Veja o que ele mesmo diz a esse respeito:[12]

[xxxiii] Sultão persa Ulugh Beg (1394-1449 d.C.): astrônomo e matemático. Produziu o maior catálogo estelar desde Ptolomeu (século 2), tendo sido superado somente no século 17 por Tycho Brahe.
[xxxiv] Ver a lista completa das fontes de consulta em seu livro *Mazzaroth, or the Constellations* [*Mazzaroth*, ou as Constelações], Parte II, páginas 11 e 14.
[xxxv] Richard Hinckley Allen (1838-1908 d.C.): erudito, autor do livro *Star Names – Their Lore and Meaning* [Nomes de Estrelas: Suas Lendas e Significados], sobre a origem, mitos, lendas e significado dos nomes das estrelas e constelações.

Os nomes em árabe (que consultei) nada mais eram do que transliterações das descrições de Ptolomeu a respeito da localização das estrelas dentro de suas respectivas constelações.

Em outras palavras, no século 19, Allen afirmava que os nomes das estrelas em árabe já estavam corrompidos e seus títulos refletiam, não o seu sentido original, mas apenas a posição em que elas estavam dentro de suas constelações. Podemos citar vários exemplos para ilustrar essa afirmação:

(1) Na constelação *Piscis Austrinus*, a estrela mais brilhante (a única cujo nome chegou aos nossos dias) se chama *Fomalhaut* (ou *Fom al Haut*) que, em árabe, significa "a boca do peixe", pois está localizada exatamente nesse local da figura celeste. Claramente podemos perceber que o significado original do nome dessa estrela se perdeu;

(2) Na constelação *Cassiopeia*, a estrela *Ruchbah*, em sua língua original, significa "entronizada, sentada" – mas por se localizar no joelho da figura feminina, foi traduzida nos catálogos atuais apenas como "joelho";[13]

(3) Na constelação *Câncer*, a estrela *Acubene* tem seu nome vindo do árabe e que significa "esconderijo" ou "lugar de repouso" – mas como está em uma das garras do caranguejo, foi traduzida como "garras";[14]

(4) Na constelação *Ursa Major*, a estrela *Megrez* significa "separadas"[15], referindo-se às ovelhas do grande Pastor – mas como está situada no início do "rabo", foi traduzida como "rabo"[16], "a base do rabo"[17] ou a "raiz da cauda".[18]

Esses são apenas alguns dentre os inúmeros exemplos que poderíamos citar, reforçando a ideia de que os antigos tradutores (desconhecendo a *língua-mater* em que as estrelas foram nomeadas) rotularam as estrelas apenas indicando suas respectivas posições dentro da constelação e não segundo o seu significado original. Assim, com o passar dos séculos, infelizmente, muitas modificações ocorreram em relação ao nome das estrelas, e os seus reais significados podem ter sido perdidos. Porém, ainda que o significado do nome das estrelas não esteja, em alguns casos, correto, esse aspecto é apenas um detalhe em todo o contexto que examinaremos. Se, por extrema precaução, fôssemos eliminar essas informações do livro, a mensagem, no seu conjunto, não seria comprometida.

Assim, no que tange ao nome das estrelas e seus significados, dentre todas as fontes que temos hoje à disposição, escolhemos dar mais crédito e nos basearmos no trabalho de Frances Rolleston, do qual são citadas as referências mais antigas.

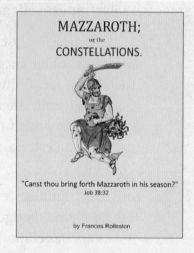

Terceira Parte

A HISTÓRIA CONTADA NOS CÉUS

"[...] uma noite revela conhecimento a outra noite."

Rei Davi (Salmo 19.2)

"Por que alguém não me ensina as constelações,
e não me faz sentir à vontade nos céus estrelados,
que sempre estão lá em cima e de que, até hoje,
não conheço nem a metade?"

Thomas Carlyle

Capítulo 9

A ESTRUTURA DOS SIGNOS DO ZODÍACO

Como já foi dito no capítulo anterior, de acordo com o ponto de vista de um observador terreno, não é a Terra que gira ao redor do Sol, mas o Sol que gira ao redor da Terra. E, de acordo com esse ponto de vista, no decorrer do ano, o Sol vai mudando sua posição em relação às constelações que estão ao fundo, no Universo, percorrendo um caminho imaginário que é chamado tecnicamente de "*eclíptica*"[i].

Nesse caminho, o Sol passa por 12 das 48 antigas constelações celestes, as quais são as principais constelações no firmamento e são conhecidas pelo nome de "12 signos do Zodíaco" ou, como vimos, os "12 sinais no caminho do Sol". É como se este astro estivesse apontando, a cada mês do ano, para um desses 12 grandes sinais nos céus, de forma a nos contar uma história sequencial em 12 partes. Desde que temos, para cada uma destas 12 principais constelações, 3 constelações secundárias (*decanatos*), perfazemos o total de 48 constelações, chamadas *zodiacais* (12 principais e 36 secundárias).

---

[i] *Eclíptica*: o plano da órbita da Terra em torno do Sol ou a projeção sobre a esfera celeste da trajetória aparente do Sol durante o ano, observada a partir da Terra. A trajetória é "aparente", pois o Sol não se move, mas somos nós que nos movemos em volta dele, porém, sob o ponto de vista de um observador terreno, parece que é o Sol que se desloca. A razão do nome "*eclíptica*" provém do fato de que os eclipses somente são possíveis quando a Lua está muito próxima ao plano que contém a *eclíptica*.

O evangelho revelado nas estrelas

Como Deus é um Deus de ordem e perfeição, podemos concluir que o Todo-Poderoso, ao colocar sua mensagem nas alturas, quis destacar 12 constelações, colocando-as como marcos, transmitindo sua mensagem em 12 partes principais, ou poderíamos dizer, em 12 capítulos dessa história celeste. Em seu conjunto, elas nos contam toda a história da redenção, desde o seu princípio (com a vinda do Filho de Deus a este mundo) até a sua conclusão (com a chegada do reino de Deus à Terra), sendo encontradas *na mesma ordem em que esses temas aparecem nas Escrituras.*[1]

Por que os signos principais são em número de 12?

Mas por que Deus destacou e escolheu apenas 12 das 48 constelações nos céus para serem utilizadas como signos principais? Se formos estudar as ocasiões em que o numeral 12 aparece nas Escrituras, veremos que ele traz consigo a ideia de *perfeição* em dois aspectos:

➤ *Perfeição Governamental* - No Antigo Testamento tem-se as 12 tribos de Israel e, no Novo Testamento, os 12 apóstolos de Cristo. Também em Mt 19.28, Jesus diz que, quando ele se assentar no trono da sua glória, os 12 apóstolos se sentarão também em 12 tronos para julgar as 12 tribos de Israel. Esses exemplos com o numeral 12 nos falam de governo;

➤ *Perfeição Eterna* - Nos dois últimos capítulos da Bíblia, em que se descrevem os novos céus e a nova terra (incluindo a Nova Jerusalém), temos o número 12 por toda parte: 12 portas; 12 anjos; 12 tribos; 12 fundamentos; 12 apóstolos; 12 pérolas; 12 frutos da árvore da vida; e a cidade celestial possuindo as medidas de 12 mil estádios[ii] de altura, largura e comprimento. Além disso, o número 12 é o último numeral registrado nas Escrituras. Essa é a cena final do Universo e todas essas coisas durarão eternamente.

[ii] O "estádio" era uma unidade de medida usada na Grécia Clássica. Em valores atuais, corresponde, aproximadamente, a 185 metros.

A estrutura dos signos do zodíaco

Portanto, os signos do Zodíaco, sendo em número de 12, mostram que Deus está querendo nos dizer que essa história registrada nos céus é tanto uma história de *governo perfeito* (pois Deus é quem governa sobre tudo e sobre todos) quanto uma história de *perfeição eterna* (pois tudo que Deus faz durará eternamente). Em outras palavras, é Deus quem, desde o princípio até o final, controla e governa o destino da humanidade visando realizar seu propósito eterno.

Por onde começa a história contada nos céus?

Para ser entendida corretamente, essa mensagem que Deus colocou nos céus por meio de sinais precisa começar no ponto certo. Desde que os signos estão dispostos como um círculo no céu, resta saber por onde (qual signo) devemos começar a ler essa mensagem, pois um círculo não tem nem começo e nem fim.

Se não pudermos determinar o ponto de partida, nunca poderemos compreender perfeitamente essa história. Os astrólogos têm assumido que o início dos signos do Zodíaco se dá na constelação *Áries* [iii]. Porém, como veremos a seguir, esse ponto de partida não se coaduna nem com a história celeste, nem com a profecia bíblica.

Quando consideramos tanto o Antigo quanto o Novo Testamento, precisamos começar no signo de *VIRGEM*. Eis as razões para a escolha desse ponto de partida:

➤ *Antigo Testamento* – A história da redenção se inicia logo depois que o pecado entra no mundo. A primeira referência ao evangelho se encontra bem no início da Bíblia, em Gn 3.15 – "Porei inimizade entre ti e a mulher, entre a tua descendência e o seu descendente. Este te ferirá a cabeça, e tu

---

[iii] Isto ocorreu devido ao fato de que, quando o astrônomo grego Hiparco de Nicéia (190-120 a.C.) descobriu o movimento de precessão dos equinócios, o Sol, ao cruzar o equador celeste, encontrava-se sobre a constelação *Áries* (Enciclopédia BARSA, v.15, p.536).

O evangelho revelado nas estrelas

lhe ferirás o calcanhar" [iv]. Esta profecia dada por Deus ao primeiro casal, diz que o Redentor prometido viria da mulher. Quando juntamos esse texto de Gênesis com a profecia de Isaías 7:14 sobre o Messias – "Portanto, o Senhor mesmo vos dará um sinal: eis que a virgem conceberá e dará à luz um filho e lhe chamará Emanuel" –, podemos concluir que essa mulher seria uma virgem, pois esse seria um sinal inquestionável de sua origem divino-humana.

➤ *Novo Testamento* – Cronologicamente o Novo Testamento se inicia com a história da concepção e nascimento do Messias nos dois primeiros capítulos do Evangelho de Lucas. Do mesmo modo, o evangelista Mateus, no primeiro capítulo de seu Evangelho, cita exatamente a profecia de Isaías, confirmando a José que a gravidez de Maria era o cumprimento da predição de que a virgem conceberia.

Assim, tanto o Antigo Testamento tem início com a promessa do nascimento do Messias por meio de uma mulher, quanto o Novo Testamento inicia-se com a concepção e o nascimento desse Messias por meio de uma virgem. Portanto, a história nos céus, para harmonizar-se com as Escrituras, deve começar com o signo de *VIRGEM*.

Confirmando esse ponto de vista, se começarmos na constelação *VIRGEM*, terminaremos a história na constelação *LEÃO*. Aqui, igualmente, temos uma correlação óbvia, pois o clímax da história bíblica culmina com a vitória do Leão da tribo de Judá no livro do Apocalipse (5:5). Dessa forma, podemos perceber uma perfeita correspondência das constelações *VIRGEM-LEÃO* com a sequência dos livros bíblicos Gênesis-Apocalipse, abrangendo toda a história da redenção.

[iv] Neste versículo temos o esboço de toda a trama bíblica: (1) Satanás (a semente da serpente que será inimiga da semente da mulher); (2) o Messias (o grande redentor da humanidade); e (3) a indicação do grande conflito que se desenrolará: a batalha entre o inimigo de Deus e dos homens contra o Salvador, que viria na plenitude dos tempos e esmagaria a cabeça do adversário, enquanto ele mesmo seria ferido nesse conflito.

Um fato curioso que pode confirmar indiretamente essa ordem nos signos vem do Egito, onde foi encontrado o Zodíaco mais antigo de que se tem notícia: o Zodíaco de *Dendera*. Dentre toda a simbologia egípcia, um dos mais importantes é a *Esfinge*, que é a união de duas figuras: uma cabeça de mulher[v] num corpo de leão. Quando se considera a etimologia da palavra *Esfinge*, vê-se que na sua origem ela traz consigo o significado de "unir", "amarrar" ou "vincular estreitamente"[vi]. Assim, esse símbolo egípcio transmite a ideia de uma estreita ligação entre uma mulher e um leão. Portanto, o mistério da *Esfinge* parece ser o seguinte: ela contém em sua estrutura, resumidamente, todos os signos do Zodíaco, ligando e unindo o primeiro (cabeça de mulher – signo de *Virgem*) ao último (corpo de leão – signo de *Leão*). Dessa forma, pode-se inferir que a história celeste representada pelo círculo dos signos começa na mulher (signo de *VIRGEM*) e termina no leão (signo de *LEÃO*).

A estrutura dos Signos do Zodíaco

Conforme Bullinger, os 12 signos do Zodíaco podem ser divididos em 3 grupos distintos (de 4 signos), sendo que cada um desses grupos apresenta um único tema. O primeiro grupo de signos [*Virgem, Libra, Escorpião* e *Sagitário* - com seus *decanatos*], diz respeito à primeira vinda do Messias em humildade como Servo Sofredor; o segundo grupo de signos [*Capricórnio, Aquário, Peixes* e *Áries* - com seus *decanatos*] conta a história do povo de Deus, a saber, dos que foram redimidos pelo Messias; e o terceiro grupo de signos [*Touro, Gêmeos, Câncer* e *Leão* - com seus *decanatos*] nos fala sobre a segunda vinda do Messias como Rei em poder e grande glória.

---

[v] A esfinge mais conhecida é a Grande Esfinge de Gizé, na qual o rosto do monumento é geralmente considerado como uma representação do rosto do faraó Quéfren. Apesar da maioria das estátuas egípcias da *Esfinge* terem a cabeça de um homem, em alguns casos esta figura mítica aparece representada como tendo uma cabeça de mulher. Além disso, em muitas outras culturas (incluindo a mitologia grega) a figura é sempre feminina.

[vi] Consultar http://dictionary.reference.com/browse/sphinx

O evangelho revelado nas estrelas

1º VOLUME DA HISTÓRIA CELESTE: **A 1ª VINDA DE CRISTO**

PARTE 1 - Constelação VIRGEM *(A Promessa do Redentor)*

Parte 1.1 - Constelação **Coma** (o Menino)
Parte 1.2 - Constelação **Centaurus** (o Centauro)
Parte 1.3 - Constelação **Boötes** (o Ceifeiro)

PARTE 2 - Constelação LIBRA *(O Preço da Redenção)*

Parte 2.1 - Constelação **Lupus** (a Vítima)
Parte 2.2 - Constelação **Crux** (a Cruz)
Parte 2.3 - Constelação **Corona Borealis** (a Coroa)

PARTE 3 - Constelação ESCORPIÃO *(O Conflito do Redentor)*

Parte 3.1 - Constelação **Serpens** (a Serpente)
Parte 3.2 - Constelação **Ophiuchus** (o Serpentário)
Parte 3.3 - Constelação **Hércules** (o Poderoso)

PARTE 4 - Constelação SAGITÁRIO *(O Triunfo do Redentor)*

Parte 4.1 - Constelação **Lyra** (a Harpa)
Parte 4.2 - Constelação **Ara** (o Altar)
Parte 4.3 - Constelação **Draco** (o Dragão)

2º VOLUME DA HISTÓRIA CELESTE: **A HISTÓRIA DA IGREJA**

PARTE 5 - Constelação CAPRICÓRNIO *(O Nascimento da Igreja)*

Parte 5.1 - Constelação **Sagitta** (a Flecha)
Parte 5.2 - Constelação **Aquila** (a Águia)
Parte 5.3 - Constelação **Delphinus** (o Golfinho)

PARTE 6 - Constelação AQUÁRIO *(O Derramamento do Espírito Santo)*

Parte 6.1 - Constelação **Piscis Austrinus** (o Peixe Austral)
Parte 6.2 - Constelação **Pegasus** (o Cavalo Alado)
Parte 6.3 - Constelação **Cygnus** (o Cisne)

A estrutura dos signos do zodíaco

PARTE 7 - Constelação **PEIXES**   *(O Levante do Inimigo contra a Igreja)*

Parte 7.1 - Constelação **The Band**   (As Faixas)
Parte 7.2 - Constelação **Andrômeda**   (a Mulher Acorrentada)
Parte 7.3 - Constelação **Cepheus**   (o Rei Coroado)

PARTE 8 - Constelação **ÁRIES**   *(A Plena Libertação dos Filhos de Deus)*

Parte 8.1 - Constelação **Cetus**   (o Monstro Marinho)
Parte 8.2 - Constelação **Perseus**   (o Guerreiro)
Parte 8.3 - Constelação **Cassiopeia**   (a Mulher Entronizada)

3º VOLUME DA HISTÓRIA CELESTE: **A 2ª VINDA DE CRISTO**

PARTE 9 - Constelação **TOURO**   *(O Messias vindo julgar a Terra)*

Parte 9.1 - Constelação **Órion**   (o Grande Caçador)
Parte 9.2 - Constelação **Eridanus**   (o Rio)
Parte 9.3 - Constelação **Auriga**   (o Pastor)

PARTE 10 - Constelação **GÊMEOS**   *(O Messias reinando com sua Igreja)*

Parte 10.1 - Constelação **Lepus**   (a Lebre)
Parte 10.2 - Constelação **Canis Major**   (o Grande Cão)
Parte 10.3 - Constelação **Canis Minor**   (o Pequeno Cão)

PARTE 11 - Constelação **CÂNCER**   *(O Messias assegurando sua Herança)*

Parte 11.1 - Constelação **Ursa Major**   (o Grande Urso)
Parte 11.2 - Constelação **Ursa Minor**   (o Pequeno Urso)
Parte 11.3 - Constelação **Argo**   (o Navio)

PARTE 12 - Constelação **LEÃO**   *(O Triunfo consumado do Messias)*

Parte 12.1 - Constelação **Hydra**   (a Serpente Fugitiva)
Parte 12.2 - Constelação **Crater**   (a Taça)
Parte 12.3 - Constelação **Corvus**   (o Corvo)

A HISTÓRIA CELESTE

1º Volume
A 1ª VINDA DE CRISTO

VIRGEM
LIBRA
ESCORPIÃO
SAGITÁRIO

2º Volume
A HISTÓRIA DA IGREJA

CAPRICÓRNIO
AQUÁRIO
PEIXES
ÁRIES

3º Volume
A 2ª VINDA DE CRISTO

TOURO
GÊMEOS
CÂNCER
LEÃO

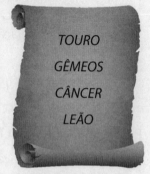

Assim, tanto os sinais nos céus quanto as Escrituras Sagradas transmitem a *mesma mensagem* e na *mesma sequência*! Também, como veremos a seguir, existem tantas similaridades entre o relato bíblico e as constelações zodiacais, que é praticamente impossível que sejam atribuídas a mera coincidência. Portanto, vemos que a história humana foi conhecida e registrada antecipadamente tanto nas figuras do Zodíaco quanto nos textos sagrados. Quem, senão o próprio Deus, poderia fazer isso, a saber, escrever desde o princípio a história da redenção do homem por meio dos sinais nos céus?[2]

A partir de agora estudaremos e compararemos as 2 revelações de Deus (nos céus e nas Escrituras) e veremos como elas concordam em cada ponto, provando, assim, que a fonte e a origem da revelação divina é uma só e a mesma, tanto na criação quanto na Bíblia.

Capítulo 10

SIGNO DE VIRGEM

"Portanto, o Senhor mesmo vos dará um sinal: eis que a virgem conceberá e dará à luz um filho e lhe chamará Emanuel."
(Is 7.14)

Planisfério Celeste com destaque para a Constelação *VIRGEM* e seus decanatos (*COMA / CENTAURUS / BOÖTES*)

O primeiro volume da História Celeste se ocupa inteiramente com a primeira vinda de Cristo e abrange as constelações *VIRGEM*, *LIBRA*, *ESCORPIÃO* e *SAGITÁRIO*. Ele se inicia com a promessa da vinda do Messias e termina com o Dragão sendo lançado para fora do Céu. Vamos começar a desvendar essa mensagem celeste pela constelação *VIRGEM* e seus *decanatos*: *COMA*, *CENTAURUS* e *BOÖTES*.

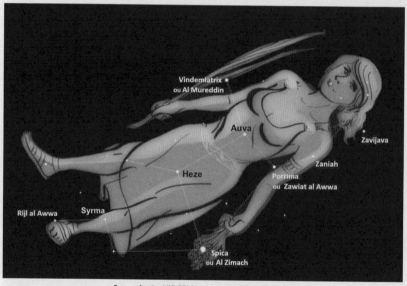

Constelação *VIRGEM* e suas estrelas principais

Tanto as Escrituras quanto a história nos céus têm início com a promessa da vinda do Salvador ao mundo, a saber, que nasceria um descendente da mulher que esmagaria a cabeça da serpente (Gn 3.15).

Qual, dentre os doze principais signos do Zodíaco, se refere a uma mulher? Apenas um deles: o signo de *VIRGEM*! E o mais interessante é que nada na figura dessa mulher aponta ou sugere sua virgindade. Por que, então, a constelação não se chama

"MULHER" (o que seria mais óbvio)? Ou por que não é dado a ela um nome próprio feminino, como no caso das constelações *Andrômeda* e *Cassiopeia*? Por que, há milhares de anos antes de Cristo, essa constelação foi conhecida pelo nome *"VIRGEM"*? Só há uma explicação: Deus desejava mostrar, desde o princípio, por meio dessa representação celeste, que o Messias prometido seria o descendente da mulher e que ele viria ao mundo de maneira sobrenatural, isto é, nascido de uma virgem, confirmando assim as palavras do profeta Isaías: "Portanto, o Senhor mesmo vos dará um sinal: eis que a virgem conceberá e dará à luz um filho [...]" (Is 7.14).

O nome dessa constelação varia conforme a língua, mas seu significado é sempre o mesmo: *Virgo* em latim; em hebraico, *Bethulah* (A Virgem); em árabe, *Adarah* (A Virgem Pura); em grego, *Parthénos* (a donzela de pureza virginal). Todos os nomes, tradições e mitologias associados a essa constelação, reconhecem e enfatizam a virgindade da mulher que vai, miraculosamente, dar à luz a um filho varão[1]. Esse é um fato muito significativo, pois um dos fundamentos da fé cristã é o nascimento virginal do Salvador, conforme declarado no Credo dos Apóstolos:[i]

> Creio em Deus Pai, Todo-Poderoso, criador do céu e da terra; e em Jesus Cristo, seu Filho unigênito, nosso Senhor, o qual foi concebido pelo Espírito Santo, nasceu da *virgem* Maria; padeceu sob o poder de Pôncio Pilatos, foi crucificado, morto e sepultado, desceu ao mundo dos mortos, ressuscitou no terceiro dia, subiu ao céu, [...] (grifo nosso).

Na figura da página anterior, destacamos todas as estrelas que possuem nome próprio, mas vamos nos ater somente às mais importantes:

---

[i] Profissão de fé amplamente utilizada por muitas denominações cristãs, que provavelmente teve sua origem no primeiro século de nossa era, e tinha como objetivo principal refutar as heresias gnósticas. A versão acima é a da Igreja Luterana.

Em sua mão esquerda a mulher segura espigas de trigo, com destaque para um ilustre grão: a estrela *Spica* (espiga). Ela é a estrela mais brilhante de toda a constelação, nos mostrando que o foco da revelação celeste não está na mulher, mas na semente que ela carrega. Podemos ver nessa santa semente o cumprimento da profecia de Gênesis 3.15:

> E porei inimizade entre ti (a serpente) e a mulher e entre a tua semente (descendência da serpente) e a sua semente (descendente da mulher); esta te ferirá a cabeça, e tu lhe ferirás o calcanhar. (Gn 3.15, ARC, parênteses nossos).

Além disso, Cristo se referiu a si mesmo como sendo o grão de trigo que cai na terra para dar muito fruto, demonstrando que ele é essa semente que a virgem carrega:

> Em verdade, em verdade vos digo: se o grão de trigo, caindo na terra, não morrer, fica ele só; mas, se morrer, produz muito fruto. (Jo 12.24).

Em sua mão direita essa mulher carrega um "ramo", figura também frequentemente usada pelos profetas do Antigo Testamento para se referir ao Messias:

> [...] Vocês todos são um sinal de que eu vou enviar ao meu povo o meu servo que se chama *"Ramo novo"*. (Zc 3.8, NTLH, grifo nosso).

> Um *ramo* surgirá do tronco de Jessé, e das suas raízes brotará um renovo. (Is 11.1, NVI, grifo nosso).

No antigo Zodíaco egípcio de *Dendera*, esse signo também é representado por uma mulher com um ramo em sua mão:

Signo de Virgem

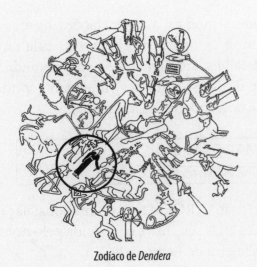
Zodíaco de *Dendera*

Representação do signo de *VIRGEM*

A estrela localizada nesse ramo tem o nome de *Vindemiatrix* (atual nome) ou *Al Mureddin* (antigo nome árabe) significando "o filho ou ramo que virá" ou "aquele que terá domínio".[2]

Assim, na constelação *Virgem*, temos um testemunho duplo de Cristo (um em cada mão), sendo os símbolos visuais do signo totalmente compatíveis com a linguagem profética da Bíblia.[3]

Outra estrela (no cabelo, acima do ombro esquerdo) se chama *Zavijava*, que significa "Beleza Gloriosa", e também faz referência ao Messias: "Naquele dia, o Renovo do Senhor será *de beleza e de glória*; e o fruto da terra, orgulho e adorno para os de Israel que forem salvos." (Is 4.2, grifo nosso).

Portanto, a mensagem transmitida pela constelação VIRGEM é a da santa semente messiânica prometida por Deus a Eva (Gn 3:15), sendo carregada (gerada) por uma virgem que dará à luz ao Salvador (Is 7:14), o qual esmagará a cabeça da serpente.[4]

Como já foi dito no capítulo 8, cada uma das 12 constelações principais do Zodíaco têm 3 constelações menores (*decanatos*) associadas a ela. Ao considerarmos as 3 constelações ligadas à constelação *VIRGEM*, podemos compará-las a 3 partes, cada uma delas acrescentando mais detalhes, amplificando e completando o significado do signo principal. Esses *decanatos* enfatizam a vinda, o sofrimento e a glória desse descendente da Virgem...

> **COMA - O Menino**
> *O Desejado das nações*

Acima e ao lado da constelação VIRGEM temos uma constelação que, na maioria dos modernos atlas celestes, é conhecida pelo nome de COMA BERENICES (Cabeleira de Berenice):

Programa Stellarium   Programa WWT
Diferentes representações da Constelação *COMA BERENICES*

Porém, essa não foi a antiga representação deste conjunto de estrelas, outrora conhecido apenas pelo nome *COMA*.

COMA BERENICES ou COMA?

Está amplamente registrada[ii] a origem da nova constelação "Coma Berenices". Em 243 a.C., durante a 3ª Guerra Síria contra os Selêucidas, a nova esposa do rei Ptolomeu III Euergetes (246-

---

[ii] https://pt.wikipedia.org/wiki/Coma_Berenices

221 a.C.), Berenice II do Egito, jurou a Afrodite[iii] que iria sacrificar sua longa cabeleira loira se o seu marido voltasse em segurança da batalha. Após seu retorno, Berenice cumpriu seu voto, cortando seu cabelo e colocando-o no templo de Afrodite. Mas sua cabeleira foi roubada do templo nessa mesma noite e o rei ficou furioso. Para aplacar sua ira, o astrônomo da corte em Alexandria, Conon de Samos (280-220 d.C.), disse que Afrodite, mostrando seu favor, tinha colocado a cabeleira de Berenice no céu, como um conjunto de estrelas acima da cabeça da constelação *Virgem*. (*Gaius Julius Hyginus, 2:24, Astronômica*).[5]

Realmente, nenhuma das cartas celestes anteriores a esse evento, incluindo o famoso poema *Phaenomena* de Aratus (275 a.C.), fazem referência à constelação "Coma Berenices". Também, nem todos os astrônomos posteriores a esta data (243 a.C.) aceitaram a designação e a nova representação de *COMA*. Como prova disso, no famoso catálogo astronômico *Almagest*, do segundo século (150 d.C.), não vemos esta constelação listada entre as 48 constelações clássicas[6]. Albumazer (século 9) disse que em todos os planisférios essa constelação era representada por uma mulher com seu filho[7]. Além disso, a "Cabeleira de Berenice" não aparece nos mapas celestes de Albrecht Dürer (1515 d.C.), Hohannes Honter (1541 d.C.)[8] e Johann Bayer (1603 d.C.)[9]. Somente a partir da segunda metade do século 16 o astrônomo Tycho Brahe[iv] a inseriu nos mapas estelares e, a partir de então, essa constelação começou a ser adotada universalmente.

Portanto, podemos concluir que a imagem de uma cabeleira, utilizada atualmente nos catálogos celestes, não era encontrada nos antigos mapas estelares, sendo essa representação apenas uma corrupção da figura original. Por isso, o nome da constelação deve ser "*COMA*"[v], pois devemos retirar o acréscimo "*BERENICES*".

[iii] A deusa grega Afrodite era conhecida pelos romanos como Vênus.

[iv] Tycho Brahe (1546-1601 d.C.): principal astrônomo de sua época, que construiu um grande observatório em *Uraniborg* (Dinamarca).

[v] Os gregos tinham uma palavra para cabelo: "*Có-me*" (no latim, "*Coma*"). Portanto, é fácil inferir o porquê dessa constelação ter sido transformada em uma cabeleira.

A verdadeira representação da constelação COMA

Se quisermos conhecer qual é a figura original dessa constelação, devemos voltar a uma data anterior a esse episódio, ou seja, antes de 243 a.C. Nos zodíacos anteriores ao século 3 a.C., nada pode ser encontrado a respeito de uma cabeleira. Como já mostrado no capítulo 8, o mais antigo mapa celeste de que se tem notícia é o Zodíaco egípcio de *Dendera* (2000 a.C.) e nele não encontramos a figura de uma cabeleira, mas a de uma mulher sentada numa cadeira com uma criança nos braços, contemplando-a e admirando-a.

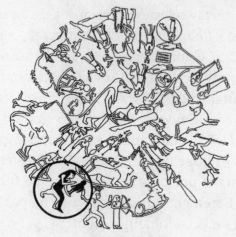
Zodíaco de *Dendera*

Representação da constelação *COMA*

Para confirmar este ponto de vista, a saber, de que a figura acima seria a verdadeira representação gráfica da constelação *COMA*, podemos citar Albumazer, o maior astrônomo árabe de sua época (não cristão), que disse: "Surge no primeiro decanato (de Virgem), como os Persas, Caldeus, Egípcios e tanto Hermes quanto Escálio ensinam, uma mulher jovem, uma virgem pura e imaculada, sentada num trono, alimentando uma criança de colo"[10]. Essa descrição condiz perfeitamente com a representação no zodíaco de *Dendera*. Além disso, temos também uma referência indireta ao formato dessa constelação quando William Shakespeare, em sua peça *Titus Andronicus*, fala de uma flecha sendo lançada aos céus na direção do "Bom menino, no colo da Virgem"[11]. Isso nos mostra que, mesmo no século 16, ainda haviam mapas estelares com a antiga representação de uma mulher com uma criança no colo para a constelação *Coma*.

Assim, a área no céu que atualmente está ocupada pela "Cabeleira de Berenice" deveria conter a imagem dessa mulher com seu filho:

Antiga representação da constelação *Coma*

A mulher da constelação COMA é a mesma mulher da constelação principal **Virgem**, pois seu nome persa, traduzido para o árabe, é *Adrenedefa*, que significa "virgem pura e imaculada"[12]. Portanto, seu filho deve ser a representação da "semente" que ela carrega na constelação principal, como já visto, o próprio Cristo. Assim, essa criança é o tema central da constelação COMA, pois a estrela de maior brilho está localizada no menino e não em sua mãe.

Um fato extraordinário é que, em alguns zodíacos antigos, essa criança tem um nome e, de acordo com algumas fontes, o nome desse menino na língua Persa é *"Ihesu"*, muito similar ao nome grego *"Iesous"*, que significa *"Jesus"*.[13]

COMA, em hebraico (e em outros dialetos orientais), quer dizer "o desejado" ou "o esperado", exatamente a mesma palavra hebraica que o profeta Ageu usa para falar do Messias como sendo o

"Desejado de todas as nações" (Ag 2.7, ARC). No antigo Egito, o seu nome era *Shes-nu*, significando "o filho desejado".[14]

Essa constelação não tem nenhuma estrela que se destaca especialmente. Nela não há nenhuma estrela de 1ª, 2ª ou 3ª magnitudes[vi], mas apenas dez estrelas de 4ª magnitude e de outras magnitudes inferiores. Apenas seis delas têm brilho suficiente para serem vistas a olho nu. A maioria de suas estrelas faz parte de um enxame aberto bastante disperso, tendo, inclusive, entre elas, vários conglomerados de galáxias a milhões de anos luz da Terra (que podem ser vistas como "borrões" de brilho). Coletivamente essas galáxias contêm muitos bilhões de estrelas que, espiritualmente falando, podem ser associadas ao incontável número de pessoas que foram e serão salvas através desse "desejado" filho da Virgem.[15]

Portanto, a constelação COMA nos fala da virgem que dará à luz um menino que seria "o desejado de todas as nações", a alegria de toda a Terra, pois por intermédio dele a salvação chegaria a todos os povos.

Mas esse menino "desejado" era muito especial, não somente por ter nascido de uma virgem, mas também por ser Deus e Homem em um único corpo, como revelado no próximo *decanato...*

[vi] Quando observamos o céu estrelado, podemos ver que as estrelas possuem diferentes brilhos. Essa diversidade na intensidade luminosa das estrelas chamou a atenção dos antigos gregos que criaram o primeiro sistema de classificação de estrelas: conforme o seu brilho. Hiparco de Nicéia (190-120 a.C.) classificou todas as estrelas visíveis a olho nu em seis categorias de brilho, que ele chamou de "grandezas". As de maior brilho foram classificadas como de 1ª grandeza e as de menor brilho como sendo de 6ª grandeza. Naquela época, pensava-se que as estrelas estavam fixas numa imensa abóbada celeste, todas à mesma distância da Terra. Sendo assim, seus diferentes brilhos dependiam de seus tamanhos, o que não é verdade. Como hoje sabemos que as estrelas estão a diferentes distâncias da Terra, a astronomia deixou de utilizar o termo "grandeza" e passou a usar a expressão "magnitude", a qual é definida de forma bem mais rigorosa (sendo feita inclusive a distinção entre magnitude "aparente" ou "visual", ou seja, a luminosidade de uma estrela como vista da Terra, e magnitude "absoluta", que é a medida da luminosidade total emitida pelo astro).

Signo de Virgem

CENTAURUS - O Centauro
A dupla natureza do Filho de Deus

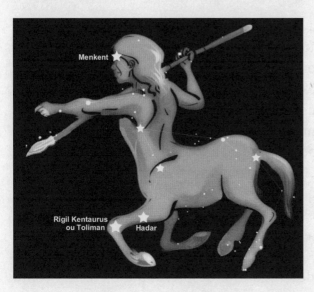

Logo abaixo da constelação *VIRGEM*, temos uma constelação com a figura de um Centauro.

Um dos aspectos principais da fé cristã é o fato de que o Unigênito Filho Eterno se encarnou, tornando-se inteiramente um ser humano sem deixar de ser integralmente Deus: verdadeiro Deus e verdadeiro homem em uma única pessoa. Esse é um grande mistério, mas, como a Bíblia assim ensina, assim também devemos crer. Em outras palavras, pode-se dizer que Cristo possui uma natureza dupla. É essa verdade vital dos Evangelhos que o 2º *decanato* de *Virgem* nos mostra por meio da constelação *Centaurus*.[16]

O Centauro possui 2 naturezas (homem e cavalo), assim como Cristo também possui 2 naturezas (divina e humana). Mas as semelhanças não terminam aqui. Os mitos pagãos concernentes aos Centauros nos dizem que eles eram grandes matadores de touros. É-nos dito também que foram nascidos do alto (das nuvens) como filhos de Deus, mas eram odiados e abominados tanto pelos homens como pelos deuses: foram perseguidos, levados para as montanhas e finalmente exterminados. Da mesma forma, Cristo veio para destruir os poderes do mal ("matar os touros"), mas foi desprezado e rejeitado pelos homens, odiado, perseguido e, finalmente, morto. O símbolo do Centauro é tão importante, que aparece duas vezes nas constelações zodiacais: a primeira aqui,

O evangelho revelado nas estrelas

como constelação secundária e a outra como constelação principal no signo de *Sagitário*[17] (sempre se referindo ao Filho de Deus com duas naturezas).

Jamieson[vii], em seu Atlas Celeste de 1822 d.C., nos diz que o nome dessa constelação em caldeu e árabe é *Bezeh*, palavra que em hebraico quer dizer "o desprezado", exatamente a mesma palavra que aparece duas vezes em Isaías 53.3 ("Era *desprezado* e o mais rejeitado entre os homens; [...] era *desprezado*, e dele não fizemos caso"). Outro nome em hebraico para essa constelação é *Asmeath*, que significa "oferta pelo pecado". Encontramos essa mesma expressão em Isaías 53.10 ("Todavia, ao SENHOR agradou moê-lo, fazendo-o enfermar; quando der ele a sua alma como *oferta pelo pecado*, verá a sua posteridade e prolongará os seus dias [...]"). Quando combinamos esses dois nomes, temos em *Centaurus* uma perfeita descrição de Cristo Jesus que, apesar de manifestar sua natureza divina fazendo o bem, foi desprezado e oferecido como oferta pelo pecado.[18]

A principal estrela dessa constelação chama-se *Rigil Kentaurus*. Seu antigo nome, *Toliman*, que quer dizer "antes, agora e depois"[19], claramente aponta para aquele "que é, que era e que há de vir, o Todo-Poderoso" (Ap 1.8). Uma particularidade interessante dessa estrela é que ela é variável em brilho – isso aponta para aquele que era glorioso e, por um breve momento (na Terra), teve sua glória parcialmente ocultada, mas novamente brilha com glória indizível eternamente. Outra brilhante estrela se chama *Hadar*[viii], nome que, em hebraico, significa "Glorioso" ou "Majestoso".

Voltando para as lendas sobre os centauros, entre todos, o mais famoso era *Cheiron*[ix], ao qual atribuíam grande sabedoria, justiça, força e bondade. Possuía os dons de profecia e cura. Ele era único entre os centauros devido à sua linhagem e caráter, a ponto de todos os mais distintos heróis gregos terem sido seus discípulos. Apesar

---

[vii] Alexander Jamieson (1782-1850 d.C.): escritor e professor irlandês.

[viii] 11ª estrela mais brilhante no céu noturno.

[ix] Esse era o nome dado pelos gregos para essa constelação.

Signo de Virgem

de imortal, quando ferido por uma flecha envenenada (que não era endereçada a ele), voluntariamente escolheu morrer e transferir sua imortalidade a *Prometheus*[x] e, por causa disso, foi colocado entre as estrelas. São óbvias as associações com a pessoa de Cristo, que era de nobre caráter, sábio, justo e bom. Porém, apesar de ser o autor da vida, foi ferido pelos nossos pecados e entregou sua vida à morte para nos dar a imortalidade e, por isso, foi elevado aos mais altos céus.

Portanto, não somente as tradições e fábulas relacionadas a esse personagem, mas também os nomes da constelação e das estrelas se harmonizam de modo surpreendente com a pessoa e obra do Filho de Deus neste mundo, sendo, pois, as primeiras apenas uma perversão da primitiva revelação de Deus nos céus. Assim, mesmo que o verdadeiro sentido da constelação tenha sido deturpado pela ignorância, mitologia e paganismo dos povos, seu sentido original ainda transparece.[20]

No Zodíaco egípcio de *Dendera*, essa constelação é representada de maneira invertida, isto é, por um homem com cabeça de animal, mas sem perder a sua característica principal que é a dupla natureza:

Zodíaco de *Dendera*

Representação da constelação CENTAURUS

---

[x] Na mitologia grega, *Prometheus* pertencia à classe dos Titãs, uma raça de gigantes que convivia com os deuses.

Um último detalhe que associa a figura dessa constelação ao Messias é que o Centauro não existe na natureza, apontando para a natureza divina e não apenas humana do Messias.

Logo, a mensagem da constelação CENTAURUS é a seguinte: a criança nascida de uma virgem não é uma pessoa comum, pois, quando cresce, manifesta sua dupla natureza (Deus e homem). Ele sai fazendo o bem e curando os enfermos, mas é rejeitado, perseguido e, finalmente, morto (entregando sua vida na cruz para nos salvar).

E, por causa dessa maravilhosa obra, a próxima constelação nos diz que ele virá uma segunda vez em glória...

BOÖTES - O Ceifeiro
O Ceifeiro que virá

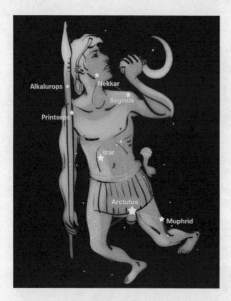

À esquerda de VIRGEM, temos uma constelação com a figura de um homem movendo-se para frente com um cajado (ou lança) na mão direita e uma foice na mão esquerda (que está levantada, como que pronta para ceifar). Os gregos a chamavam de *Bo-ö-tes*, um nome tomado do hebraico, que tem a raiz *Bo* (vir), significando "a vinda" ou "aquele que virá". Os egípcios a conheciam como *Smat* ("aquele que virá para reger, dominar, governar") ou *Bau* ("o que virá").[21]

A estrela mais brilhante se chama *Arcturus*[xi], traduzido por alguns como "guardião ou protetor de *Arktos*" e, por outros, como

---

[xi] Essa constelação também já foi nomeada segundo o nome desta estrela. *Arcturus* é conhecida desde tempos remotos, sendo inclusive citada como constelação em algumas traduções da Bíblia nos versículos Jó 9.9 e 38.32. Ela é a 4ª estrela mais brilhante no céu noturno.

Signo de Virgem

"Ele vem". A estrela no cajado (ou lança) se chama *Al Kalurops*, que tem o sentido mais ligado a um cajado de pastor do que de uma lança (nos mapas celestes antigos temos na mão direita desse homem um cajado e, nos novos, uma lança). A estrela *Muphrid* (perna esquerda) quer dizer "aquele que separa"[22]. Outra estrela, *Izar* (no ventre), tem o sentido de "preservar ou guardar"[23]. Em sua cabeça temos a estrela *Nekkar*, que, em árabe, significa "o traspassado", identificando esse personagem como o próprio Messias (Zc 12:10).

Assim, por meio dos nomes da constelação e de suas estrelas principais, temos a representação tanto de um pastor (com o cajado) quanto de um ceifeiro (com a foice) que está vindo (agora pela 2ª vez) para ceifar a seara da Terra[xii] e assim separar as ovelhas dos cabritos (Mt 25.31-46). No livro do Apocalipse podemos encontrar uma perfeita descrição do que acabamos de dizer[24]:

> Olhei, e eis uma nuvem branca, e sentado sobre a nuvem um semelhante a filho de homem, tendo na cabeça uma coroa de ouro e na mão uma foice afiada. Outro anjo saiu do santuário, gritando em grande voz para aquele que se achava sentado sobre a nuvem: Toma a tua foice e ceifa, pois chegou a hora de ceifar, visto que a seara da terra já amadureceu! E aquele que estava sentado sobre a nuvem passou a sua foice sobre a terra, e a terra foi ceifada. (Ap 14.14-16).

O cajado e a foice seguem juntos, mostrando que **Boötes** é o Salvador prometido que virá uma segunda vez em glória para ajuntar sua colheita de almas e se tornar o Grande Pastor de seu rebanho.

No Zodíaco egípcio de *Dendera*, essa constelação é representada por um ser de dupla natureza que segura uma relha (instrumento semelhante a uma foice):

[xii] Em Mateus 13:39, o próprio Jesus comparou a colheita (ceifa) com o fim dos tempos.

O evangelho revelado nas estrelas

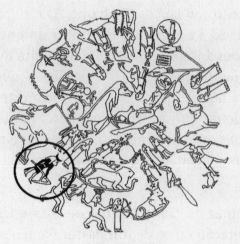

Zodíaco de *Dendera*

Representação da
constelação *BOÖTES*

CORRUPÇÃO DA REPRESENTAÇÃO NOS CÉUS

Em variados mapas celestes, *Boötes* traz em sua mão esquerda (alguns omitem a foice) uma trela que segura os dois Cães de Caça (constelação "*Canes Venatici*"). Essa constelação ("*Canes Venatici*") não existia nos antigos mapas celestes e foi inserida a partir do século 17 pelo astrônomo Johannes Hevelius[xiii]. Por esse motivo, a constelação "*Boötes*" ficou conhecida como "o guardador dos cães" ou "o caçador de ursos" (pois esses cães estão próximos e na direção das constelações "*Ursa Major*" e "*Ursa Minor*").

Constelações *BOÖTES* e *CANES VENATICI*
Urania's Mirror (1825) - Plate 10

[xiii] Johannes Hevelius (1611-1687 d.C.): astrônomo polonês.

Portanto, a mensagem da constelação BOÖTES é muito simples: esse pastor/ceifeiro é o "descendente da mulher" (Virgem), o "desejado das nações" (Coma), aquele que "foi rejeitado e morto" (Centaurus), porém ressurgirá como o "grande Pastor das ovelhas" (Hb 13:20) em sua 2ª vinda para reinar, "ceifando" a seara da Terra e recolhendo para si o trigo, a saber, os filhos de Deus.[xiv]

Resumo do Signo de VIRGEM

VIRGEM	**A PROMESSA DO REDENTOR**
COMA	O Desejado das nações
CENTAURUS	A dupla natureza do Filho de Deus
BOÖTES	O Ceifeiro que virá

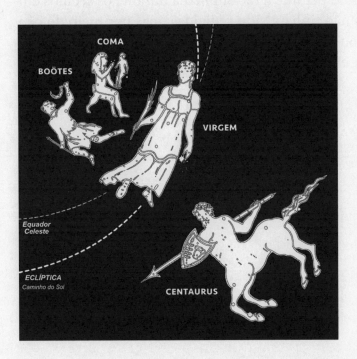

No signo de VIRGEM e em seus decanatos, temos a pessoa do Salvador desde o seu nascimento de uma virgem (constelação VIRGEM), passando por sua infância (constelação COMA), idade adulta, quando manifesta sua dupla natureza divina/humana,

---

[xiv] Em Mt 9.37,38 e Lc 10.2 nosso Senhor instruiu seus discípulos a pedirem que Deus enviasse trabalhadores para a sua seara, sendo esta seara as almas dos homens.

sendo rejeitado e morto (constelação CENTAURUS), e terminando com sua ressurreição e vinda para ceifar a seara da Terra, tornando-se assim o eterno pastor de seu rebanho (constelação BOÖTES).

Podemos constatar que a mensagem de todo o **signo de *Virgem*** está em completa harmonia com a revelação das Escrituras. Apenas uma mente preconceituosa não consegue perceber a identificação entre esses sinais nos céus e a Palavra de Deus, pois temos abundantes fatos para crermos que ambos foram escritos pelas mesmas mãos divinas e proclamam a mesma mensagem.

Esse é apenas o primeiro capítulo da história celeste, mas nele temos esboçada toda a tremenda obra divina para a salvação dos pecadores. Certamente, Deus não "falou pelas metades" e nem ficou sem um testemunho perante a raça humana durante os séculos em que as Escrituras não tinham sido redigidas, mas por meio do céu estrelado anunciou seu evangelho, fazendo, dessa forma, sua voz e mensagem chegarem até aos confins da Terra.[25]

Capítulo 11

SIGNO DE LIBRA

"Pesado foste na balança e achado em falta."
(Dn 5.27)

Planisfério Celeste com destaque para a Constelação *LIBRA*
e seus decanatos (*LUPUS / CRUX / CORONA BOREALIS*)

No primeiro capítulo da *História Celeste* (signo de *VIRGEM*), vimos que a Semente da mulher iria dar sua vida em favor de outros. O signo de **LIBRA**, com seus três *decanatos* (*LUPUS / CRUX / CORONA BOREALIS*) e os nomes das estrelas, nos mostrarão um retrato completo dessa Redenção[1], do preço pago e da honra que é devida àquele que realizou tal obra.

LIBRA
O Preço da Redenção

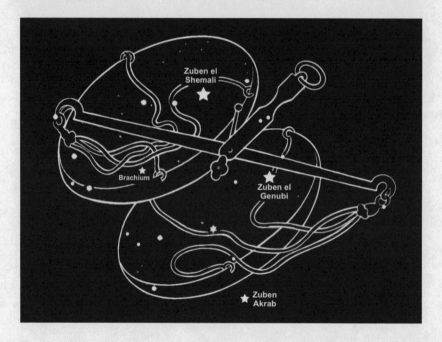

Os nomes desse signo indicam o seu significado: os sumérios o chamavam de *Zib-Ba An-Na*, "a balança celeste"; em hebraico seu nome é *Mozanaim*, ou seja, "a balança de pesar"; e, em árabe, é *Al Zubena*, que significa "compra, redenção, ganho".

A balança sempre tem sido um símbolo de julgamento e justiça. A figura desse signo está amplamente associada ao mito de *Atena*, deusa da justiça, da retidão e dos poderes do governo pelos quais os direitos são resguardados e a ordem instaurada.

A sua imagem pode ser encontrada nos tribunais, onde causas são julgadas, disputas são resolvidas e a justiça aplicada.²

Atena – Deusa da Justiça

Todas essas ilustrações fazem referência ao signo de *LIBRA*, pois essa balança suspensa nos céus nos fala da justiça eterna de Deus que se impõe sobre todo o universo criado³. Ao lermos a mensagem que o Todo-Poderoso colocou nas estrelas, *Libra* nos mostra que, de um lado, temos o peso do pecado do homem (e as penalidades que devem ser aplicadas) e, de outro, o preço que precisa ser pago para a sua redenção, pois desde a entrada do pecado no mundo, o veredito sobre todos os seres humanos tem sido um só: "Pesado foste na balança e achado em falta" (Dn 5.27).

O homem está em falta para com o seu Criador, arruinado, condenado, vivendo na vaidade de seus pensamentos, totalmente incapaz de cumprir as exigências de um Deus santo. Assim, para que o pecador possa ser justificado diante de Deus, o julgamento precisa ser aplicado e o preço das faltas determinado e liquidado.

No âmbito espiritual, uma característica da natureza do pecado é que ele é como uma dívida para com o Criador, a qual precisa ser quitada para que o homem seja considerado justo diante do Eterno Juiz. Deus estabeleceu leis justas em sua palavra, e quando o homem quebra essas leis, fica sujeito ao julgamento e ao pagamento da pena por suas faltas. Outro aspecto da natureza do pecado é a escravidão que é imposta sobre aquele que peca[i], e a libertação do escravo também pode ser uma questão de negociação com o senhor dele.⁴

Essas "dívidas" para com o Todo-Poderoso somente podem ser pagas por alguém que não tenha débitos para com ele (ou seja, que não tenha quebrado sua justa, santa e perfeita Lei). Infelizmente, quando pesado na escala da verdade e da justiça, nenhum homem

---

[i] João 8.34 - "Replicou-lhes Jesus: Em verdade, em verdade vos digo: todo o que comete pecado é escravo do pecado".

pode atingir o padrão exigido por Deus. Assim, ninguém pode se qualificar para quitar a dívida (seja dele mesmo ou de outrem), pois, de acordo com as Escrituras, ***todos*** pecaram e carecem da glória de Deus (Rm 3.23). Somente um, a saber, aquele nascido de uma Virgem, o descendente da mulher, nosso Senhor Jesus Cristo, pode pagar o preço da nossa redenção e se interpor como advogado a favor do homem, perante o Juiz de todos. E, quando recebemos a Cristo Jesus como nosso Salvador, seus méritos nos são atribuídos e a balança da justiça pende a nosso favor, pois a dívida é plenamente quitada na cruz do Calvário e nos tornamos aptos para herdarmos a salvação e recebemos a vida eterna[5]. É a respeito de toda essa questão que o signo de *Libra* nos fala.

Para compreendermos a mensagem desse signo, precisamos em primeiro lugar definir qual representação dessa constelação adotaremos, pois em vários mapas celestes, temos desenhos com pequenas, mas importantes diferenças. Suas principais estrelas são seis (designadas por letras do alfabeto grego[ii]) e podem ser vistas ao lado,

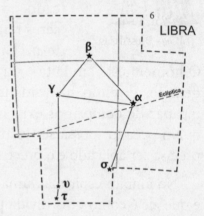

posicionadas dentro da área atualmente demarcada pela União Astronômica Internacional para a constelação *Libra*.

A forma e a posição da balança (com seus pratos) em relação a essas estrelas, são representadas de maneiras diferentes em diversos mapas celestes. Nos planisférios atuais, encontramos as seguintes representações:

[ii] Dentre as várias designações para as estrelas, uma das mais simples e comumente utilizada foi criada por Johann Bayer (1572-1625 d.C.), e consiste em nomear as estrelas de uma dada constelação em ordem decrescente de brilho utilizando as letras do alfabeto grego. Assim, a estrela de maior brilho é designada pela primeira letra do alfabeto grego (α - *Alpha*), a segunda estrela de maior brilho pela segunda letra do alfabeto grego (β - *Beta*), a terceira estrela de maior brilho pela terceira letra do alfabeto grego (γ - *Gamma*), e assim sucessivamente.

Signo de Libra

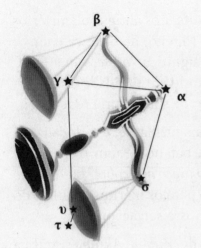

Aqui, na representação gráfica do programa *Stellarium*, temos a estrela principal α (*Alpha*) na parte superior da haste central e as estrelas β (*Beta*) e γ (*Gamma*) como pertencendo à haste e ao prato esquerdo, respectivamente.

Neste outro desenho, temos a constelação na posição e forma adotada pelo programa WWT. Nela temos a estrela principal α (*Alpha*) no prato direito da balança, a estrela β (*Beta*) na haste central e a estrela γ (*Gamma*) no prato esquerdo da balança.

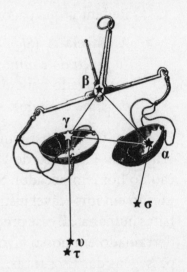

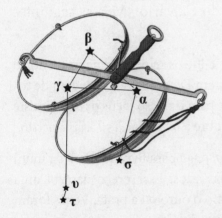

Porém, nas antigas representações desse signo[7], temos as duas estrelas principais α (*Alpha*) e β (*Beta*), uma em cada prato da balança, como podemos ver ao lado.

Utilizaremos essa antiga representação de *Libra* como referência, pois esses detalhes são de vital importância quando consideramos os nomes das estrelas e suas posições na representação gráfica da constelação:

O evangelho revelado nas estrelas

➤ **A estrela α** *(Alpha)*, a mais brilhante, nos antigos planisférios está localizada no prato inferior (direito) da balança e tem o nome de *Zuben el Genubi*, que significa *"o preço que falta"* ou *"o preço insuficiente"* – indicando a inutilidade dos esforços do homem para o pagamento de sua própria redenção;

➤ **A estrela β** *(Beta)*, a segunda mais brilhante, está localizada no prato superior (esquerdo) da balança e tem o nome de *Zuben el Shemali*, que significa *"o preço que cobre"* ou *"o preço mais que suficiente"* – apontando para os méritos infinitos do Redentor que pagou o preço de nossa salvação;

➤ **A estrela σ** *(Sigma)*, chamada de *Zuben Akrab*, significa *"o preço do conflito"* – mostrando que um conflito precisa ser travado para o pagamento desta dívida (veremos isso no próximo capítulo).

Portanto, a mensagem do signo de *Libra* nos mostra que o sacrifício do Cordeiro de Deus foi suficiente para comprar a salvação do homem pecador. Somente ele pode se apresentar diante do Eterno em impecável justiça e retidão e pagar o preço exigido pelas faltas humanas. E esse preço que cobre é o precioso sangue de Cristo derramado em nosso favor na cruz do Calvário![8] Veja as seguintes passagens das Escrituras:

> Digno és de tomar o livro e abrir-lhe os selos, porque foste morto e com o teu sangue *compraste* para Deus os que procedem de toda tribo, língua, povo e nação e para o nosso Deus os constituíste reino e sacerdotes; e reinarão sobre a terra. (Ap 5.9,10, grifo nosso).

> Pois vocês sabem o *preço que foi pago* para livrá-los da vida inútil que herdaram dos seus antepassados. Esse preço não foi uma coisa que perde o seu valor como o ouro ou a prata. Vocês foram libertados pelo precioso sangue de Cristo, que era como um cordeiro sem defeito nem mancha. (1Pe 1.18,19, NTLH, grifo nosso).

No Novo Testamento, muitas vezes, encontramos a palavra "redenção" (em inglês: *redemption*). Essa palavra vem do latim "*emptio*", que significa "comprar" ou "adquirir", e do prefixo "*re*", que significa "de novo". Ou seja, "redenção" significa literalmente "*comprar de novo*" ou "*comprar de volta*" o que se havia perdido, a saber, o homem.

No antigo Zodíaco egípcio de *Dendera*, esse signo também é representado por uma balança.[iii]

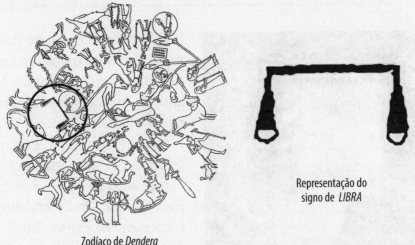

Zodíaco de *Dendera*

Representação do signo de *LIBRA*

Creio que, com os exemplos já citados, tenha ficado claro como o antigo Zodíaco egípcio de *Dendera* corresponde integralmente às 48 constelações zodiacais que conhecemos em nossos dias.[iv] Portanto, para não nos estendermos demasiadamente em detalhes, a partir de agora, mencionaremos o Zodíaco de *Dendera* somente quando citarmos as 12 constelações principais do Zodíaco.

[iii] É interessante ressaltar que, de acordo com a religião egípcia, todos os mortos eram submetidos a um Julgamento Final no Salão de *Osiris*, no qual *Ma'at* (deusa da verdade e da justiça) pesava as almas dos falecidos colocando o coração do morto em um prato da balança de *Osiris* e, no outro, a pena que esta deusa usava em sua cabeça. Se os pratos ficassem em equilíbrio, então o defunto poderia festejar sua entrada para a eternidade com as divindades e os espíritos dos mortos. Caso o coração fosse mais pesado que a pena, ele seria entregue a *Ammit* (o monstruoso cão do Salão do Julgamento – um dos seres mais temidos de todo o Egito) para ser devorado e destruído. Apesar de todas as distorções (pois realça mais os méritos humanos do que a justiça divina), esta cena é uma fascinante analogia para a verdade representada pelo signo de *Libra*.

[iv] A única exceção é em relação à constelação *Coma*, que, como já vimos, foi substituída por outro emblema totalmente distinto, a saber, uma cabeleira.

Vamos prosseguir com nossa *História Celeste* e ver nas constelações adjacentes (decanatos) que preço precisava ser pago, como o Salvador o pagou e qual foi o resultado dessa maravilhosa obra para aquele que nos comprou por tão elevado preço.

LUPUS - A Vítima
A Vítima oferecida como sacrifício pelos pecados

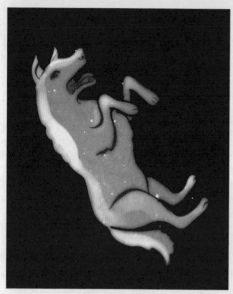

Constelação *LUPUS*

O primeiro *decanato* do signo de *Libra* é conhecido como *Lupus* (Lobo) porque os mais antigos mapas celestes assim o representavam – mas poderia ser qualquer animal. Porém, o ponto mais importante dessa constelação é que ela mostra esse animal sendo ferido mortalmente. Por causa disso, seu nome em latim é *Victima* ("Vítima"); em grego é *Harpocrates*, ou seja, "vítima da justiça"; em hebraico é *Asedah* e, em árabe, *Asedaton*, ambos os nomes significando "sacrificado". Todas as estrelas dessa constelação são de pequena magnitude e nenhuma delas possui nome próprio.

A constelação *Lupus* (Vítima) no contexto do signo de *Libra* nos mostra de maneira mais clara qual seria o preço a ser pago por nossa redenção, a saber, que Cristo precisava ser oferecido como oferta pelo pecado em favor dos homens:[9] "Aquele que não conheceu pecado, ele o fez pecado por nós; para que, nele, fôssemos feitos justiça de Deus" (2Co 5.21).

Porém, um importante detalhe a respeito dessa oferta, era que Cristo precisava sacrificar a si mesmo, ou seja, entregar-se espontaneamente à morte, pois, sendo ele a própria vida eterna, ninguém tinha o poder de retirá-la; somente ele poderia oferecer-se voluntariamente para ser morto:[10]

> [...] e dou a minha vida pelas ovelhas. [...] Ninguém a tira de mim; pelo contrário, eu espontaneamente a dou. Tenho autoridade para a entregar e também para reavê-la. (Jo 10.15,18).

É precisamente essa mensagem que podemos perceber quando observamos a posição da constelação *Lupus* em relação a constelação *Centaurus*:

Constelações *LUPUS* e *CENTAURUS*

No Planisfério Celeste, a constelação *Lupus* está intimamente associada à constelação *Centaurus*, formando um só conjunto com ela. Como já vimos, *Centaurus* faz parte do grupo de constelações do signo de *Virgem*, e representa o Filho de Deus em sua fase adulta, quando manifesta sua dupla natureza (humana e divina). Assim, a imagem do Centauro matando a vítima (*Lupus*) transmite perfeitamente a mensagem de Cristo oferecendo a si mesmo à morte. Os homens, em seu ódio e maldade, assassinaram o Filho de Deus, mas, na verdade, foi Cristo que se deixou ser preso, crucificado e morto, pois até o momento de sua paixão, ninguém teve o poder de feri-lo. Tudo isso concorda plenamente com as Escrituras, que dizem: "[...] pelo Espírito eterno, a si mesmo se ofereceu sem mácula a Deus, [...]" (Hb 9.14, grifo nosso).

Os judeus do Antigo Testamento sabiam que o Messias haveria de ser um grande Sumo-Sacerdote que ofereceria sacrifício pelos pecados, porém jamais sonharam que o sacrifício a ser oferecido seria ele mesmo, o próprio Sumo-Sacerdote, para que pelo sacrifício de si mesmo, aniquilasse para sempre o pecado (Hb 9.26).

O astrônomo árabe Ulugh Beg (século 14) diz que nos antigos mapas celestes árabes, a constelação *Lupus* se chamava *Sura*, significando "ovelha" ou "cordeiro"[11], o qual também prefigura Jesus, o Cordeiro que seria morto (Ap 13.8) para efetuar a nossa salvação.

*Portanto, a constelação **Lupus** nos fala de Cristo oferecendo a si mesmo como sacrifício único e eterno a Deus para pagamento pelos nossos pecados.*

CRUX - A Cruz
O Instrumento da Redenção

Constelação *CRUX*

Temos, na área mais escura dos céus (bem no limite externo da esfera celeste), o terrível e vergonhoso instrumento pelo qual o querido Salvador morreu para comprar a nossa redenção[12], a saber, uma cruz! Apesar de ser a menor constelação do céu, sua forma de cruz característica, e o fato de ser desenhada por estrelas muito brilhantes, a torna bem identificável[13]. Essa constelação é mais conhecida como "Cruzeiro do Sul".

Seu nome hebraico era *Adom*, que quer dizer "cortado" ou "retirado", exatamente a mesma palavra usada em Dn 9.26 para se referir ao Ungido que seria morto. Além disso, a última letra do alfabeto hebraico (*Tau*) era originalmente desenhada na forma de uma cruz, indicando uma marca, limite ou fim – realmente, a cruz marcou o limite mais baixo de humilhação pelo qual nosso Salvador teve que atravessar – não houve nada mais degradante do que isso em toda a história humana, quando os homens pecadores assassinaram o bendito filho de Deus na cruz do Calvário.[14]

Nem precisamos entrar em detalhes sobre o significado dessa constelação, pois a cruz tem sido o mais importante emblema para os cristãos de todas as épocas. Mesmo antes da morte histórica de Cristo, a cruz era um símbolo sagrado em praticamente todas as antigas culturas do mundo (Egípcios, Persas, Assírios, Indianos, Celtas, Hindus, Chineses, etc.)[15]. O próprio apóstolo João nos fala do "Cordeiro (de Deus) que foi morto desde a fundação do mundo" (Ap 13.8). Assim, desde o princípio, Deus tem colocado nos céus a cruz do Calvário, prefigurando o preço pelo qual nossa redenção seria conquistada.[16]

Nessa constelação nenhuma estrela tem nome próprio, mas apenas nomes indicando seu brilho relativo: *Acrux* (*Alpha Crux*)[v], a mais brilhante na base da cruz; *Becrux* (*Beta Crux*)[vi], no braço esquerdo da cruz; *Gacrux* (*Gamma Crux*), na parte superior da cruz; *Decrux* (*Delta Crux*), no braço direito da cruz; e *Ecrux* (*Epsilon Crux*), abaixo do braço direito.

---

[v] "*Crux*" é a palavra em latim para "Cruz".

[vi] A única exceção parece ser *Becrux*, que em alguns catálogos celestes é chamada de "*Mimosa*". Mas há vários catálogos que nem citam esse nome. Isso significa que este é um nome recente e que não foi conhecido na Antiguidade.

PORQUE A CONSTELAÇÃO "CRUX" NÃO CONSTA NA LISTA DE PTOLOMEU?

Precisamos explicar o fato de esta constelação não ser citada dentre as 48 constelações clássicas listadas por Ptolomeu em 150 d.C. O catálogo de Ptolomeu foi formado pelas constelações que poderiam ser observadas e identificadas nos céus daquela época. Como a constelação *CRUX* se encontrava bem ao sul do Planisfério Celeste, e também devido ao movimento de precessão do nosso planeta, ela não era observável naquele tempo na região da Grécia e, por isso, não foi catalogada. Porém, para que o numero tradicional de constelações se completasse (48 constelações), outra constelação foi inserida em seu lugar, a saber, a constelação *CORONA AUSTRALIS* (ver a seguir), a qual não constava em nenhuma lista anterior a Ptolomeu.[17]

CORONA BOREALIS - A Coroa do Norte
A Recompensa reservada para o Redentor

Sem esse último *decanato*, a mensagem de LIBRA não estaria completa. A morte de Cristo na cruz marca a mais profunda humilhação do Messias em sua jornada terrena para realizar a redenção do homem. Porém, após tal sacrifício, Deus o ressuscitou de entre os mortos, o elevou aos mais altos céus e o fez assentar à sua direita nas alturas. Ali ele foi coroado de glória e honra e lhe foi dado um nome acima de todo nome (Fp 2.5-11).

É interessante notar a posição das constelações *Crux* e *Corona Borealis* (ver figura pág. 175): *Crux* está localizada no extremo sul – local mais baixo, longínquo e escuro do céu – e, *Corona Borealis*, bem ao norte – elevada às alturas e bem próxima do centro do Planisfério Celeste[18]. Isso nos faz lembrar as seguintes passagens do Novo Testamento:

[...] a si mesmo se esvaziou, assumindo a forma de servo, tornando-se em semelhança de homens; e, reconhecido em figura humana, a si mesmo se humilhou, tornando-se obediente até à morte e morte de cruz. Pelo que também Deus o exaltou sobremaneira e lhe deu o nome que está acima de todo nome, para que ao nome de Jesus se dobre todo joelho, nos céus, na terra e debaixo da terra, e toda língua confesse que Jesus Cristo é Senhor, para glória de Deus Pai. (Fp 2.7-11).

Vemos, todavia, aquele que, por um pouco, tendo sido feito menor que os anjos, Jesus, por causa do sofrimento da morte, foi *coroado* de glória e de honra, [...] (Hb 2.9, grifo nosso).

 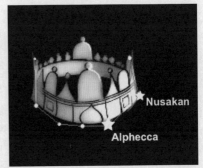

Constelação *CORONA BOREALIS*

É exatamente isso que vemos nessa constelação, que conclui o segundo capítulo da história celeste, a saber, que no último *decanato* de *Libra*, temos um anel de estrelas com o desenho de uma coroa celeste, representando a recompensa final daquele que tão profundamente se humilhou. Essa é uma coroa de vitória, autoridade e majestade.

O nome da constelação *Corona Borealis* em hebraico é *Atarah*, que significa "a coroa real"; em árabe é *Al Iclil*, isto é, "ornamento" ou "joia". A estrela mais brilhante tem o nome arábico *Al Phecca* (ou *Alphecca*, ou ainda *Alphekka*) que significa "a que brilha".[19]

Constelações SAGITÁRIO e CORONA AUSTRALIS
Urania's Mirror (1825) - Plate 24

Originalmente, ela se chamava apenas de *Corona (Coroa)*, pois foi a única coroa conhecida no céu por Eratóstenes[vii] e pelos antigos gregos. O adjetivo *Borealis (Boreal)*[viii] foi necessário somente depois que outra constelação foi criada no formato de uma coroa: *Corona Australis (Coroa Austral)*[ix] (ver figura ao lado). Apesar de essa última ser uma das 48 constelações catalogadas por Ptolomeu (150 d.C.), ela não era conhecida anteriormente, pois não foi citada nominalmente nem pelo astrônomo grego Hiparco de Nicéia (190-120 a.C.), nem pelo poeta grego Aratus (315-250 a.C.)[20]. Além disso, em tempos antigos, a constelação *Corona Borealis* não era desenhada como uma coroa, mas como um monte de setas que emanavam do lado da constelação principal *Centaurus*. Por esses motivos, não incluiremos a constelação *Corona Australis* (*Coroa do Sul*) na lista de constelações deste livro.

Aqui terminamos a mensagem do signo de *Libra*, que descreve a grande obra de redenção do Messias, desde a sua voluntária entrega à morte na vergonhosa cruz para redimir o homem, até a sua excelsa recompensa representada pela gloriosa coroa de joias a brilhar fortemente no céu boreal!

[vii] Eratóstenes de Cirene (276-194 a.C.): filósofo, matemático e astrônomo da Grécia Antiga, conhecido por calcular a circunferência da Terra.
[viii] Os adjetivos *Boreal/Borealis* significam "do lado norte" ou "situado ao norte".
[ix] Os adjetivos *Austral/Australe/Australis/Austrinus* significam "do lado sul" ou "situado ao sul".

Resumo do Signo de LIBRA

LIBRA O PREÇO DA REDENÇÃO
LUPUS A Vítima oferecida como sacrifício pelos pecados
CRUX O Instrumento da Redenção
CORONA BOREALIS A Recompensa reservada para o Redentor

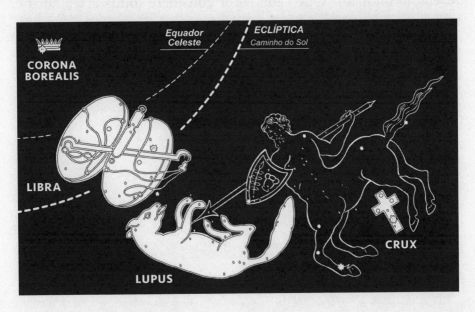

No signo de LIBRA e em seus decanatos, vemos a justiça eterna de Deus se impondo sobre todas as criaturas e a incapacidade do homem em obter a sua própria redenção por causa de seu pecado (constelação LIBRA). Para que a redenção seja realizada, um alto preço deve ser pago pelo Salvador, a saber, entregar sua própria vida como vítima inocente (constelação LUPUS), sendo esse sacrifício oferecido na cruz do Calvário (constelação CRUX). E, logo na sequência, temos a recompensa, ou seja, a coroa reservada para aquele que pagou tamanho preço por nossa redenção (constelação CORONA BOREALIS). Este é o evangelho segundo o signo de LIBRA!

O evangelho revelado nas estrelas

Depois de tão clara exposição, será que alguém ainda crê no acaso dessas constelações ou que tudo aqui descrito seja apenas fruto de especulação humana? Se cremos na Bíblia como sendo a Palavra de Deus e o único padrão que precisamos para aferir todas as coisas, seria pedir demais crer nesse testemunho estampado nas estrelas? Mesmo uma criança teria a capacidade de julgar se essa história contada pelas constelações está ou não de acordo com a revelação bíblica![21] Que cada leitor considere todos esses fatos e, sem nenhum preconceito, chegue às suas próprias conclusões.

Capítulo 12

SIGNO DE ESCORPIÃO

"Eis aí vos dei autoridade para pisardes serpentes e escorpiões
e sobre todo o poder do inimigo, [...]"
(Lc 10.19)

Planisfério Celeste com destaque para a Constelação *ESCORPIÃO*
e seus decanatos (*SERPENS* / *OPHIUCHUS* / *HÉRCULES*)

A primeira impressão que temos ao observarmos o signo de **ES-CORPIÃO** com suas constelações adjacentes (*SERPENS, OPHIUCHUS* e *HÉRCULES*) é que elas estão tão próximas e mescladas que nos transmitem a sensação de uma batalha renhida, feroz, violenta.

Esta é exatamente a mensagem que o signo de Escorpião deseja nos transmitir, a saber, a batalha do Messias contra seu adversário para conquistar a nossa salvação.

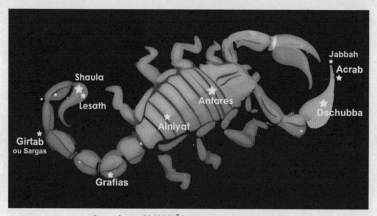

Constelação *ESCORPIÃO* e suas estrelas principais

O terceiro signo de nossa história celeste é representado por um escorpião, aracnídeo extremamente nocivo que, embora nem sempre fatal, sua ferida é extremamente dolorosa. Essa é uma das poucas constelações que tem o formato semelhante ao nome que lhe foi atribuído.

Em hebraico essa constelação se chama *Acrab*, que é o nome desse animal, mas também pode significar "conflito" ou "guerra". É designada pelos árabes como *Al Acrab*, ou seja, "guerreando contra aquele que virá". Em cóptico seu nome é *Isidis*, a saber, "ataque do inimigo".

A principal estrela dessa constelação se chama *Antares* (situada bem no coração de *Escorpião*), que significa "ferimento". Sendo uma supergigante vermelha (centenas de vezes maior que o Sol), possui um brilho intenso[i] na coloração vermelho profundo (transmitindo realmente a ideia de uma ferida). As estrelas no ferrão se chamam *Shaula* ("ferrão") e *Lesath* ("perverso" em hebraico).[1]

É muito significativa a posição da constelação *Escorpião* em relação às constelações próximas: nos parece que este escorpião gigante está agarrando[ii] o prato inferior[iii] da balança (que representa o peso do homem – querendo assim dizer que Satanás tem em suas garras o homem perdido), mas por causa do poderoso homem que pisa sua cabeça (*Ophiuchus/Ofiúco* – representando o Messias), suas garras são retiradas da balança. E, como reação a essa pisadura, o escorpião está com sua cauda levantada como que prestes a atacar e ferir com seu ferrão o calcanhar do homem.[iv]

---

[i] 15ª estrela mais brilhante do céu noturno, sendo 10.000 vezes mais luminosa que o Sol.
[ii] Essa ligação entre as constelações *Escorpião* e *Libra* é tão forte que em alguns mapas estelares antigos, as garras do *Escorpião* estão dentro dos pratos de *Libra*.
[iii] Como vimos no capítulo anterior, a constelação *Libra* tem sido representada graficamente de variadas formas, comprometendo, assim, a posição das estrelas em relação ao desenho do signo. Aqui isso também se aplica, pois, em alguns mapas celestes antigos, temos o prato inferior da balança (que representa o peso do homem) nas garras do *Escorpião* - transmitindo a ideia de que a humanidade está presa nas garras de Satanás [KENNEDY, 1989, p.41].
[iv] Uma prova da incoerência da mitologia grega (no que diz respeito à origem e significado das constelações) é que nela a constelação *Escorpião* está fortemente associada à constelação *Órion* (que está localizada no outro extremo do Planisfério Celeste) [BRANDÃO, 1986, p.269]; e, além disso, não há nenhuma referência mitológica que associe a constelação *Escorpião* às constelações próximas, seja à constelação *Ophiuchus (Ofiúco)* ou à constelação *Libra*, o que é uma grande incoerência, pois essas três constelações estão intimamente conectadas visualmente (como podemos ver na figura acima).

Não poderia haver melhor representação gráfica para a profecia de Gênesis 3:

> Porei inimizade entre ti e a mulher, entre a tua descendência e o seu descendente. *Este te ferirá a cabeça, e tu lhe ferirás o calcanhar.* (Gn 3.15, grifo nosso).

Outro aspecto impressionante desse signo é que, quando Jesus, nos Evangelhos, se refere ao nosso inimigo comum, ele o compara a serpentes e escorpiões:

> Eis aí vos dei autoridade para pisardes *serpentes e escorpiões* e sobre todo o poder do inimigo, e nada, absolutamente, vos causará dano. (Lc 10.19, grifo nosso).

Na verdade, na constelação *Escorpião* e em seus *decanatos*, temos esses dois personagens (serpente e escorpião) representados pela primeira vez nos signos do Zodíaco, os quais são os animais peçonhentos mais temidos e traiçoeiros, prontos a atingir o calcanhar ou o pé dos homens. Portanto, no signo de *Escorpião*, temos representado o grande conflito do Salvador contra Satanás, a fim de conquistar a nossa redenção.

No antigo Zodíaco egípcio de *Dendera*, esse signo é também representado por um escorpião:

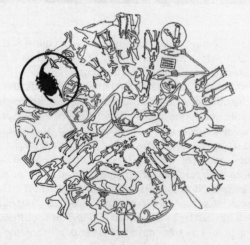

Zodíaco de *Dendera*

Representação do signo de *ESCORPIÃO*

Signo de Escorpião

As figuras, os nomes e tudo o mais nesse signo apontam para a história de um terrível conflito e de uma ferida mortal resultante desse combate[2]. Nas constelações adjacentes vemos claramente o desenrolar dessa batalha.

SERPENS - A Serpente
A Serpente que tenta alcançar a coroa

No primeiro *decanato* do signo de *Escorpião* (constelação *Serpens*) temos uma enorme serpente tentando se livrar de um poderoso homem e alcançar a coroa celeste (vista no signo anterior, a qual pertence ao Messias). A luta claramente é pelo domínio! No Éden, Satanás (na forma de serpente) roubou do primeiro Adão a coroa do domínio, mas na cruz, o segundo Adão (Jesus - representado pelo homem que segura a serpente) retira dela essa coroa.

A estrela principal da constelação *Serpens* é chamada *Unuk* ou *Unukalhai*, significando "a que cerca, que envolve". Outra estrela importante tem o nome de *Alyah*, ou seja, "amaldiçoada".[3]

O evangelho revelado nas estrelas

OPHIUCHUS (OFIÚCO) - O Serpentário
Aquele que segura a Serpente

Essa constelação é representada por um homem que está envolvido num tremendo conflito com uma enorme serpente e com um gigantesco escorpião. Ele segura firmemente a primeira (para que não alcance a coroa) e pisa com seu pé bem em cima da cabeça do segundo (para matá-lo). Temos aqui encenado o conflito do Redentor com a antiga serpente (Ap 12.9), pisando e ferindo a cabeça do inimigo (Gn 3.15).

Ophiuchus (Ofiúco) retrata uma nítida figura de Cristo em triunfo! O Autor da história celeste fez questão de enfatizar que a semente da mulher não seria vencida: a serpente não obterá o que deseja (a coroa) e o escorpião será esmagado debaixo dos pés do Salvador!

Ophiuchus (Ofiúco) é o nome grego desse personagem, vindo do hebraico *Afiechus*, que quer dizer "o que segura a serpente"[4]. A estrela principal dessa constelação se chama *Rasalhague* (ou *Ras Al Hague*), significando "a cabeça daquele que segura". Outras estrelas são: *Saiph* (ou *Sabik*), ou seja, "esmagar"; e *Cebalrai* (ou *Cheleb*), "aquele que enrola a serpente".[5]

O terceiro *decanato* nos mostra mais claramente o resultado de todo esse conflito no signo de *Escorpião*.

HÉRCULES - O Poderoso
O Poderoso Guerreiro

A terceira constelação ligada a esse signo nos mostra, de uma maneira mais completa, a obra do Messias que veio para combater e derrotar o inimigo. Nela temos a imagem de um guerreiro apoiado sobre seu joelho (cujo calcanhar está levantado como se tivesse sido ferido)[v], que traz uma clava na mão direita e está prestes a desferir um golpe mortal no monstro de três cabeças que está segurando com a mão esquerda. Ele também está vestido com a pele de um leão que havia matado. E, para completar o quadro, a planta de seu pé esquerdo está posicionada em cima da cabeça de um imenso dragão em formato de serpente (constelação *Draco* - do próximo signo [*Capricórnio*]).

A estrela mais brilhante dessa constelação está na cabeça do homem, e tem o nome de *Rasalgethi* ou *Ras Al Gethi*, que quer dizer "a cabeça daquele que esmaga". Em seu ombro direito temos a estrela *Kornephorus*, ou seja, "o Ramo[vi] ajoelhado".

---

[v] É extraordinário observar que a perna desse guerreiro, que tem seu calcanhar levantado, é a direita, exatamente a mesma perna de *Ophiuchus (Ofiúco)* que está para ser ferroada pelo *Escorpião*. Isso também nos mostra que *Hércules* já está ferido quando vai matar o monstro de três cabeças (na mitologia, o guardião das portas da morte). Toda essa mensagem combina perfeitamente com a sequência bíblica da morte, descida ao *Hades*, vitória sobre o adversário e ressurreição de Jesus.
[vi] Ver constelação *Virgem* (pág. 146).

O evangelho revelado nas estrelas

Os fenícios adoravam essa constelação muitas gerações antes dos gregos, pois diziam que representava o salvador[6] que os viria libertar. Seu nome árabe é *Al Giscale*, ou seja, "o poderoso"[7]. Nos atlas celestes atuais essa figura é chamada de *Hércules*[vii] que, segundo a mitologia grega, era o maior dos heróis, tendo sido divinamente gerado e dadas a ele 12 das mais difíceis tarefas, as quais se empenhou até a morte, sendo que a maioria delas tinham como objetivo vencer as forças do mal.[8]

Nessa constelação, o monstro de três cabeças que *Hércules* está para destruir se chama *Cérbero*, que na mitologia representava o guardião das portas do mundo dos mortos (que deixava as almas entrarem, mas jamais saírem). *Cérbero* é outra figura de Satanás na qualidade daquele que retém as pessoas na morte. Esse monstro de três cabeças também pode representar a trindade satânica (Anticristo / Besta / Falso Profeta), que Jesus derrotará em sua manifestação gloriosa, na ocasião de seu retorno a este mundo em poder e glória.

OS 12 TRABALHOS DE HÉRCULES

Vamos ver de que forma este herói mitológico pode tipificar a pessoa do Messias em sua vida e obra redentora.

A mitologia pagã nos diz que *Hércules* precisou realizar 12 trabalhos como pagamento pelos seus pecados, o que é uma completa distorção da verdade bíblica, pois Cristo realizou todas as suas obras para o pagamento, não de seus próprios pecados, mas dos pecados da humanidade!

Detalhe do mosaico do século 3 com o 7º trabalho de *Hércules*: Dominar e levar o touro de Creta vivo a *Eristeu*

[vii] Conhecido pelo nome de *Héracles* pelos gregos e *Hércules* pelos romanos.

Como na maior parte dos mitos gregos, não há um consenso entre os eruditos a respeito de quais foram os 12 trabalhos de *Hércules* e em que ordem eles ocorreram. Mas podemos associar cada um deles às obras que nosso Senhor Jesus realizou quando veio a este mundo:[viii]

(1) **Derrotar o monstruoso leão de *Nemeia*** – Cristo é aquele que enfrentou e venceu o diabo, referido biblicamente como "leão que ruge procurando alguém para devorar" (1Pe 5.8);

(2) **Destruir a Hidra de *Lerna***, uma serpente gigante com corpo de dragão e dezenas de cabeças que rebrotavam após serem cortadas – Cristo veio ao mundo para decepar todas as cabeças (manifestações) da grande Serpente, a saber, Satanás;

(3) **Capturar a corça de *Cerínia***, cujos chifres eram de ouro e os pés de bronze – A autoridade / força / poder espiritual que fora perdida pelos homens, foi novamente reconquistada pelo Filho de Deus (na tipologia bíblica, "chifre" sempre diz respeito a "poder/autoridade" e "bronze" se refere a "força" para suportar o fogo);

(4) **Apanhar o monstruoso javali de *Erimanto*** – outra figura da vitória de Cristo sobre o maligno;

(5) **Limpar os currais proverbialmente imundos do rei *Augias*** em um único dia desviando o curso de dois rios – Cristo purificou toda a impureza do mundo (1Jo 2.2), quando de seu lado ferido na cruz saíram água e sangue (Jo 19.34);

(6) **Matar as aves do lago de *Estínfalo***, que devoravam homens e cujo voo obscurecia o sol – Cristo derrotou todas as potestades do ar, ou seja, todos os poderes das trevas;

(7) **Levar vivo a *Eristeu* o poderoso touro que devastava a cidade de Creta** – Cristo, com seu poder e autoridade, subjugou todo o poder do maligno (Cl 2.15);

(8) **Castigar o rei *Diomedes***, possuidor das éguas que devoravam os estrangeiros – Cristo foi aquele que fez justiça, fazendo o castigo recair sobre a cabeça do adversário (Mt 25.41);

[viii] Para que as associações a seguir fiquem mais claras, seria necessário um conhecimento mais profundo da tipologia bíblica e das estórias da mitologia grega.

O evangelho revelado nas estrelas

(9) **Retirar o cinturão de *Hipólita*,** a rainha das Amazonas (guerreiras indomáveis) – Cristo é aquele que removeu todo o poder que estava nas mãos de Satanás (Mt 28.18);

(10) **Matar o gigante *Gerião*** e resgatar o seu rebanho de bois – Cristo libertou os cativos do diabo e fez deles seu próprio rebanho;

(11) **Recolher as maçãs douradas do jardim das *Hespérides*** que eram vigiadas por um dragão de 100 cabeças – Cristo foi aquele que pelejou contra o dragão para nos dar novamente acesso ao fruto da árvore da vida;

(12) **Subjugar *Cérbero*,** o cão de três cabeças que guardava a entrada para o mundo dos mortos – Cristo desceu ao inferno, ou seja, à região dos mortos (Ef 4.9,10), destruiu aquele que tinha o poder sobre a morte (Hb 2.14), tomou para si as chaves da morte/inferno (Ap 1.18) e ressuscitou triunfantemente ao 3º dia.

Todos esses trabalhos de *Hércules* provavam não somente a sua tremenda força física (no caso do Salvador, o poder sobre o mal), mas também seu caráter provado e aprovado (apontando para o caráter imaculado do Filho de Deus).

Finalmente, em seu livro "Dicionário Mítico-Etimológico", Junito de Souza Brandão nos diz que o 13º e último trabalho de *Hércules* (que lhe garantiu um lugar no *Olimpo*) foi a vitória sobre a morte[10] – exatamente a última e maior vitória que Cristo conquistou ao ressuscitar de entre os mortos (1Co 15.26).

Portanto, quando removemos todas as superstições e lendas pagãs, é simplesmente assombrosa a correspondência entre o mito de *Hércules* e seus trabalhos com a pessoa do Salvador e suas obras! Podemos ver no âmago do personagem dessa constelação a perfeita figura da Semente da mulher que viria ao mundo destruir o diabo com todos os seus feitos, colocar todos os inimigos debaixo de seus pés, romper as portas da morte e libertar os santos do Antigo Testamento que estavam cativos nela. Os pagãos, em sua cegueira, nunca poderiam entender esta história, mas quando, como cristãos, a comparamos com as Sagradas Escrituras, podemos ver claramente Deus proclamando no céu estrelado as obras, conflitos e triunfos de seu Filho Unigênito contra todos os poderes do mal![11]

Signo de Escorpião

Resumo do Signo de ESCORPIÃO

ESCORPIÃO   **O CONFLITO DO REDENTOR**
SERPENS   A Serpente que tenta alcançar a coroa
OPHIUCHUS (OFIÚCO)   O Serpentário / Aquele que segura a Serpente
HÉRCULES   O Poderoso Guerreiro

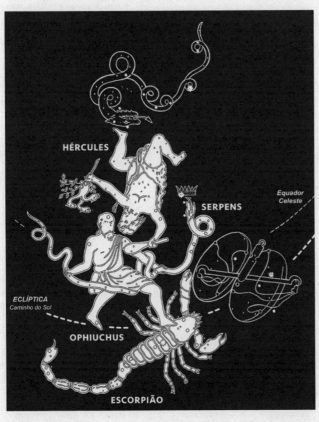

Em ESCORPIÃO e seus decanatos, vemos toda a história do conflito do Messias: temos o grande Escorpião (constelação ESCORPIÃO) segurando com suas garras a raça humana, mas com sua cabeça sendo esmagada pelo pé do homem forte (constelação OPHIUCHUS), que está prestes a ser ferido no calcanhar por este animal; ele também segura firmemente a serpente (constelação SERPENS) que deseja alcançar a coroa (domínio); e, finalmente, o guerreiro (constelação HÉRCULES) vestido com a pele de um leão que matou, está para desferir um golpe fatal no monstro de três cabeças, tendo seu pé esquerdo posicionado bem em cima da cabeça de um enorme dragão no formato de serpente.

Todo esse quadro não pode ser classificado apenas como co-incidências, pois são muito precisas para serem consideradas obras do acaso! Será que o bom senso da raça humana, incluindo sua faculdade mental e seus poderes de comparação, não pode enxergar as marcas de um projeto intencional? Será que não há uma forte e íntima correspondência com as Sagradas Escrituras? Sim, precisamos chegar a este veredito, a saber, que as constelações e os signos foram colocados nos céus por Deus para representar profeticamente os fatos registrados nas páginas da Bíblia! [12]

Capítulo 13
SIGNO DE SAGITÁRIO

"Cinge a espada no teu flanco, herói; cinge a tua glória e a tua majestade!
E nessa majestade cavalga prosperamente, pela causa da verdade e da justiça;
e a tua destra te ensinará proezas. As tuas setas são agudas,
penetram o coração dos inimigos do Rei; os povos caem submissos a ti."
(Sl 45.3-5)

Planisfério Celeste com destaque para a Constelação *SAGITÁRIO*
e seus decanatos (*LYRA / ARA / DRACO*)

Temos neste último capítulo do primeiro volume da revelação celeste o triunfo do redentor na figura de um Centauro empunhando um arco com uma flecha. A mensagem deste signo nos mostra claramente a tremenda vitória do Messias e a glória subsequente à sua morte e ressurreição.

SAGITÁRIO
O Triunfo do Redentor

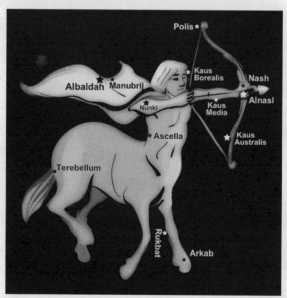

Constelação *SAGITÁRIO* e suas estrelas principais

O quarto signo de nossa história celeste (*Sagitário*) é representado por um Centauro, figura que já vimos no primeiro signo (*Virgem*). Devido à coerência da mensagem celeste, este Centauro aponta para o mesmo personagem do Centauro do primeiro signo, a saber, para a pessoa do Messias em sua dupla natureza (Filho de Deus e Filho do Homem). A diferença é que, em *Virgem*, ele é mostrado como estando ainda em sua vida terrena, em mansidão e humildade (ao sul do Planisfério Celeste, com a constelação CRUX bem próxima); mas aqui, em *Sagitário*, ele é visto em sua

Signo de Sagitário

elevada posição celeste (no percurso do Sol), muito além do sofrimento e da vergonha da cruz, acima de todo poder e principado e em posição de ataque, prestes a desferir o golpe fatal contra seu maior inimigo (representado pelo *Escorpião*). O apóstolo João, em sua visão do Apocalipse, relata: "Vi, então, e eis um cavalo branco e o seu cavaleiro com um arco; e foi-lhe dada uma coroa; e ele saiu vencendo e para vencer" (Ap 6.2).

Essa é, sem dúvida alguma, uma figura de nosso Senhor, o grande Redentor, em sua segunda vinda, investido de poder e autoridade para destruir todos os seus inimigos[1]. Assim, neste signo, temos a figura de um poderoso guerreiro, um Arqueiro prestes a atirar sua flecha, que está apontada na direção do coração do grande *Escorpião* (quando acompanhamos o percurso do Sol):

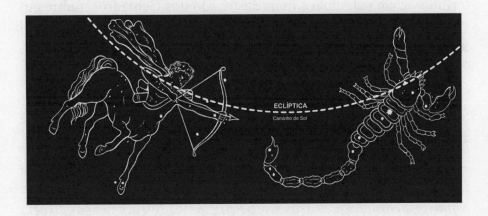

Novamente aqui, temos uma forte conexão entre dois signos sequenciais (*Sagitário* e *Escorpião*), comprovando, mais uma vez, o estreito vínculo entre os signos e a coerência e perfeita sequência da história celeste.

A palavra *Sagittarius* (latim) em hebraico e siríaco significa "o Arqueiro"; em acádio é *Nun-Ki*, "Príncipe da Terra"; e, em árabe, *Al Kaus*, "a flecha"[2]. No antigo Zodíaco de *Dendera* ele é chamado de *Pi-Maere*, isto é, "o gracioso que vem", "belo em seu aparecimento" ou "aquele que vem":

191

Zodíaco de *Dendera*

Representação do signo de *SAGITÁRIO*

Na mitologia grega esta constelação era chamada *Cheiron*, referindo-se ao principal e mais destacado dos Centauros, nobre em caráter, justo em seus feitos, divino em seu poder, com excepcional inteligência e dignidade, assim como o herói descrito no Salmo 45.

O nome de algumas estrelas[i] são: a mais brilhante, *Kaus Australis* (antigo nome: *Naim*), ou seja, "o gracioso"; *Rukbat*, "entronizado"; *Arkab* (ou *Urkab*), "Arqueiro"; *Terebellum*, "Aquele que vem rápido".

Portanto, a constelação SAGITÁRIO nos fala de Cristo, Filho de Deus e Filho do homem, nosso Messias e herói, em sua segunda vinda, como o gracioso Arqueiro divino, o Príncipe da Terra, cavalgando pela causa da verdade e da justiça e lançando suas flechas de julgamento no coração dos inimigos de Deus, destruindo-os completamente.

Os três *decanatos* associados ao signo de *Sagitário* nos falam dos resultados de sua vitória triunfal.

---

[i] Nesta constelação temos a "nebulosa da Pistola", em cujo centro se encontra a "estrela da Pistola", a estrela mais luminosa conhecida. Ela tem cerca de 100 vezes a massa do Sol e é, aproximadamente, 10 milhões de vezes mais luminosa, emitindo tanta energia em 6 segundos quanto o Sol emite em 1 ano! Se fosse colocada na posição do Sol, preencheria a órbita da Terra! Isso aponta para a glória incomparável daquele que era Deus e, por breve período, tomou a forma humana para morrer por todos nós, mas ressuscitou e retornou aos céus, sendo exaltado sobre tudo e sobre todos!

LYRA - A Harpa
O Louvor preparado para aquele que venceu

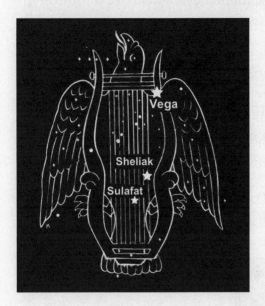

Temos nesta constelação a representação de uma águia voando para o alto, cujo corpo é uma harpa, ou então, uma harpa com asas de águia que voa para cima.[ii]

A harpa é o mais antigo instrumento de cordas conhecido e sempre foi utilizado em serviços religiosos, sendo associado à profecia, ao louvor e à adoração a Deus. Essa harpa no primeiro *decanato* de *Sagitário* indica que há alegria, cântico e louvor ao poderoso Arqueiro pelo que ele realizou[3]. Assim, temos nesta constelação, o louvor que é devido àquele que é Filho de Deus e Filho do Homem *(Sagitário)*, pois venceu o grande *Escorpião* e a antiga serpente.

A estrela mais luminosa é uma das mais brilhantes do céu e, desde os tempos mais remotos, é conhecida pelo nome *Vega*[iii], que significa "Exalte-o" ou "Ele será exaltado". As outras duas estrelas mais brilhantes chamam-se *Sheliak* ("uma águia") e *Sulafat* ("que ascende"), assim como o louvor.

Toda a mensagem desse símbolo celeste é fascinante, pois não somente nos mostra uma harpa, mas também uma águia voando para as alturas, como que nos mostrando o voo alto do louvor. Além disso, como a águia é inimiga natural das serpentes, nos revela que o louvor, quando sobe como águia, destrói os inimigos, isto é, as serpentes.

[ii] Outra possível representação (que não altera o significado do símbolo) é de uma águia levantando voo segurando uma harpa em suas garras.
[iii] *Vega* é a 5ª estrela mais brilhante no céu noturno, 54 vezes mais luminosa que o Sol, de cor azulada.

De acordo com a mitologia grega, essa harpa colocada nos céus pertencia a *Orfeu* que, quando a tocava, toda a natureza (animais, monstros marinhos, árvores, rios, montanhas), inclusive o mundo inferior (dos mortos) parava para ouvir. Eis aí um pálido retrato do louvor que toda a criação dará ao Cordeiro de Deus:

> Então, ouvi que toda criatura que há no céu e sobre a terra, debaixo da terra e sobre o mar, e tudo o que neles há, estava dizendo: Àquele que está sentado no trono e ao Cordeiro, seja o louvor, e a honra, e a glória, e o domínio pelos séculos dos séculos. (Ap 5.13).

DRACO - O Dragão
A antiga Serpente lançada para fora do céu

Aqui temos uma constelação representada pela figura de um dragão com corpo de serpente (ou de uma serpente com cabeça de dragão). Esses dois símbolos sempre estiveram associados às forças do mal: a serpente, astuta e rastejante, suavemente se infiltrando para dar seu bote fatal; e o dragão, terrível opressor, lançando-se sobre a presa com garras e dentes, fúria e fogo. A serpente e o dragão são um e o mesmo inimigo, apenas com características distintas, ou seja, se Satanás não consegue alcançar seu objetivo com a astúcia e o engano de uma serpente, então parte para o ataque com a fúria e a violência de um dragão. Portanto, não é sem razão que a Bíblia se refere ao diabo como sendo "o grande dragão, a antiga serpente" (Ap 12.9 / 20.2). E, se estudarmos a história, veremos que todas as culturas compartilham esses mesmos conceitos. Logo, este símbolo (serpente+dragão) comunica com clareza e perfeição todos os poderes do mal em suas mais diversas manifestações.[4]

Esse dragão-serpente está com sua cabeça sendo pisada pelo poderoso *Hércules*, o qual, como já vimos, representa o nosso grande herói, o Messias vencedor. Essa é a razão da constelação *Draco* estar representada de forma tão enroscada, pois essa é a exata reação de uma serpente quando tem sua cabeça sendo pisada.

O profeta Isaías, fazendo menção ao dia em que o Senhor sairá de sua morada para destruir o maligno, diz o seguinte:

> Naquele dia, o Senhor castigará com a sua dura espada, grande e forte, o *dragão, serpente veloz*, e o *dragão, serpente sinuosa*, e matará o monstro que está no mar. (Is 27.1, grifo nosso).

Semelhantemente, a mitologia grega nos conta que era o dragão *Ladão* (que possuía o corpo de serpente) quem impedia os homens de alcançarem as maçãs douradas do jardim das *Hespérides*, que davam a imortalidade a quem as comia – não é este o próprio diabo, a antiga serpente, o dragão que impede os homens de se alimentarem da Árvore da Vida?

Detalhe do mosaico do século 3 com o 11º trabalho de Hércules: Derrotando o dragão-serpente *Ladão* e recolhendo as maçãs do jardim das *Hespérides*

A mitologia também nos diz que esse dragão foi morto por *Hércules* – e não é o Hércules astronômico (constelação *Hércules*), figura do Redentor, quem tem o pé colocado em cima da cabeça do Dragão?

O evangelho revelado nas estrelas

O nome desta constelação e de suas principais estrelas apontam em uníssono para a derrota do adversário de Deus e dos homens: em grego, "*Draco*" significa "pisoteado"; os egípcios a chamavam de "*Herfent*", ou seja, "a serpente maldita"[6]. Eis o nome de algumas de suas 80 estrelas: a principal, *Thuban*[iv] (hebraico: "astuto" / árabe: "serpente"); *Rastaban* (hebraico: "a cabeça da astuta") ou *Al Waid* (árabe: "o aniquilado"); *Etamin* (hebraico: "a longa serpente/dragão"); *Grumium* (hebraico: "o enganador"); *El Athik* (árabe: "o fraudulento"); *El Asieh* (árabe: "o humilhado"); e *Gianser* (hebraico: "o inimigo punido").

[iv] Essa estrela já foi, há aproximadamente 4700 anos, a Estrela Polar ou Estrela do Norte, isto é, a estrela central dos céus ao redor da qual todas as outras estrelas revolviam em círculo e para onde o eixo de rotação da Terra apontava. Porém, devido ao movimento de precessão da Terra, atualmente o eixo do planeta aponta para uma estrela que se encontra na constelação *Ursa Minor* (chamada *Polaris*). Espiritualmente, isso é muito significativo, pois nos mostra que, bem no princípio (após o pecado entrar no mundo), o inimigo ocupava uma posição preeminente no céu, mas depois de ser derrotado pelo Messias, ele foi retirado desse lugar de destaque.

ARA - O Altar
O Altar com fogo consumidor para os inimigos

Esta constelação é representada por um altar virado de cabeça para baixo queimando com fogo no extremo sul do Planisfério Celeste, na extremidade mais baixa e longínqua dos céus. Os antigos pensavam que o *Tártaro* ou "Inferno" estava localizado nessa parte do firmamento. Portanto, esse altar parece estar preparado para os inimigos de Deus.

Os gregos chamavam esta constelação de *Ara*, uma palavra usada para indicar uma pequena elevação de madeira, pedra ou terra, feita com o objetivo de oferecer sacrifícios, ou seja, um altar no qual se ateará fogo. Este nome também está vinculado às palavras hebraicas *Mara* e *Aram*, as quais significam "maldição" e "destruição". Assim, *Ara* carrega o seguinte significado: "fogo consumidor preparado para os inimigos dele", a saber, para os inimigos do grande Arqueiro (o Messias).[7] Os árabes a chamavam de *Al Mugamra*, que significa "completando" ou "terminando", tendo o sentido de colocar um fim naquilo que havia sido abatido.

Sim, o Todo-Poderoso preparou esse lugar de julgamento e fogo consumidor para o diabo, seus anjos e todos os que o seguem, lá nas baixas regiões espirituais, local de perdição final.[8]

Portanto, o simbolismo espiritual desta constelação é a de completa vitória sobre o adversário, ao ponto de lançá-lo nas trevas, em seu lugar de punição, queimando eternamente. Isso combina perfeitamente com a descrição do grande julgamento que ocorrerá após a segunda vinda de nosso Senhor:

> Quando vier o Filho do Homem na sua majestade e todos os anjos com ele, então, se assentará no trono da sua glória; [...] Então, o Rei dirá também aos que estiverem à sua esquerda: Apartai-vos de mim, malditos, para o *fogo eterno, preparado para o diabo e seus anjos.* (Mt 25.31,41, grifo nosso).

Também, no Salmo 21, vemos toda essa figura se desvendando diante de nós:

> A tua mão alcançará todos os teus inimigos, a tua destra apanhará os que te odeiam. Tu os tornarás como em fornalha ardente, quanto te manifestares; o SENHOR, na sua indignação, os consumirá, o fogo os devorará. (Sl 21.8,9).

Assim, a última constelação (*Ara*) do último capítulo (*Sagitário*) desse primeiro volume do Zodíaco (*Virgem-Libra-Escorpião-Sagitário*) termina com a cena do local de destino final do inimigo de Deus:

> O diabo, o sedutor deles, foi lançado para dentro do lago de fogo e enxofre, onde já se encontram não só a besta como também o falso profeta; e serão atormentados de dia e de noite, pelos séculos dos séculos. (Ap 20.10).

Signo de Sagitário

Resumo do Signo de SAGITÁRIO

SAGITÁRIO   **O TRIUNFO DO REDENTOR**
LYRA   O Louvor preparado para aquele que venceu
DRACO   A antiga Serpente lançada para fora do Céu
ARA   O Altar com fogo consumidor para os inimigos

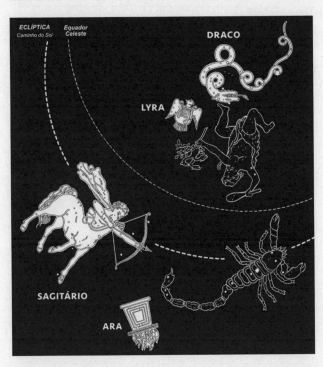

No signo de SAGITÁRIO e em seus decanatos, vemos o resultado final do triunfo do Redentor: Jesus, Filho de Deus e Filho do Homem, como arqueiro e príncipe da Terra, atirando sua flecha no coração do grande Escorpião (constelação SAGITÁRIO). Os resultados dessa tremenda vitória são: louvor subindo como águia para aquele que venceu (constelação LYRA), o grande Dragão sendo esmagado debaixo dos pés de Hércules (constelação DRACO) e lançado para fora dos céus, no seu lugar de castigo eterno (constelação ARA).

Com este 4º signo (*Sagitário*), terminamos o primeiro volume da revelação celeste [*Virgem-Libra-Escorpião-Sagitário*], que nos fala da pessoa do Messias em sua primeira vinda. Ele começa com o seu nascimento de uma virgem (constelação *Virgem*) e termina com o inimigo sendo lançado no inferno de fogo (constelação *Ara*) pela

199

O evangelho revelado nas estrelas

Semente da mulher, o Senhor Jesus Cristo, nosso *Hércules* espiritual. Não é essa história gravada nos céus exatamente o que está registrado nos Evangelhos?

Quando comparamos as palavras das Escrituras com as figuras nos céus, quem pode questionar que temos uma e a mesma história sendo contada? Em ambas nós vemos a mesma descrição do mal, o mesmo conflito e triunfo do Messias, e o mesmo julgamento e punição eterna para o adversário.[9]

Vamos continuar esta maravilhosa narrativa e entrar no segundo volume da revelação celeste, representado pelos signos de *Capricórnio-Aquário-Peixes-Áries*.

Capítulo 14

SIGNO DE CAPRICÓRNIO

"Em verdade, em verdade vos digo:
se o grão de trigo, caindo na terra, não morrer, fica ele só;
mas, se morrer, produz muito fruto."
(Jo 12.24)

Planisfério Celeste com destaque para a Constelação *CAPRICÓRNIO*
e seus decanatos (SAGITTA / AQUILA / DELPHINUS)

O segundo volume da História Celeste se ocupa inteiramente com a história da igreja e abrange as constelações CAPRICÓRNIO, AQUÁRIO, PEIXES e ÁRIES, representando o nascimento, empoderamento, cativeiro e liberdade daqueles que foram redimidos pelo Salvador em sua primeira vinda. Exatamente como encontramos registrado no Novo Testamento, após a morte e ressurreição do Messias nos Evangelhos, temos o nascimento da Igreja no livro de Atos. Esse é o assunto principal da constelação CAPRICÓRNIO (e de suas constelações adjacentes: SAGITTA, AQUILA e DELPHINUS).

CAPRICÓRNIO
O Nascimento da Igreja

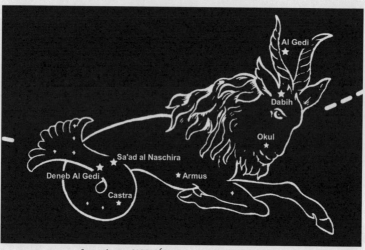

Constelação CAPRICÓRNIO e suas estrelas principais

O quinto signo de nossa história celeste é representado por um ser que não existe na natureza: meio bode e meio peixe. A parte frontal, o bode, parece estar morrendo (pata dobrada sobre o corpo e a cabeça curvada para frente); e a parte traseira, a cauda (de peixe), se mostra vigorosa e cheia de vida.

O significado desse signo está diretamente ligado ao versículo que citamos no início deste capítulo (Jo 12:24), em que vemos nosso Senhor se comparando a um grão de trigo que veio ao mundo ("caiu na terra") e que precisou morrer para, assim, produzir muito fruto para a glória de Deus. Do mesmo modo, nesta constelação temos uma bela representação do que Cristo conquistou em sua morte e ressurreição: Ele, que é o cabeça de toda a criação, de sua morte fez surgir a Igreja, que é o seu corpo místico. Toda essa verdade está graficamente ilustrada no "bode-marinho" estampado nos céus, sendo que a primeira parte (o bode) representa a morte de Cristo e a segunda parte (o peixe) representa a ressurreição de Cristo e, como consequência, o nascimento da Igreja.

Vamos nos ater primeiramente à figura do bode, animal que, no Antigo Testamento, era utilizado para sacrifício pelos pecados.

Nas Escrituras Sagradas, Jesus é, na maioria das vezes, representado como "Cordeiro"[i], símbolo que nos fala de sua natureza humana mansa, pura e sem mácula. Ele é o "Cordeiro de Deus, que tira o pecado do mundo" (Jo 1.29). Mas nosso Senhor também pode ser representado pelo "bode", que nos fala de sua obra na cruz do Calvário levando sobre si os nossos pecados e se fazendo pecado em nosso lugar (2Co 5.21). Assim, Jesus pode ser tipologicamente associado ao "bode da oferta pelo pecado", conforme podemos ver nos seguintes versículos do Antigo Testamento:

> Depois, fez chegar a oferta do povo, e, tomando o *bode da oferta pelo pecado, que era pelo povo, o imolou,* e o preparou por *oferta pelo pecado* [...] (Lv 9.15, grifos nossos).

> Da congregação dos filhos de Israel tomará dois bodes, *para a oferta pelo pecado*, e um carneiro, para holocausto. [...] Também tomará ambos os bodes e os porá perante o Senhor, à porta da tenda da congregação. Lançará sortes sobre os dois bodes: uma, para o Senhor, e a outra, para o bode emissário. *Arão fará chegar o bode sobre o qual cair a sorte para o Senhor e o oferecerá por oferta pelo pecado*. Mas o bode sobre que cair a sorte para bode emissário será apresentado vivo perante o Senhor, para

---

[i] (Jo 1.36; At 8.32; 1Co 5.7; 1Pe 1.19; Ap 5.6,8,12,13; Ap 6.1,7,12,16; etc.)

O evangelho revelado nas estrelas

fazer expiação por meio dele e enviá-lo ao deserto como bode emissário. (Lv 16.5-10, grifos nossos).

Cristo certamente foi "traspassado pelas nossas transgressões e moído pelas nossas iniquidades" (Is 53.5). Esse aspecto da morte de Jesus como sendo o "bode oferecido como oferta pelo pecado" nos fala do nosso velho homem que o Salvador levou consigo na cruz, crucificando-o juntamente com ele, para que o corpo do pecado fosse destruído e não precisássemos mais servir ao pecado como escravos (Rm 6:6). Talvez fiquemos chocados com a interpretação desse signo, ou seja, quando comparamos Cristo a um bode, mas precisamos nos lembrar que o próprio Jesus se comparou a um animal ainda mais impuro, a saber, uma serpente:

> E do modo por que Moisés levantou a serpente no deserto, assim importa que o Filho do Homem seja levantado, para que todo o que nele crê tenha a vida eterna. (Jo 3.14,15).

Essas comparações (de Cristo com uma serpente ou bode) apenas realçam a feiura de nossa pecaminosidade e o fato de que, na cruz, Cristo tomou sobre si todos os nossos pecados e se fez pecado por nós, de tal forma que o juízo de Deus caiu sobre ele por causa de nossas transgressões. O castigo que merecíamos foi aplicado em Jesus quando ele tomou o nosso lugar na cruz do Calvário!

Agora vamos considerar a figura do peixe: da morte expiatória (o bode), emana vida (o peixe). Vemos surgindo desse "bode moribundo" um outro tipo de vida, a saber, um peixe, com sua cauda em movimento vigoroso. A figura do peixe é inteiramente adequada para representar a Igreja, pois ela sempre foi utilizada como símbolo e figura dos cristãos e da fé cristã[ii]. Portanto, da

---

[ii] Além das vezes que Cristo se referiu aos seus discípulos como sendo "peixes" (Mt 13:47, Lc 5.10), temos também, em grego, a palavra "PEIXE" (ΙΧΘΥΣ) sendo formada pelas letras iniciais da frase "Ιησους Χριστος Θεου Υιος Σωτηρ", que significa *"Jesus Cristo Filho de Deus Salvador"*. Por esses motivos, a palavra e a figura do peixe, desde o princípio da era cristã, sempre estiveram associadas aos cristãos e ao Cristianismo.

morte expiatória de Cristo (o bode) nasce uma Igreja cheia de vigor (o peixe), a qual prevalecerá sobre as portas do inferno (Mt 16.18).

Há também outro aspecto interessante que precisamos realçar: o bode e o peixe estão representados como um único animal, ou seja, eles são uma unidade, assim como Cristo e a Igreja, pois após a ressurreição de Jesus não se pode mais separar o Cabeça do Corpo, isto é, Cristo de sua Igreja! Essa é a razão pela qual temos representado nos céus a figura desse estranho animal sem paralelo na natureza (meio bode e meio peixe), pois ele representa a união íntima entre Cristo e a Igreja, a qual não é algo natural ou produzido pelo homem, mas um organismo místico, divino e sobrenatural!

O nome das estrelas do signo de *Capricórnio* também aponta nessa mesma direção: *Al Gedi* e *Dabih* são as principais e, em hebraico, árabe e siríaco, significam "o bode" e "sacrifício imolado"[1]. Outras estrelas são: *Deneb Al Gedi* ("o sacrifício vem") e *Sa'ad al Naschira* ("o registro do que foi morto").[2]

Como já dissemos, um argumento que reforça a origem e significado divinos das figuras do Zodíaco são as múltiplas e incoerentes explicações dadas pelas mitologias à mesma constelação. Isso fica mais evidente no caso da constelação *Capricórnio*. Como exposto neste capítulo, o seu significado espiritual se harmoniza perfeitamente, tanto com o registro bíblico quanto em relação à sequência da história pictográfica que estamos interpretando.

Porém, quando nos voltamos para a história ou para a mitologia, encontramos uma série de explicações irracionais e ilógicas para a origem dessa figura tão peculiar desenhada nas estrelas[iii]. Apesar desse símbolo ser um dos mais estranhos registrados na astronomia, é consenso entre os estudiosos que, desde a antiguidade e passando por várias culturas, ele chegou aos nossos

---

[iii] Não citaremos as muitas teorias/mitologias sobre a origem dessa constelação, pois esse não é o propósito deste livro e isso demandaria um espaço considerável.

dias sem nenhuma modificação ou deturpação[3] – basta ver a sua representação no planisfério de *Dendera* (o mais antigo planisfério conhecido):

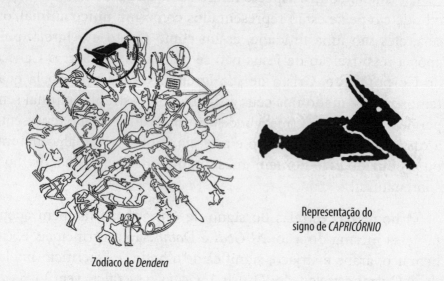

Zodíaco de *Dendera*

Representação do signo de CAPRICÓRNIO

> **"[...] E TU LHE FERIRÁS O CALCANHAR."** *(Gn 3.15)*
>
> Como já dito anteriormente, neste versículo de Gênesis temos o primeiro esboço do evangelho, a saber, do plano de redenção do homem. Essa breve passagem revela os três personagens principais de toda a trama bíblica: a mulher (representando a humanidade), a serpente (representando o adversário) e a semente da mulher (representando o Messias). Também nele vemos o grande conflito que ocorreria: a batalha entre o inimigo de Deus e dos homens contra o Salvador, que viria na plenitude dos tempos e esmagaria a cabeça do adversário, sendo ele mesmo ferido nesse conflito.
>
> A ferida que o Messias receberia no processo de conquista da nossa salvação é algo de vital importância, pois representa o sofrimento da cruz, o qual é o tema central de todo o evangelho. E a "ferida no calcanhar", relatada em Gn 3.15 é mostrada de diversas formas na parábola celeste das constelações:

Signo de Capricórnio

*(1) Em Ophiuchus (Ofiúco), vemos esta ferida prestes a ser infligida pelo escorpião no **calcanhar direito**:*

*(2) Em Hércules vemos nosso herói como se estivesse ferido no **calcanhar direito** (com o pé levantado do chão):*

*(3) Em Sagitário temos o mesmo **calcanhar direito** como se estivesse machucado (pois não toca o chão):*

*(4) E, em Capricórnio, novamente, é a **perna direita** que está dobrada como se tivesse sido ferida:*

É extraordinária a coerência e o nível de detalhe na história pictográfica celeste, pois, nos quatro casos, o calcanhar ferido é sempre o direito, nos mostrando a perfeita conexão entre esses quatro personagens (pois todos representam o Messias). Vemos que esse mesmo detalhe também ocorre no signo de Áries (ver página 238).

Dando prosseguimento ao nosso estudo, veremos nas constelações adjacentes (*Sagitta*, *Aquila* e *Delphinus*) o mesmo tema de uma nova vida surgindo da morte...

SAGITTA - A Flecha
A Flecha da ira de Deus contra o pecado

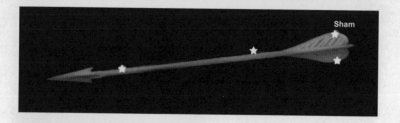

Neste *decanato* vemos uma flecha cortando os céus. Não se vê quem a atirou, como temos em *Sagitário* (pois nesta constelação a flecha ainda está no arco e se encontra em direção contrária). Na verdade, *Sagitta* está associada à primeira parte da constelação *Capricórnio*, a saber, ao bode moribundo. Como quem atira essa flecha é invisível, significa que ela foi lançada pelo próprio Deus, tendo como alvo seu Filho Jesus Cristo, quando ele se fez pecado por nós na cruz do Calvário (conforme vimos na primeira parte do signo de *Capricórnio*). Essa é a flecha da ira de Deus contra o pecado:

> Não me repreendas, SENHOR, na tua ira, nem me castigues no teu furor. Cravam-se em mim as tuas setas, e a tua mão recai sobre mim. (Sl 38.1,2).

> Entesou o seu arco e me pôs como alvo à flecha. Fez que me entrassem no coração as flechas da tua aljava. Fui feito objeto de escárnio para todo o meu povo e a sua canção, todo o dia. Fartou-me de amarguras, saciou-me de absinto. (Lm 3.12-15).

Obviamente, tanto Davi (autor do Salmo 38) quanto Jeremias (autor da passagem do livro de Lamentações) não foram feridos com flechas. Essas palavras são proféticas e dizem respeito ao sofrimento do Messias em sua morte vicária, o qual "foi traspassado pelas nossas transgressões" (Is 53.5).

A única estrela nomeada na constelação *Sagitta* é *Sham*, que, em hebraico, quer dizer "a que destrói", sendo a flecha mortífera da justiça divina contra todo pecado e iniquidade (que foi lançada contra o bendito Filho de Deus na cruz do Calvário). Isso é inteiramente coerente com o contexto mais amplo desse signo, pois, como veremos, se retirarmos toda fantasia mitológica a respeito dessa seta celeste, podemos ver que ela está intimamente associada à próxima constelação: Aquila.[4]

AQUILA - A Águia
A Águia mortalmente ferida caindo do céu

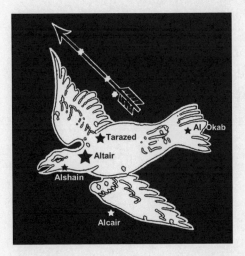

Nessa constelação, vemos uma águia caindo, como se tivesse sido ferida pela flecha (como podemos ver pelo posicionamento e proximidade das constelações *Sagitta* e *Aquila*). A águia é um pássaro sempre associado à realeza. Cristo é essa águia real a voar nas alturas, pois ele pertencia aos altos céus. Todavia, para trazer vida à sua Igreja, ele se humilhou a ponto de descer de seu trono celestial para vir à Terra e ser ferido pela flecha da ira de Deus, sacrificando-se por causa dos nossos pecados.

As estrelas principais nos falam dessa ferida mortal. A mais brilhante se chama *Altair* que, em árabe, significa "ferimento".

Outras estrelas são: *Alcair* ("perfurante" ou "coberta de sangue"); *Alshain* ("a brilhante"); *Tarazed* ("ferida" ou "aquela que cai"); e *Al Okab* ("ferido no calcanhar"). É simplesmente impossível explicar os nomes dados às estrelas dessa constelação de forma tão coerente com a mensagem bíblica, a não ser por Deus, que dá nome a cada estrela nos céus (Is 40.26; Sl 147.4).[5]

Segundo a mitologia grega, *Hércules* matou com uma flecha a águia que diariamente devorava o fígado de *Prometheus*, sendo, pois, por isso, imortalizada pela constelação *Aquila*[iv]. Pode-se ver claramente, com esse exemplo, que os gregos não tinham a mínima ideia a respeito da origem das constelações, mas tão somente associavam a elas algum personagem de suas lendas. Essa é a única razão que explica por que foi dada uma posição tão elevada (como a representação de uma constelação nos céus) a um personagem tão insignificante na mitologia, a saber, a águia que diariamente devorava o fígado de *Prometheus*.

Dessa forma, temos os dois primeiros *decanatos* de *Capricórnio (Aquila* e *Sagitta)* diretamente relacionados à primeira parte do signo (o bode moribundo). Por conseguinte, o último *decanato* deve estar associado à segunda parte do signo principal (a cauda de peixe cheia de vida). A sequência é perfeita.

[iv] Como ocorre em quase todos os mitos gregos, essa é apenas uma das várias versões que dizem ser a origem da constelação *Aquila*.

Signo de Capricórnio

DELPHINUS – O Golfinho
O Golfinho ressuscitado cheio de vida

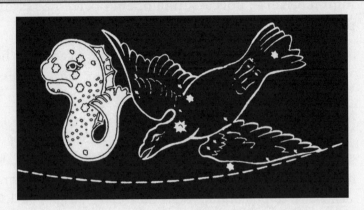

No terceiro *decanato* de *Capricórnio* temos a figura de um golfinho cheio de vida – mostrando que Cristo não apenas foi ferido mortalmente (constelação *Aquila* [a águia que cai]), mas também que ele ressuscitou! Assim como o golfinho é um peixe extremamente vivaz, que tem como característica peculiar saltar acima das ondas, rompendo a superfície e elevando-se majestosamente no ar, assim também Jesus rompeu as portas da morte: vigorosamente, gloriosamente!

É muito interessante observar graficamente o relacionamento entre as constelações *Delphinus* e *Aquila*: (1) Assim como em *Capricórnio*, a parte que está morrendo (o bode) está intimamente unida com a parte viva (a cauda de peixe) – assim também vemos as constelações *Aquila* e *Delphinus* extremamente próximas, chegando mesmo a se tocar; (2) em todos os planisférios, sempre temos a cabeça da águia (*Aquila*) apontando para baixo (como que caindo, morrendo) e a cabeça do golfinho (*Delphinus*) apontando para cima (como que se levantando, revivendo); (3) parece-nos que o golfinho surge exatamente do local em que a águia cai – mostrando-nos a íntima conexão entre a morte (*Aquila*) e a ressurreição (*Delphinus*) de Cristo, pois ambos os personagens apontam para a pessoa do Salvador; (4) primeiramente temos a morte (*Aquila* está à direita) e logo após a ressurreição (*Delphinus* à esquerda) – exatamente o mesmo posicionamento relativo que vemos em *Capricórnio*; e, (5) temos um tipo de vida morrendo (um pássaro) e outro tipo de vida nascendo (um peixe) –, pois assim também ocorre na ressurreição (conforme o apóstolo Paulo nos ensina):

> Nem toda carne é a mesma; porém uma é a carne dos homens, outra, a dos animais, *outra, a das aves, e outra, a dos peixes.* Também há corpos celestiais e corpos terrestres; e, sem dúvida, uma é a glória dos celestiais, e outra, a dos terrestres. [...] *Pois assim também é a ressurreição dos mortos.* Semeia-se o corpo na corrupção, ressuscita na incorrupção. Semeia-se em desonra, ressuscita em glória. Semeia-se em fraqueza, ressuscita em poder. *Semeia-se corpo natural, ressuscita corpo espiritual.* Se há corpo natural, há corpo espiritual. [...] Mas não é primeiro o espiritual, e sim o natural; depois, o espiritual. (1Co 15.39-46, grifos nossos).

Portanto, essas figuras bode-peixe/águia-golfinho são uma perfeita parábola que nos fala da transformação que ocorre na morte-ressurreição, pois uma é a natureza do corpo natural, mortal, e outra, totalmente distinta, a natureza do corpo ressurreto, imortal.

Além disso, sendo Cristo o cabeça da Igreja, em sua ressurreição está também implícita a ressurreição de toda a sua Igreja. Cristo ressuscitou e, por causa disso, também os seus ressuscitarão:

> Mas, de fato, Cristo ressuscitou dentre os mortos, sendo ele as primícias dos que dormem. Visto que a morte veio por um homem, também por um homem veio a ressurreição dos mortos. Porque, assim como, em Adão, todos morrem, assim também todos serão vivificados em Cristo. Cada um, porém, por sua própria ordem: *Cristo, as primícias*; depois, *os que são de Cristo, na sua vinda.* (1Co 15.20-23, grifos nossos).

Finalmente, queremos destacar que em *Delphinus* e na parte traseira de *Capricórnio*, Cristo tem a mesma natureza de seu povo (simbolizado pelo peixe). Ele é o peixe principal da grande multidão de peixes (seu povo, a Igreja).

Signo de Capricórnio

Resumo do Signo de CAPRICÓRNIO

CAPRICÓRNIO — **O NASCIMENTO DA IGREJA**
SAGITTA — A Flecha da ira de Deus contra o pecado
AQUILA — A Águia mortalmente ferida caindo do céu
DELPHINUS — O Golfinho ressuscitado cheio de vida

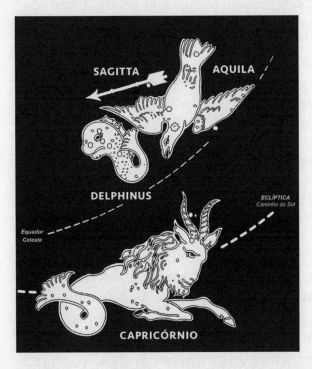

Neste 5º signo e em seus decanatos, temos o resultado dos sofrimentos do Redentor: o nascimento da Igreja!

Veja o que o Dr. Seiss diz a respeito da mensagem deste signo: "Este estranho bode-marinho (constelação CAPRICÓRNIO), morrendo em sua cabeça, mas vivo em sua cauda – caindo como uma águia ferida (constelação AQUILA) pela flecha do juízo divino (constelação SAGITTA), *mas saltando das negras águas da morte com incomparável vigor e beleza de um golfinho (constelação DELPHINUS) – é aquele que submergiu sob a condenação do pecado, mas ressurgiu como conquistador, trazendo nova vida da morte."*[6]

Cristo morreu, mas ressuscitou! E nos deu vida juntamente com ele – a Igreja nasceu! É essa a mensagem do signo de Capricórnio!

213

Capricórnio transmite a mais importante e vital verdade da fé cristã, a saber, que o santo e imaculado Filho de Deus tomou a forma humana (Fp 2.7), levou sobre Si todo o pecado do mundo (1Jo 2.2) e, recebendo em seu corpo o castigo que nos era merecido (Is 53.5), se ofereceu como sacrifício e propiciação pelas nossas culpas (Hb 2.17), para que tivéssemos os nossos pecados perdoados e recebêssemos vida eterna. Porém, a morte não poderia reter o Autor da vida (At 3.15) e, assim, ele ressuscitou dentre os mortos[7]. Esse é o puro evangelho que desde o início foi anunciado:

> Antes de tudo, vos entreguei o que também recebi: que Cristo morreu pelos nossos pecados, segundo as Escrituras, e que foi sepultado e ressuscitou ao terceiro dia, segundo as Escrituras. (1Co 15.3,4).

> [...] Assim está escrito que o Cristo havia de padecer e ressuscitar dentre os mortos no terceiro dia e que em seu nome se pregasse arrependimento para remissão de pecados a todas as nações, [...] (Lc 24.46,47).

Essa maravilhosa mensagem de salvação está escrita não somente em letras pequenas em nossas Bíblias, mas também em imagens gigantescas no céu noturno, brilhando sobre todos os povos, tribos, línguas e nações, alcançando todos os seres humanos, em todas as épocas, onde quer que estejam. Somente o Todo-Poderoso poderia criar algo tão extraordinariamente maravilhoso como estas constelações celestes! A ele seja a glória para todo sempre!

Capítulo 15

SIGNO DE AQUÁRIO

"mas recebereis poder, ao descer sobre vós o Espírito Santo, e sereis minhas testemunhas tanto em Jerusalém como em toda a Judéia e Samaria e até aos confins da terra."
(At 1.8)

Planisfério Celeste com destaque para a Constelação *AQUÁRIO* e seus decanatos (*PISCIS AUSTRINOS / PEGASUS / CYGNUS*)

No primeiro capítulo do 2º volume da *História Celeste* (*Capricórnio*), vimos o nascimento da Igreja como resultado dos sofrimentos do Messias. Agora, temos diante de nós (como no relato bíblico) o maior acontecimento da história da Igreja, a saber, o derramamento do Espírito Santo, representado por meio da constelação *AQUÁRIO* e seus *decanatos (PISCIS AUSTRINUS, PEGASUS e CYGNUS)*.

AQUÁRIO
O Derramamento do Espírito Santo

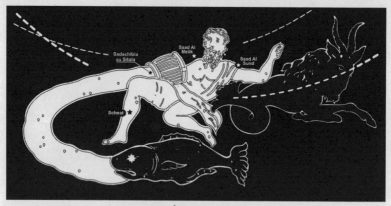

Constelação *AQUÁRIO* e suas estrelas principais

O sexto signo é representado pela figura de um homem despejando água, a qual jorra copiosamente de uma grande urna, tanto para o Ocidente quanto para o Oriente, e por fim flui completamente para a boca ou sobre o corpo de um peixe.

No signo anterior (*Capricórnio*), o bode moribundo aparece dando vida a um peixe que brota de sua segunda metade. Uma vez que Cristo foi o grande sacrifício pelos pecados e que, por sua morte, a Igreja (ou o Peixe) veio a existir, vemos agora, em *Aquário*, a sequência dessa história[i], a saber, que a vida desse "Peixe" é susten-

---

[i] Os signos de *Capricórnio-Aquário* estão fortemente conectados, pois na grande maioria dos antigos planisférios celestes, essas duas figuras se tocam (ou se sobrepõem parcialmente) como na ilustração acima, o que transmite a ideia de que a morte/ressurreição/ascensão/glorificação de Jesus, juntamente com o nascimento da Igreja e o derramamento do Espírito Santo estão tão vinculados uns aos outros que não podem ser separados.

Signo de Aquário

tada pelo Cristo ressurreto, o Aguadeiro divino, que derrama a água do seu Espírito[ii] sobre o Peixe vivo (o povo de Deus)[1]. Portanto, a constelação *Aquário* é uma grande representação celeste do derramamento do Espírito Santo sobre a Igreja de Jesus Cristo (assim como temos relatado no livro de Atos).

De acordo com as Escrituras, temos, como consequência da glorificação de Jesus nos céus, as bênçãos espirituais derramadas sobre os redimidos. Pedro, em seu discurso no dia de Pentecostes, disse justamente isso às multidões:

> A este Jesus Deus ressuscitou, do que todos nós somos testemunhas. *Exaltado*, pois, à destra de Deus, tendo recebido do Pai a promessa do Espírito Santo, *derramou* isto que vedes e ouvis. (At 2.32,33, grifos nossos).

sendo que, o ocorrido naquela ocasião, foi apenas o cumprimento da promessa anteriormente feita por Jesus:

> No último dia, o grande dia da festa, levantou-se Jesus e exclamou: Se alguém tem sede, venha a mim e beba. Quem crer em mim, como diz a Escritura, do seu interior *fluirão rios de água viva*. Isto ele disse com respeito ao Espírito que haviam de receber os que nele cressem; *pois o Espírito até aquele momento não fora dado, porque Jesus não havia sido ainda glorificado*. (Jo 7.37-39, grifos nossos).

Portanto, podemos constatar que tanto o relato das Escrituras quanto a representação gráfica desse signo são uma só e a mesma mensagem! Da urna de *Aquário* flui um vasto, constante e volumoso rio de água sobre o peixe, pois sendo o povo de Deus comparado aos peixes, a sua habitação deve ser nas águas – e assim como o peixe vive nas águas, também deve o cristão viver no Espírito e por meio do Espírito de Cristo[2]. A profecia de Isaías nos mostra, de forma

---

[ii] Dentre os vários símbolos que representam o Espírito Santo nas Escrituras um dos principais e mais frequentes é a água.

clara, que essa água está relacionada tanto com bênçãos celestiais quanto com o Espírito Santo sendo derramado sobre a Igreja:

> Porque derramarei água sobre o sedento e torrentes, sobre a terra seca; derramarei o *meu Espírito* sobre a tua posteridade e a *minha bênção*, sobre os teus descendentes; [...] (Is 44.3, grifos nossos).

Os nomes em latim, grego e cóptico dessa constelação significam "Derramador de Águas" ou "Aguadeiro Exaltado". A estrela principal se chama *Saad Al Melik*, que significa "Registro do Derramamento"[3]. A segunda e terceira estrelas mais brilhantes se chamam *Saad Al Sund* e *Scheat* (ou *Skat*), tendo, respectivamente, os significados: "Aquele que derrama" e "Aquele que vai e retorna".

No antigo Zodíaco egípcio de *Dendera* temos a mesma ideia de água sendo derramada sobre um peixe (apesar do homem segurar duas urnas):

Zodíaco de *Dendera*

Representação do signo de *AQUÁRIO*

Os gregos, não sabendo a quem esses símbolos se referiam, em sua tentativa de interpretá-los[iii], criaram uma série de mitos que,

---

[iii] Uma prova da incoerência da interpretação mitológica grega é que *Ganimedes*, como copeiro dos deuses, deveria servir o néctar divino aos imortais e não derramá-lo sobre um peixe como vemos na figura da constelação *Aquário*.

quando removidas as distorções pagãs[iv], também apontam nesta mesma direção: este Aguadeiro (*Ganimedes*[4]) era um jovem pastor tão belo, amável e brilhante, que o rei dos deuses (*Zeus*) se enamorou dele e designou sua ave preferida (uma Águia) para transportá-lo ao Monte *Olimpo* e lá lhe foi dado um lugar permanente entre os imortais para lhes servir de copeiro. Quando substituímos os atores principais desta narrativa (*Ganimedes* por Jesus Cristo / Águia pelo Espírito Santo / *Zeus* por Deus Pai), todos os detalhes se encaixam perfeitamente: nosso Senhor Jesus Cristo é o verdadeiro "*Ganimedes*" que, sendo o filho amado do Pai celestial, foi ressuscitado e levado aos céus pelo poder do Espírito Santo e, exaltado por causa de seu caráter e obra, do alto derramou a promessa do Espírito, a água viva, sobre seu povo, a Igreja.[v]

PISCIS AUSTRINUS - O Peixe Austral
As Bênçãos sendo recebidas pela Igreja

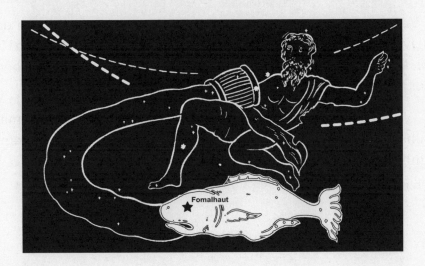

[iv] A distorção moral foi a pior, pois no caso de *Ganimedes* e *Zeus*, como os gregos sempre interpretavam o amor entre dois homens como homossexualismo, eles distorceram o real significado do puro amor divino entre a primeira e a segunda pessoas da divindade (o amor ágape do Pai Celestial pelo Filho Unigênito).

[v] Por meio desse pequeno exemplo podemos concluir que os gregos receberam como herança de outros povos as figuras dos signos, mas não conhecendo a sua real finalidade, inventaram mitos e a estes acrescentaram vários detalhes para dar alguma coerência às tradições recebidas.

No signo anterior (*Capricórnio*) temos um peixe vivo (a Igreja) emergindo de um bode moribundo, ou seja, esse peixe está sendo gerado pela morte do bode (Cristo oferecido como sacrifício pelos pecados). Agora, na constelação *Piscis Austrinus*, temos a sequência dessa verdade, a saber, que o peixe (a Igreja) agora já está completamente formado e que vive pelo constante suprimento da água da vida oferecida pelo Aguadeiro celeste (Cristo ressurreto).

A constelação *Piscis Austrinus* é desenhada como um imenso peixe que recebe toda a água que flui da urna do Aguadeiro, estando inteiramente ligada à constelação *Aquário*. Sendo *Aquário* um retrato do Messias glorificado e *Piscis Austrinus* uma figura da Igreja, podemos deduzir por esses símbolos celestes que não há interrupção do vínculo espiritual entre Cristo e sua Igreja (mesmo Cristo estando no Céu e a sua Igreja na Terra). Além disso, também podemos inferir que tudo o que foi obtido pela redenção de Cristo será certamente entregue e derramado sobre a Igreja.

A imagem dessa constelação é uma perfeita representação das palavras de Jesus: "Se alguém tem sede, venha a mim e beba"[vi], pois todos os que vão a Cristo recebem dessa água viva e das bênçãos conquistadas pelo Messias na cruz do Calvário.

A única estrela cujo nome chegou aos nossos dias é a mais brilhante, chamada *Fomalhaut*[vii] (ou *Fom al Haut*) que, em árabe, significa "a boca do peixe" (claramente indicando que o significado original se perdeu).

[vi] Ver João 7.37
[vii] 18ª estrela mais brilhante do céu noturno e 16 vezes mais luminosa que o Sol.

Signo de Aquário

PEGASUS – O Cavalo Alado
O evangelho sendo pregado em toda a Terra

Nesse segundo *decanato* de *Aquário* temos a figura de um cavalo alado avançando velozmente pelo céu. Essa constelação é a perfeita sequência da história das duas constelações anteriores: após o derramamento do Espírito Santo pelo Cristo glorificado (Constelação *Aquário*) e o recebimento das bênçãos espirituais pela Igreja (Constelação *Piscis Austrinus*), nos é atribuído, como povo de Deus, a missão de levar o evangelho a toda tribo, língua, povo e nação (Constelação *Pegasus*). E, assim como *Pegasus* voa pelo céu, devemos voar pela Terra pregando as boas-novas de salvação a toda criatura – exatamente como temos nos Evangelhos (Mc 16.15).

Um fato digno de nota é que todas as constelações que fazem parte do signo de *Aquário* estão, de uma forma ou outra, ligadas às águas. O nome *Pegasus*, em grego, tem sua etimologia ligada à fonte de águas e, por isso, seu nome significa "Cavalo da Fonte".

Na mitologia grega, *Pegasus* (ou *Pégaso*) estava associado a várias tradições, as quais encontramos claros paralelos com o relato bíblico: (1) Quando passou pelo monte *Helicon*, *Pégaso* abriu a fonte de *Hipocrene* com um coice[5] – onde o evangelho é pregado, ele chega com tamanha força (coice), que faz brotar uma fonte de águas para limpar a impureza e o pecado (Zc 13.1); (2) Era o cavalo das musas e esteve sempre a serviço dos poetas e ligado à música e à alegria – da mesma forma, a mensagem do evangelho é "boa-nova de grande alegria para todo o povo" (Lc 2.10); (3) Também era um símbolo de ímpeto e coragem, levando heróis a executar feitos tremendos[6] – assim o evangelho inspira os mártires a realizar façanhas extraordinárias para Deus; (4) Sempre foi visto como um tipo de emissário entre o *Olimpo* e a Terra – o evangelho é a mensagem enviada dos altos céus para os homens.[7]

As estrelas principais são[8]: *Markab* (hebraico: "retornando de longe"), *Scheat* (hebraico: "Aquele que vai e volta"), *Enif* (hebraico: "o ramo"), *Algenib* (árabe: "o que carrega") e *Matar* (árabe: "que faz transbordar"). Por esses nomes, podemos ver que *Pegasus* também aponta para o segundo advento de Cristo, pois o Messias somente retornará após o evangelho ser pregado em todo o mundo (Mt 24:14).

Assim, temos em *Pegasus* uma perfeita representação da Igreja avançando velozmente (como um cavalo alado), proclamando o evangelho da salvação de Cristo por toda a Terra, para que o Messias retorne – o que é o tema da próxima constelação...

CYGNUS - O Cisne
O Retorno do belo e majestoso Senhor

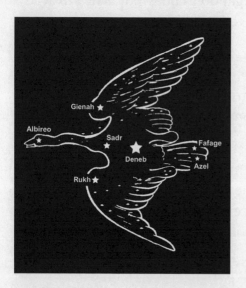

No último *decanato* de *Aquário* vemos a conclusão de toda essa história. Nessa constelação não temos um pássaro ferido caindo (como em *Aquila*), mas um cisne voando graciosa e rapidamente pelo céu. O cisne é um pássaro majestoso, forte, o senhor das águas, sempre tendo sido usado como emblema de realeza, beleza, pureza, elegância e graça.[9]

Se observarmos o nome de suas estrelas, pouca dúvida restará quanto à mensagem que deseja transmitir: a estrela mais brilhante é *Deneb* ("O Senhor ou Juiz que vem") – uma supergigante branca 60 mil vezes mais brilhante que o Sol, sendo uma das estrelas mais admiráveis do céu noturno. Outras estrelas são: *Albireo* ou *Al Bireo* ("voando rapidamente"), *Sadr* ("Aquele que retorna como em um círculo"), *Azel* ("o que vai e retorna rapidamente") e *Fafage* ("o magnífico que brilha")[10]. Todos esses nomes apontam para o Messias que prometeu retornar:

> Aquele que dá testemunho destas coisas diz: *Certamente, venho sem demora.* Amém! Vem, Senhor Jesus! (Ap 22:20, grifo nosso).

As estrelas principais, que marcam suas asas (*Gienah / Rukh*) e o comprimento de seu corpo (*Deneb / Sadr / Albireo*), formam uma imensa cruz (bem simétrica) –, por isso essa constelação é também conhecida como "Cruzeiro do Norte" (ou "Cruz do Norte"). A "Cruz do Sul" (Cruzeiro do Sul), ou seja, a constelação *Crux* (signo de *Libra*) é uma cruz bem pequena localizada na parte mais baixa do Planisfério Celeste – nos remetendo à cruz de humilhação onde nosso Senhor morreu quando passou aqui pela Terra. Porém, a "Cruz do Norte", ou seja, a constelação *Cygnus* (signo de *Aquário*) é uma enorme cruz bem no alto do Planisfério Celeste – indicando o retorno poderoso e glorioso daquele que foi crucificado em fraqueza! Essa grande "cruz" conectada à segunda vinda de Cristo aponta, provavelmente, para o sinal que aparecerá no céu na ocasião de seu retorno:

> Logo em seguida à tribulação daqueles dias, o sol escurecerá, a lua não dará a sua claridade, as estrelas cairão do firmamento, e os poderes dos céus serão abalados. Então, *aparecerá no céu o sinal do Filho do Homem*; todos os povos da terra se lamentarão e verão o Filho do Homem vindo sobre as nuvens do céu, com poder e muita glória. (Mt 24.29,30, grifo nosso).

Cygnus nos fala d'Aquele que morreu numa cruz em agonia, castigado e desfigurado de tal maneira que não poderíamos encontrar qualquer beleza ao vê-lo (Is 53:2), mas que retornará majestoso, brilhando em glória, ainda levando em sua forma a semelhança da cruz, porém agora retratado na bela figura de uma das mais adoráveis criaturas de Deus: o cisne.[11]

O evangelho revelado nas estrelas

Resumo do Signo de AQUÁRIO

AQUÁRIO — **O DERRAMAMENTO DO ESPÍRITO SANTO**
PISCIS AUSTRINUS — As Bênçãos sendo recebidas pela Igreja
PEGASUS — O evangelho sendo pregado em toda a Terra
CYGNUS — O Retorno do belo e majestoso Senhor

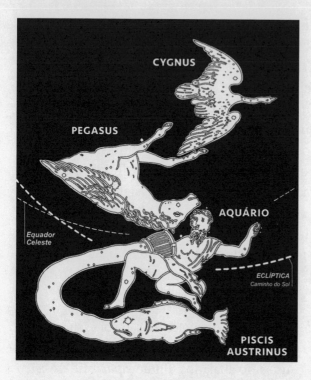

Neste 6º signo e em seus decanatos, vemos o Aguadeiro divino, a saber, o Senhor glorificado (constelação AQUÁRIO) derramando a água viva – seu Espírito – sobre sua Igreja (constelação PISCIS AUSTRINUS). Logo a seguir, de acordo com a "grande comissão", temos o evangelho sendo pregado a toda criatura, correndo velozmente pela Terra nas asas de um cavalo alado (constelação PEGASUS). E, finalmente, após o evangelho alcançar todas as tribos, povos, línguas e nações, aquele magnífico que brilha, o Senhor e Juiz de toda a Terra retornará rapidamente com a beleza, a graciosidade e a realeza de um cisne (constelação CYGNUS).

Capítulo 16

SIGNO DE PEIXES

"[...] contudo, Satanás nos barrou o caminho."
(1Ts 2.18)

Planisfério Celeste com destaque para a Constelação *PEIXES*
e seus decanatos (*THE BAND / ANDRÔMEDA / CEPHEUS*)

O evangelho revelado nas estrelas

No capítulo anterior (*Aquário*), vimos os resultados da obra de nosso Senhor na cruz: sua morte, ressurreição, glorificação, derramamento do Espírito Santo e a "grande comissão" dada à Igreja para pregar o evangelho a toda criatura. Neste terceiro capítulo do 2º volume da *História Celeste*, temos o signo de **PEIXES** com seus três *decanatos* (**THE BAND / ANDRÔMEDA / CEPHEUS**), mostrando-nos a sequência dessa história e o que ocorreu depois do significativo evento de Pentecostes (registrado no livro de Atos, cap. 2), a saber, que a Igreja começa a avançar, mas sempre debaixo de tremenda oposição. Assim como no terceiro capítulo do 1º volume da revelação celeste (*Escorpião*) temos o conflito do redentor, aqui neste terceiro capítulo do 2º volume da revelação celeste (*Peixes*) temos o conflito dos redimidos.

Como pano de fundo para esse signo, precisamos ressaltar que, em várias passagens bíblicas, Jesus utilizou a simbologia de peixes sendo pescados em uma rede para representar aqueles que foram salvos pela pregação do evangelho e se tornaram seus discípulos, parte de sua Igreja:

> Vinde após mim, e eu vos farei pescadores de homens. (Mt 4.19).

> O reino dos céus é ainda semelhante a uma rede que, lançada ao mar, recolhe peixes de toda espécie. E, quando já está cheia, os pescadores arrastam-na para a praia e, assentados, escolhem os bons para os cestos e os ruins deitam fora. Assim será na consumação do século [...] (Mt 13.47-49).

Também, como vimos no capítulo 14 (nota de rodapé - pág. 204), a palavra em grego e o símbolo do peixe sempre estiveram associados à fé cristã. É com base nessa analogia tão evidente, a saber, de que os peixes representam o povo de Deus – figura utilizada tanto nas Escrituras quanto nas constelações –, que podemos compreender a mensagem deste signo.

PEIXES
O Levante do Inimigo contra a Igreja

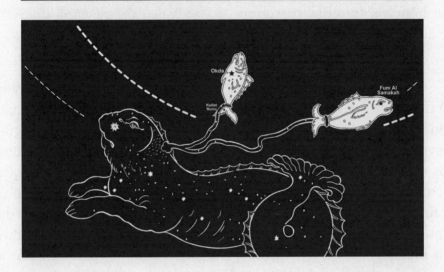

O sétimo signo é representado por dois grandes peixes unidos por uma faixa amarrada em suas caudas, os quais estão presos à cerviz de um enorme monstro marinho, a constelação *Cetus* (que faz parte do próximo conjunto de constelações, cujo signo principal é *Áries*). Os dois peixes estão indo em direções distintas: um deles vai para cima, em direção ao norte celeste, e o outro vai perpendicularmente em relação ao primeiro, ao longo da trajetória do Sol.

Em 1º lugar, esse signo nos fala da multiplicação dos filhos de Deus: no signo de *Capricórnio*, temos a metade de um peixe (a Igreja nascendo por meio da morte de Cristo); no signo de *Aquário* temos um peixe completo (a Igreja já formada e sendo suprida pelo poder do Espírito Santo); e, no signo de *Peixes*, temos a representação de dois peixes (mostrando a multiplicação dos filhos de Deus após o evangelho ser pregado dentro e fora de Israel).

Em 2º lugar, esses dois peixes estão indo em direções diferentes: eles nos falam de dois tipos de cristãos – aqueles que buscam as coisas lá do alto, onde Cristo vive (representado pelo peixe que vai em direção do norte celeste) – e aqueles que buscam as coisas aqui da Terra, ou seja, que estão satisfeitos com a "porção terrena" de sua herança em Cristo Jesus. Eles também podem representar o Israel segundo a carne, o povo judeu da Antiga Aliança, que busca as bênçãos terrenas (peixe que vai ao longo da trajetória do Sol), e do Israel segundo o Espírito, a Igreja da Nova Aliança, que busca as bênçãos celestiais (peixe que vai para o alto, para o norte celeste).

Em 3º lugar, esses peixes estão amarrados por uma faixa e presos à cerviz de um monstro marinho: é interessante notar que o peixe do signo de *Aquário* (signo anterior) está livre e bebendo da água viva do Cristo ressurreto – mas agora, no signo de *Peixes*, temos os dois peixes atados em suas caudas e presos a *Cetus*, como que tentando escapar desse monstro. A explicação é a seguinte: por causa das bênçãos derramadas no dia de Pentecostes (At 2) e da multiplicação dos filhos de Deus, o inimigo tem empregado todos os meios possíveis (tribulação, perseguição e morte) para impedir a expansão do reino dos céus na Terra, por intermédio da Igreja de Jesus. Sim, todos os filhos de Deus deveriam desfrutar do poder e dos plenos privilégios da obra consumada de Cristo, mas isso tem sido impedido pelo adversário de Deus, a saber, o diabo, que é representado aqui pelo monstro marinho *Cetus*, que tem as faixas presas à sua cerviz. Isso nos mostra que os peixes (os filhos de Deus) não estão livres para nadar (atuar) como poderiam e que sua movimentação e alcance estão limitados pelo maligno (1Ts 2.18). Essa tem sido a obra de Satanás desde o início da história da Igreja: como ele não pôde deter o Messias em sua obra redentora, ele agora tenta impedir o povo de Deus de realizar os propósitos divinos.

O nome deste signo em hebraico é *Dagim*, que significa "os Peixes" e traz em sua etimologia a ideia de "multidões". Em siríaco é *Nuno*, "os peixes prolongados", indicando a ideia de posteridade ou gerações sucessivas. No Zodíaco egípcio de *Dendera* esses peixes são chamados de *Pi-Cot Orion* ou *Pisces Hori*, significando "os peixes d'Aquele que vem". Em outras palavras, em todos esses nomes podemos ver uma representação da Igreja de Cristo[1], que tem se multiplicado em número e, apesar de limitada pelo adversário, prossegue em seu chamado enquanto espera a volta de seu Redentor. Outro fato significativo que associa essa simbologia (peixes) à Igreja, é que temos nesse signo apenas dois peixes (e não três, ou quatro, ou mais) – pois o significado espiritual do número dois na Bíblia refere-se primariamente à Igreja (Mt 18.20).

As estrelas mais importantes dessa constelação são *Okda* ("unidos") [peixe voltado para o norte] e *Fum Al Samakah* ("o sustentado") [peixe que segue na trajetória do Sol]. Esses nomes se aplicam maravilhosamente ao corpo de Cristo, cujos discípulos estão unidos e são sustentados por seu Salvador.

Quando observamos o Zodíaco de *Dendera*, vemos que o desenho desse signo é exatamente igual à sua representação nos planisférios celestes, mostrando que não houve corrupção dessas figuras ao longo dos séculos:

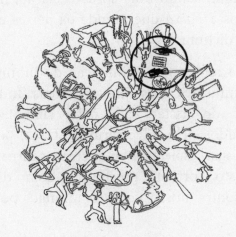

Zodíaco de *Dendera*

Representação do signo de *PEIXES*

THE BAND - As Faixas
Os Filhos de Deus limitados pelo Adversário

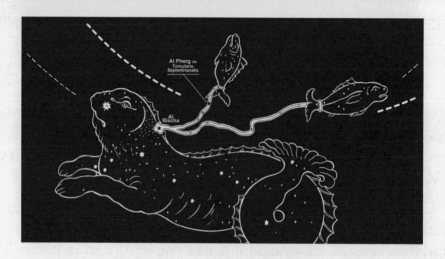

Apesar de a astronomia moderna considerar tanto os peixes quanto a faixa que os une como sendo uma só constelação, nos antigos registros astronômicos a *Faixa* que prende os peixes era considerada uma constelação distinta.[i]

Já dissemos que essa faixa representa a limitação do inimigo em relação à atuação e ao ministério dos filhos de Deus. Independentemente de qual tipo de cristão cada peixe simboliza, todos são odiados e perseguidos pelo adversário de Deus, pois ambos os grupos (sejam os cristãos espirituais ou os cristãos carnais) fazem parte do Corpo de Cristo. Portanto, precisamos, como discípulos de Jesus, unir-nos contra nosso comum inimigo, pois, conforme o apóstolo Paulo:

> [...] a nossa luta não é contra o sangue e a carne, e sim contra os principados e potestades, contra os dominadores deste mundo tenebroso, contra as forças espirituais do mal, nas regiões celestes. (Ef 6.12).

---

[i] Como exemplo, podemos citar o poeta árabe Antarah ibn Shaddad (525-608 d.C.), que frequentemente mencionava a *Faixa* como constelação distinta dos *Peixes*.

Além do aspecto da faixa prender os peixes à cerviz de *Cetus* (figura de Satanás), restringindo sua movimentação, também podemos enxergá-la como uma forte ligação entre os dois peixes, de tal maneira que eles não podem se mover de modo independente, ou seja, esses peixes estão firmemente unidos um ao outro (apesar de, como já vimos, os cristãos que eles representam buscarem coisas diferentes).

Se interpretarmos um dos peixes como sendo os santos do Antigo Testamento e, o outro, como os santos do Novo Testamento, podemos ver essa íntima ligação entre ambos descrita pelo autor do livro aos Hebreus:[2]

> Ora, todos estes (os heróis do Antigo Testamento) que obtiveram bom testemunho por sua fé não obtiveram, contudo, a concretização da promessa, por haver Deus provido coisa superior a nosso respeito (se referindo aos cristãos destinatários da carta), para que eles (os santos do Antigo Testamento), sem nós (os santos do Novo Testamento), não fossem aperfeiçoados. (Hb 11.39,40, parênteses nosso).

Em outras palavras, assim como nós (Igreja do Novo Testamento) não somos independentes deles (os santos do Antigo Testamento) – pois a chegada do Messias foi preparada pelos patriarcas e pelo povo judeu –, assim também, de acordo com o escritor inspirado, eles não são independentes de nós, pois todos fazemos parte do mesmo povo de Deus – alguns antes e outros após a vinda do Salvador a este mundo.

O nome dessa constelação em árabe é *Al Rischa* (mesmo nome de sua estrela principal), que quer dizer "faixa" ou "rédea". Seu antigo nome egípcio é *U-or*, que significa "Ele vem". A mensagem é que "ele", ou seja, o Salvador, virá romper a faixa que prende os peixes à cerviz de *Cetus* – o que veremos no simbolismo do próximo signo (*Áries*).

ANDRÔMEDA - A Mulher Acorrentada
A Igreja em cadeias e aflição

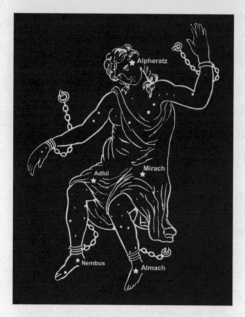

Essa constelação apresenta uma jovem e bela mulher sentada e acorrentada em seus pulsos e tornozelos. Sua cabeça está encurvada como em desesperança e resignação.

Assim como os *Peixes* estão presos a *Cetus*, também *Andrômeda*[ii] está acorrentada, limitada em seus movimentos.

A mensagem é uma só e a mesma, pois, nas Escrituras, a Igreja é representada tanto pelos peixes (como já vimos), como também por uma mulher, a saber, a Noiva de Cristo. Na verdade, em alguns dos antigos planisférios, os *Peixes* são retratados com rostos de mulher, identificando-os plenamente com *Andrômeda*[3]. Além disso (ou por causa disso), em muitos dos mapas celestes temos um dos peixes se sobrepondo à figura de *Andrômeda*.

À Igreja foi dada a autoridade de reinar juntamente com Cristo (Ap 1.6; 20.6), pois nele ela já se encontra assentada nos lugares celestiais (Ef 2.6). Mas por causa de sua imaturidade, carnalidade e da feroz oposição do adversário, essa realidade ainda não se manifestou de modo pleno, e ela está como que "amarrada" ou limitada na presente era.

[ii] De acordo com a mitologia grega, *Andrômeda*, inocente e desamparada, foi acorrentada a um rochedo na praia e oferecida como sacrifício a um monstro marinho. Podemos ver nesse relato mitológico alguma correspondência com o significado desta constelação, pois a Igreja, o pequeno rebanho de Cristo, tem sido implacavelmente perseguido pelo dragão, figura de Satanás.

Signo de Peixes

O nome desse signo em hebraico é *Sirra*, ou seja, "a acorrentada". No Zodíaco de *Dendera* ela é chamada de *Seth*, que quer dizer "ordenada como uma rainha". A estrela mais brilhante se chama *Alpheratz* ("a quebrantada"); a segunda em brilho se chama *Mirach* ("fraca"); outras estrelas são: *Almach* ou *Al Maak* ("a abatida"), *Adhil* ("a afligida"), *Mizar* ("limitada"), *Al Mara* ("a aflita"). Essas são descrições perfeitas da Igreja de Cristo neste mundo, persegui-da, em aflição, fraqueza e grilhões[4]. Portanto, a uma só voz, todos os nomes da constelação e de suas estrelas nos falam da cativa filha de Sião (Is 52:2)[5]. Porém, nem tudo está perdido, pois seu Liberta-dor dirige-se a ela nestes termos:

> Ó tu, aflita, arrojada com a tormenta e desconsolada! Eis que [...] serás estabelecida em justiça, longe da opressão, porque já não temerás, e também do espanto, porque não chegará a ti. (Is 54.11-14).

> Pelo que agora ouve isto, ó tu que estás aflita [...] Desperta, desperta, reveste-te da tua fortaleza, ó Sião; veste-te das tuas rou-pagens formosas, ó Jerusalém [...] Sacode-te do pó, levanta-te e toma assento, ó Jerusalém; solta-te das cadeias de teu pescoço, ó cativa filha de Sião. (Is 51.21–52.2).

As figuras celestes que mostram o cumprimento dessas pro-fecias, isto é, a libertação do povo de Deus, são encontradas no próximo capítulo (signo de *Áries*), no qual, como veremos, a Noiva do Cordeiro será colocada em sua posição adequada, reinando com Cristo![6]

CEPHEUS - O Rei Coroado
O Rei que virá quebrar os grilhões que prendem a Igreja

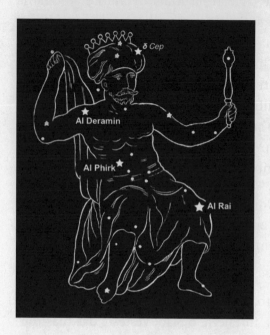

Temos nessa constelação a figura de um rei glorioso, em suas vestiduras reais, entronizado nos mais altos céus, calmamente sentado, com um cetro de autoridade em sua mão e a planta de seu pé em cima da estrela polar (a estrela central dos céus, em redor da qual todas as outras giram)[iii].

Ele tem uma coroa de estrelas em sua cabeça – a mesma coroa que a serpente desejava alcançar (constelações *Serpens* e *Corona Borealis*), mas que *Ofiúco* impedia (ver signo de *Escorpião*), porém, agora, se encontra na cabeça do Rei dos Reis e Senhor dos Senhores e daí jamais sairá!

Cepheus significa "o ramo (real)" ou "o rei". Os egípcios chamavam essa constelação de *Pe-ku-hor* ("O Soberano que vem para reinar"). Não há nenhuma dúvida a quem essa constelação se refere: ela é uma clara representação do Cristo entronizado nas alturas com seu cetro de autoridade. Veja os seguintes versículos:

> [...] vemos, todavia, aquele que, por um pouco, tendo sido feito menor que os anjos, Jesus, por causa do sofrimento da morte, foi coroado de glória e de honra, [...] (Hb 2.9).

[iii] Sob o ponto de vista de um observador da Terra.

Signo de Peixes

[...] o qual exerceu ele em Cristo, ressuscitando-o dentre os mortos e fazendo-o sentar à sua direita nos lugares celestiais, acima de todo principado, e potestade, e poder, e domínio, e de todo nome que se possa referir não só no presente século, mas também no vindouro. E pôs todas as coisas debaixo dos pés [...] (Ef 1.20-22).

Se há alguma dúvida em relação ao significado dessa constelação, basta ver o nome de suas estrelas mais brilhantes[iv]: *Al Deramin* ("o que retorna rapidamente"); *Al Phirk* ("o Redentor"); e *Al Rai* ("o que fere ou quebra").[7]

[iv] A quarta estrela mais brilhante dessa constelação é *Delta Cepheus* (δ Cep), que não tem nome específico. Ela é uma famosa estrela de brilho variável que é referência para todas as outras com semelhante comportamento. Estudando as estrelas variáveis da Nuvem de Magalhães, a cientista Henrietta Leavitt (1868-1921 d.C.), da Universidade de Harvard, descobriu no princípio do século 20 a importante lei periodo-luminosidade, que pode ser usada como indicador de distância. Este fato foi muito importante para a ciência astronômica, pois permitiu dimensionar a escala do Universo. Em homenagem à estrela variável padrão *Delta Cepheus*, todas as outras estrelas de brilho variável no Universo (aproximadamente 500) são chamadas de "*Cefeidas*", pois essa estrela variável de referência está localizada na constelação *Cepheus*.

O evangelho revelado nas estrelas

Resumo do Signo de PEIXES

PEIXES	**O LEVANTE DO INIMIGO CONTRA A IGREJA**
THE BAND	Os Filhos de Deus limitados pelo Adversário
ANDRÔMEDA	A Igreja em cadeias e aflição
CEPHEUS	O Rei que virá quebrar os grilhões que prendem a Igreja

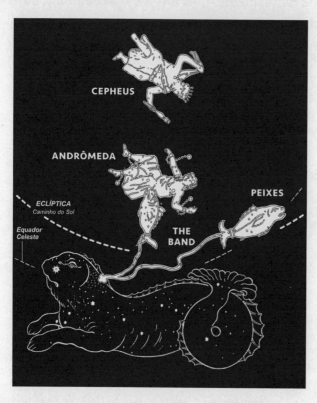

No 7º signo (e em seus decanatos) temos a multiplicação dos filhos de Deus representado pelos 2 peixes (constelação PEIXES) e, apesar do adversário se levantar com fúria contra a Igreja de Cristo, atando-a e limitando sua atuação (constelação THE BAND), como uma mulher acorrentada (constelação ANDRÔMEDA), seu Redentor e rei está próximo (constelação CEPHEUS), aquele que vem para quebrar, e ele vem rapidamente.

    A seguir vamos entrar no oitavo signo (último capítulo do 2º volume da história celeste), que nos mostra o cumprimento de todas as profecias concernentes à libertação da Igreja e à segura fundação na qual a esperança da glória dos filhos de Deus está baseada.[8]

236

Capítulo 17

SIGNO DE ÁRIES

"[...] Digno é o Cordeiro que foi morto de receber o poder, e riqueza, e sabedoria, e força, e honra, e glória, e louvor."
(Ap 5.12)

Planisfério Celeste com destaque para a Constelação *ÁRIES* e seus decanatos (*CETUS / PERSEUS / CASSIOPEIA*)

Este 2º volume da história celeste (*CAPRICÓRNIO, AQUÁRIO, PEIXES e ÁRIES*) começa com um bode morrendo (*Capricórnio*) – falando do sacrifício do Filho de Deus pelos nossos pecados – e termina com um cordeiro redivivo, cheio de vigor (*Áries*) – apontando para a vitória de Cristo. Portanto, este segundo conjunto de signos começa e termina com a pessoa de Cristo, mas sempre em relação à sua Igreja.

ÁRIES
A Plena Libertação dos Filhos de Deus

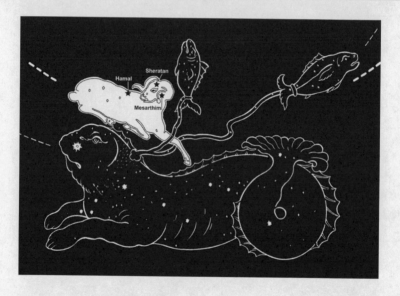

O oitavo signo é representado pela figura de um carneiro ou cordeiro[i]. É interessante observar a posição desse animal: ele está com a cabeça levantada tranquilamente olhando para o futuro (em direção à consumação da história celeste), agindo de forma a libertar os peixes (filhos de Deus), pois uma de suas patas está entre as faixas

---

[i] Atualmente, esse signo é representado como um "carneiro" (por causa dos chifres), mas o significado do nome do signo em várias línguas é "cordeiro". Portanto, há uma pequena dúvida se a representação de carneiro é realmente correta ou foi uma corrupção da figura original de cordeiro. De toda forma, apesar desse pequeno detalhe (no caso, os chifres), o simbolismo do signo é muito claro e se refere a um cordeiro e não a um carneiro. [Ver ROLLESTON, 2003, Part II, p.135]

que os prendem à cerviz de *Cetus* (figura de Satanás). Esse Cordeiro está desatando (ou soltando) os peixes que estão presos ao grande monstro marinho, livrando-os das amarras do inimigo.

> [...] eis que o Leão da tribo de Judá, a Raiz de Davi, venceu [...] Então, vi, no meio do trono e dos quatro seres viventes e entre os anciãos, de pé, um Cordeiro como tendo sido morto. Ele tinha sete chifres, bem como sete olhos, que são os sete Espíritos de Deus enviados por toda a terra. Veio, pois, e tomou o livro da mão direita daquele que estava sentado no trono; e, quando tomou o livro, os quatro seres viventes e os vinte e quatro anciãos prostraram-se diante do Cordeiro, [...] e entoavam novo cântico, dizendo: Digno és de tomar o livro e de abrir-lhe os selos, porque foste morto e com o teu sangue compraste para Deus os que procedem de toda tribo, língua, povo e nação e para o nosso Deus os constituíste reino e sacerdotes; e reinarão sobre a terra. (Ap 5.5-10).

Esse texto ilustra perfeitamente a simbologia do signo de *Áries*, pois ele nos fala: (1) da vitória do Cordeiro que foi morto; (2) da autoridade desse Cordeiro (ele está assentado no trono e possui sete chifres[ii]); (3) daqueles que, por sua morte, foram comprados dentre os homens para Deus (a Igreja); e (4) da elevada posição que esses redimidos serão colocados (como reis e sacerdotes).

O nome *Áries* vem do latim e significa "carneiro", "chefe" ou "cabeça". Em hebraico seu nome é *Taleh*, ou seja, "cordeiro"; em grego, *Krios* ("cordeiro"); em árabe é *Al Hamal* ("a ovelha, gentil, misericordiosa"); em siríaco, *Amroo* ("o cordeiro"); em acádio é *Baraziggar* ("o sacrifício de justiça")[1]. Cristo é esse Cordeiro (Jo 1.29), sendo ele também o cabeça da Igreja e seu grande chefe e líder. As principais estrelas dessa constelação são: *Sheratan* ("ferido, imolado") e *Mesarthim* ("atado"). Não pode haver nenhuma dúvida de quem essa figura representa!

[ii] A simbologia dos chifres na Bíblia é sempre a de autoridade e poder.

O evangelho revelado nas estrelas

Dentre os muitos paralelos que poderíamos fazer entre o significado deste signo e a mitologia grega, um deles é especial. Sem entrar em muitos detalhes, uma lenda muito famosa é a do *Velocino*[iii] *de Ouro*, ou seja, da preciosíssima pele de ouro de certo carneiro alado. Segundo a mitologia, depois de cumprir sua missão nesse mundo, esse carneiro foi sacrificado a *Júpiter* (*Zeus*), o maior dos deuses, e sua pele pendurada em seu templo. *Jasão*, um príncipe que fora exilado, somente poderia ascender ao trono quando recuperasse esse velo (pele) de ouro. Depois de muitas aventuras e desafios, ele conseguiu reavê-la e tomou posse do trono.

A verdadeira interpretação espiritual desse mito é a seguinte: o homem, quando pecou, perdeu o direito de reinar neste mundo sobre a criação de Deus. Esse cordeiro alado é uma figura do Filho de Deus que desceu dos céus, cumpriu sua missão aqui na Terra e foi oferecido (sacrificado) a Deus como pagamento pelos nossos pecados. E, assim, quando somos revestidos da justiça de Cristo como uma vestimenta celestial, podemos novamente assumir a posição de domínio e autoridade e reinar com ele (Rm 5.17). Portanto, embora distorcida pela mitologia pagã, temos aqui uma bela figura da redenção de Cristo, representada pelo manto de justiça do Filho de Deus – o maior tesouro que qualquer homem pode obter! Essa é a história de *Áries* – o Cordeiro do velocino (pele) de ouro que proporcionou (por sua vida e obra) a maravilhosa vestimenta de justiça do cristão.[2]

No Zodíaco de *Dendera*, temos uma pequena modificação na representação desse signo: em vez da "pata" é o "rabo" que está em direção às faixas que prendem os peixes. Porém, apesar disso, o princípio mais importante (da libertação dos peixes) permanece o mesmo:

---

iii Velocino: pele de carneiro, ovelha ou cordeiro, com lã. [5ª Edição do Dicionário Aurélio da Língua Portuguesa]

Signo de Áries

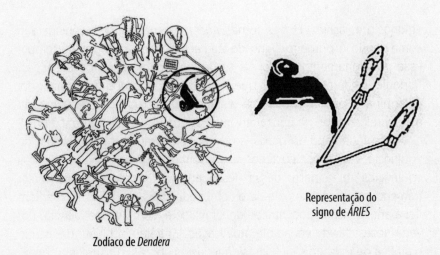

Zodíaco de *Dendera*

Representação do signo de *ÁRIES*

PORQUE ÁRIES É CONSIDERADO O 1º SIGNO DO ZODÍACO?

Já vimos que a história celeste começa em *VIRGEM*. Mas por que a chamada astrologia considera a constelação *Áries* como a primeira e mais importante do Zodíaco?

Há cerca de 2000 anos, o cientista grego Cláudio Ptolomeu (90-168 d.C.) realizou o trabalho de sistematização de todo o conhecimento astrológico dos povos com quem os gregos mantiveram contato. Na época (que ainda se acreditava ser a Terra o centro do Universo), o dia mais importante do ano era o dia do equinócio da primavera, pois esse momento marcava o final do inverno e o início da primavera (no Hemisfério Norte), ou seja, a data em que os dias começavam a ficar mais longos e as noites mais curtas, e o calor do sol trazia o derretimento da neve e o brotar de uma nova vida do solo. Era como se fosse o fim de um ciclo e o princípio de outro. Como na época em que Ptolomeu realizou seu trabalho, o Sol (quando visto da Terra) encontrava-se posicionado tendo ao fundo a constelação *Áries* no dia do equinócio, esse signo foi assumido por Ptolomeu como sendo o primeiro signo Zodiacal e o trajeto do Sol nos meses seguintes determinaram a ordem e sequência dos demais signos.

Porém, hoje, sabemos que a Terra não é o centro do Universo. Além disso, devido à inclinação do eixo de rotação do nosso planeta, com o passar dos séculos, o ponto equinocial da primavera está se deslocando. Atualmente, o Sol está posicionado na constelação *Peixes* no dia do equinócio e, assim, *Peixes* (e não *Áries*) deveria ser hoje considerado como sendo o primeiro signo do Zodíaco. Com o decorrer do tempo, esse posicionamento do Sol irá se deslocar para outras constelações. Portanto, podemos concluir que o "início" nos signos do Zodíaco foi determinado não com base na história celeste (ou de qualquer razão astronômica), mas na época em que Ptolomeu realizou seu trabalho.

Esse fenômeno da mudança do posicionamento do Sol no dia do equinócio veio a ser posteriormente conhecido como "precessão dos equinócios" e, a partir dessa descoberta, a astrologia passou a ser tremendamente desacreditada e combatida, pois ela ainda se mantém fiel à antiga visão geocêntrica[iv] do Universo e, como consequência, deveria necessitar de constante atualização. Entretanto, objeto de estudo e prática de inúmeros cientistas de todas as épocas, a astrologia seguiu atraindo adeptos e aplicando seus princípios e técnicas (falaremos disso com mais detalhes no capítulo 24).

CETUS - O Monstro Marinho
O grande Inimigo subjugado

[iv] Visão científica que considerava a Terra como sendo o centro do Universo e ao redor da qual o Sol, os planetas e todos os corpos celestes giravam.

Signo de Áries

A constelação *Cetus* está posicionada nas mais baixas e obscuras regiões do Planisfério Celeste e é representada como um grande monstro marinho, inimigo natural dos peixes. Esse é o verdadeiro *Leviatã*[v] a que a Bíblia se refere:

> E, quanto ao monstro Leviatã, será que você pode pescá-lo com um anzol ou amarrar a sua língua com uma corda? Você é capaz de passar uma corda pelo nariz dele ou furar o seu queixo com um gancho? Será que ele vai pedir que você o solte ou implorar que tenha dó dele? Será que ele vai fazer um trato com você, prometendo trabalhar para você o resto da vida? Será que você vai brincar com ele, como se fosse um passarinho? Você vai amarrá-lo, a fim de servir como um brinquedo para as suas empregadas? Será ele vendido por um grupo de pescadores? Será que para isso o cortarão em pedaços? Será que você pode enterrar lanças no seu couro ou fincar arpões de pesca na sua cabeça? Tente encostar a mão nele, e será uma vez só, pois você nunca mais esquecerá a luta. Só de olhar para o monstro Leviatã as pessoas perdem toda a coragem e desmaiam de medo. Se alguém o provoca, ele fica furioso. Quem se arriscaria a desafiá-lo? Quem pode enfrentá-lo sem sair ferido? Ninguém, no mundo inteiro. (Jó 41.1-10, NTLH).

Espiritualmente, essa é uma perfeita descrição de Satanás, a quem homem algum pode enfrentar. Sim, ele é um grande inimigo (a constelação *Cetus* ocupa mais espaço no céu do que qualquer outra)! Mas aquele a quem ninguém pode deter ou amarrar, é subjugado, dominado e vencido pelo poder e autoridade divinos:[3]

> Então, vi descer do céu um anjo; tinha na mão a chave do abismo e uma grande corrente. Ele segurou o dragão, a antiga serpente, que é o diabo, Satanás, e o prendeu por mil anos; lançou-o no abismo, fechou-o e pôs selo sobre ele, [...] (Ap 20.1-3).

---

[v] Nome dado a uma imensa criatura dos mares (geralmente representado como um dragão marinho de grandes proporções) bastante comum no imaginário dos navegantes europeus da Idade Média. Na Bíblia é identificado como o maior e mais poderoso dos monstros aquáticos, sendo algumas vezes associado a uma baleia ou polvo gigante.

O profeta Isaías também nos fala do poder de Deus sobre esse inimigo:

> Naquele dia, o SENHOR pegará a espada, a sua espada enorme, forte e pesada, e ferirá o monstro Leviatã, a serpente que se torce e se enrola; o SENHOR matará o monstro que vive no mar. (Is 27.1, NTLH).

Assim, temos graficamente representado nas estrelas essa figura profética do Cordeiro entronizado (*Áries*) derrotando e subjugando o *Leviatã* (*Cetus*)[4]. Sim, esse monstro tenta prender os peixes (a Igreja), mas *Áries* (o Cordeiro de Deus) tem sua mão sobre o pescoço dele, não somente livrando os peixes que estão amarrados em seu dorso, mas também se encontra posicionado de tal forma a exercer completo domínio sobre *Cetus*.

Os egípcios chamavam essa constelação *Knem* ("subjugado")[5]. O nome das estrelas nos falam da derrota desse adversário: a estrela mais brilhante se chama *Mencar* ("inimigo acorrentado"); a segunda mais brilhante é *Diphda* ("aniquilado"); outra estrela importante se chama *Mira* ("o rebelde").

A ESTREITA CONEXÃO ENTRE AS CONSTELAÇÕES

Em nosso estudo, observamos várias conexões entre constelações:

(1) As constelações principais *VIRGEM* e *LIBRA* estão conectadas por meio das sub-constelações *CENTAURO-LUPUS*:

(2) Dentro do signo principal *ESCORPIÃO*, temos 2 constelações adjacentes intimamente conectadas: *OPHIUCHUS-SERPENS*:

(3) A constelação principal *ESCORPIÃO* está vinculada, tanto à constelação anterior – *LIBRA* (por meio dos decanatos *SERPENS-CORONA BOREALIS* [abaixo]) quanto à constelação posterior – *CAPRICÓRNIO* (por meio dos decanatos *HÉRCULES-DRACO* [ao lado]):

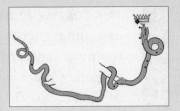

Poderíamos continuar citando vários outros exemplos (inclusive de signos que ainda não estudamos). Estas íntimas associações e interseções entre constelações e sub-constelações, tanto dentro de uma mesma constelação principal quanto entre constelações contíguas, demonstram que os capítulos desta história celeste estão fortemente conectados uns aos outros, ou seja, nos signos do Zodíaco temos uma história interligada, única e sequencial sendo contada. Esse é um fato extremamente significativo, pois demonstra que as constelações não foram obras do acaso, mas que houve um plano deliberado na mente daquele que as projetou, a saber, do Todo-Poderoso, e tudo isso para que sua mensagem fosse claramente transmitida à raça humana.

Além disso, as posições relativas e as atitudes que as figuras das constelações exibem, são símbolos que transmitem uma mensagem visual universal, independentemente da língua e cultura dos povos[6]. Realmente, podemos dizer a respeito dos signos do Zodíaco, o que está registrado no Salmo 19:

> Não há linguagem, nem há palavras, e deles não se ouve nenhum som; no entanto, por toda a terra se faz ouvir a sua voz, e as suas palavras, até aos confins do mundo. (Sl 19.3,4).

O evangelho revelado nas estrelas

PERSEUS - O Guerreiro
Os Redimidos sendo libertos de seu cativeiro

A mensagem dessa constelação é muito semelhante à mensagem de *Áries*. Ela é representada por um guerreiro com capacete, espada na mão e asas nos pés. Em sua destra ele tem uma enorme espada que rompe as cadeias de *Andrômeda* (a mulher acorrentada – símbolo da Igreja – constelação estrategicamente posicionada em relação a *Perseus*) e, em sua mão esquerda, tem a cabeça decepada de seu inimigo. Ele também tem asas nos pés, nos dizendo que vem rápido libertar *Andrômeda* (isto é, a Igreja).

Seu nome em hebraico é *Peretz*, do qual temos a forma grega *Perses* ou *Perseus*[vi]. O nome da estrela em seu pé esquerdo é *Athik*, ou seja, "Aquele que quebra, rompe". Outras estrelas são: *Al Genib* (a mais brilhante), "Aquele que arrebata"; e *Mirfak*, "Aquele que socorre".

A cabeça que *Perseus* segura em sua mão esquerda é chamada pelos gregos de *Medusa*, nome de raiz hebraica que significa "pisado". Sua denominação em hebraico é *Rosh Satan*, "a cabeça do adversário". Nela, temos uma estrela de brilho variável que se chama *Algol*, ou seja, "o espírito maligno".[7]

[vi] A mais famosa e conhecida chuva de meteoros parece vir da área dessa constelação e, por isso, tem o nome de "*Perseidas*". Na verdade, esse fenômeno ocorre em razão da travessia da Terra pelo rastro deixado pelo cometa *Swift-Tuttle*, obviamente nada tendo a ver com as estrelas da constelação *Perseus*. [MAGALHÃES, 2004, p.305]

Signo de Áries

O profeta Miquéias, predizendo a respeito do tempo em que o rebanho de Deus será ajuntado e o seu Rei (o Messias) irá adiante deles, diz:

> Certamente, te ajuntarei todo, ó Jacó; certamente, congregarei o restante de Israel; pô-los-ei todos juntos, como ovelhas no aprisco, como rebanho no meio do seu pasto; farão grande ruído, por causa da multidão dos homens. Subirá diante deles *o que abre caminho*; eles romperão, entrarão pela porta e sairão por ela; e o seu Rei irá adiante deles; sim, o SENHOR, à sua frente. (Mq 2.12,13, grifo nosso).

A expressão "o que abre caminho" nos versos acima é exatamente a palavra hebraica *Peretz* (se referindo ao Messias) que, como vimos acima, é traduzida para o grego como *Perseus*![8] Ou seja, Cristo é o verdadeiro *Perseus*! A profecia bíblica de Miquéias nos fala do significado dessa constelação: seja qual for a situação em que o povo de Deus se encontre, ele (o Messias) romperá todas as cadeias, os libertará e, abrindo caminho, os ajuntará.[9]

Na mitologia grega, *Perseus* é um dos mais amados e admirados de todos os heróis. Ele era um semideus, filho do maior dos deuses (*Zeus*) que veio em forma de uma chuva de ouro e fecundou *Dânae* (uma princesa humana). Quando *Perseus* voltava de sua jornada em que decapitou a terrível *Medusa*, viu *Andrômeda* acorrentada a um rochedo, pronta para ser oferecida como sacrifício ao monstro marinho (*Cetus*), o qual também venceu com sua espada, libertando *Andrômeda* e se casando com ela. Esse estranho mito, que história humana nenhuma poderia servir como fonte ou origem, possui um intenso paralelo entre *Perseus* e Cristo. Aqui temos um filho divino-humano (Jesus), filho do Deus todo-poderoso, fecundado por uma chuva dourada da Divindade (o Espírito Santo) sobre uma mulher humana (Maria), que derrotou um invencível monstro com cabelos de serpente (*Medusa* - Satanás) e se apaixonou por uma cativa condenada à morte

(*Andrômeda* – a Igreja). Com sua "grande e forte espada" (Is 27.1) derrotou a *Leviatã* (*Cetus* – também figura de Satanás), quebrando as correntes que prendiam *Andrômeda* (a Igreja) e casando-se com ela. Os paralelos são muito numerosos e específicos para considerarmos apenas como coincidências.[vii]

CASSIOPEIA - A Mulher Entronizada
A Igreja livre se preparando para seu Noivo (Cristo)

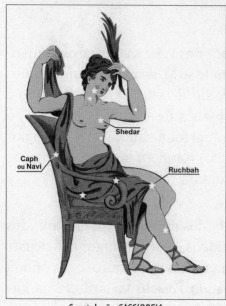

Constelação *CASSIOPEIA*
Urania's Mirror (1825) - Plate 3

No signo anterior, em *Peixes*, temos a constelação *Andrômeda*, a mulher acorrentada, que representa a Igreja aprisionada, em aflição. Aqui, em *Áries*, temos também a figura de uma mulher, porém liberta e entronizada nos mais altos céus, como uma rainha. Ambas representam a Igreja, mas em momentos distintos.

A figura celeste dessa constelação nos mostra uma mulher se arrumando: com uma mão ela segura um ramo de vitória e ajeita seus cabelos e, com a outra, coloca seu manto – como que se preparando para algum evento. *Cassiopeia* representa a Igreja livre de toda amarra e impedimento do mal, aprontando-se para seu Noivo, Cristo, a fim de reinar ao lado dele (*Cassiopeia*

[vii] Há vários outros paralelos entre o mito de *Perseus* e a história de Cristo: Ambos nasceram de forma milagrosa / *Perseus* e Cristo, tão logo nasceram, foram perseguidos / *Perseus* foi criado por um homem humilde, *Díctis*, tipo de um pai adotivo – Jesus foi criado por José / *Medusa* tinha o poder de petrificar quem olhasse para ela e a obra de Satanás é endurecer o coração humano / etc.

está assentada em um trono, bem ao lado de *Cepheus*, o rei coroado, que estende seu cetro real para ela – ver figura abaixo).

Constelações *CEPHEUS* e *CASSIOPEIA*

A Noiva de Cristo, gloriosa e entronizada próxima ao seu marido, como numa celebração de vitória nos altos céus – essa maravilhosa cena certamente aponta para a segunda vinda de Cristo e ainda irá se cumprir no futuro.[11]

Veja se a descrição desta constelação (em todo o contexto que estamos estudando) não se ajusta perfeitamente às seguintes passagens das Escrituras:

> Porque o teu Criador é o teu marido; o Senhor dos Exércitos é o seu nome; e o Santo de Israel é o teu Redentor; ele é chamado o Deus de toda a terra. Porque o Senhor te chamou como a mulher desamparada e de espírito abatido; [...] Ó tu, aflita, arrojada com a tormenta e desconsolada! Eis que eu assentarei as tuas pedras com argamassa colorida e te fundarei sobre safiras. Farei os teus baluartes de rubis, as tuas portas, de carbúnculos e toda a tua muralha, de pedras preciosas. Todos os teus filhos serão ensinados do Senhor; e será grande a paz de teus filhos. Serás estabelecida em justiça, longe da opressão, porque já não temerás, e também do espanto, porque não chegará a ti. (Is 54.5, 6, 11-14).

> Regozijar-me-ei muito no Senhor, a minha alma se alegra no meu Deus; porque me cobriu de vestes de salvação e me envolveu com o manto de justiça, como noivo que se adorna de turbante, como noiva que se enfeita com as suas joias. (Is 61.10).
>
> Alegremo-nos, exultemos e demos-lhe a glória, porque são chegadas as bodas do Cordeiro, cuja esposa a si mesma já se ataviou, pois lhe foi dado vestir-se de linho finíssimo, resplandecente e puro. Porque o linho finíssimo são os atos de justiça dos santos. (Ap 19.7,8).

O grande astrônomo árabe Albumazer (século 9) diz que essa mulher era conhecida como "a filha do resplendor" ou "a mulher glorificada" – o que parece ser o significado da palavra *Cassiopeia*: "a bela", "a entronizada". Essa constelação é formada por estrelas de todo tipo: binárias, triplas e quádruplas, além de um extraordinário número de aglomerados estelares, como que nos falando de suas muitas glórias e esplendores.[12]

Seu nome árabe é *El Seder*, "a liberta"; em egípcio é *Set*, significando "estabelecida como rainha"; em Caldeu, *Dat al Cursa*, "entronizada"[13]. A estrela de maior brilho se chama *Shedar* que, em hebraico, significa "a liberta". Outras estrelas são: *Ruchbah* ("entronizada, sentada") e *Caph* ("o ramo") – se referindo, sem dúvida, ao ramo de vitória que ela segura em sua mão.[14]

Resumo do Signo de ÁRIES

ÁRIES — A PLENA LIBERTAÇÃO DOS FILHOS DE DEUS
CETUS — O grande Inimigo subjugado
PERSEUS — Os Redimidos sendo libertos de seu cativeiro
CASSIOPEIA — A Igreja livre se preparando para seu Noivo

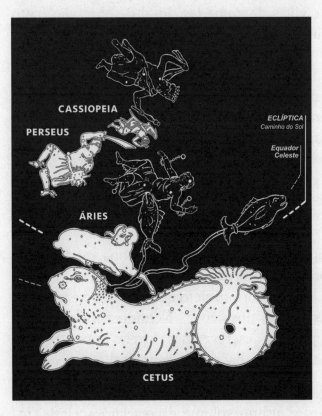

As constelações *Peixes* e *Áries* estão intimamente conectadas: os peixes (signo de *Peixes*) estão atados a *Cetus* (em *Áries*); o herói *Perseus* (em *Áries*) faz par com a princesa *Andrômeda* (em *Peixes*); e o rei *Cepheus* (em *Peixes*) faz par com a rainha *Cassiopeia* (em *Áries*). Por isso estamos colocando ao lado todas as constelações de *Peixes* (figuras vazadas) e de *Áries* (figuras preenchidas).

Assim, no 8º signo e em seus decanatos, temos o Cordeiro de Deus (constelação ÁRIES) desatando os peixes que estavam presos ao monstro marinho (constelação CETUS); o guerreiro Perseus (constelação PERSEUS) libertando Andrômeda, a qual se transforma de escrava em rainha (constelação CASSIOPEIA), e que está ao lado de Cepheus, o rei coroado, se arrumando para o casamento.

A Igreja finalmente entra na plena liberdade dos filhos de Deus e na posse completa de todas as bênçãos reservadas a ela.

Com este oitavo signo (*Áries*), terminamos o 2º volume da revelação celeste [*Capricórnio-Aquário-Peixes-Áries*] que nos fala da história da Igreja: em **Capricórnio** vemos que, da morte sacrificial do Cordeiro imolado, a Igreja surge; em **Aquário**, a Igreja se fortalece pelas águas vivas derramadas do alto sobre ela, fruto da glorificação do Filho de Deus nas alturas, e recebe a tarefa de levar o evangelho da salvação a toda criatura; em **Peixes**, a Igreja se vê perseguida, odiada e assolada pelo monstruoso príncipe deste mundo[viii], porém é sustentada e preservada pela destra fiel do Todo-Poderoso; e, em **Áries**, vemos que em breve chegará o dia em que aquele que anda entre os candeeiros de ouro e têm em sua mão as sete estrelas[ix], virá libertar sua amada Noiva de toda opressão e amarras, e fazê-la assentar-se ao seu lado nos lugares celestiais, reinando consigo acima de todo principado, potestade e poder.[15]

É inconcebível supor que tudo isso que estamos vendo tenha ocorrido por mero acaso. Não há dúvida de que há uma inteligência por trás desse tão maravilhoso projeto que desenhou e posicionou cada uma dessas figuras nos céus[16]. Nenhuma mitologia ou imaginação humana poderia "escrever nas estrelas" uma história com tamanha harmonia com as Escrituras Sagradas!

Vamos agora prosseguir com esta maravilhosa história e entrar, finalmente, no terceiro e último volume da revelação celeste, representado pelos signos de *Touro-Gêmeos-Câncer-Leão*.

[viii] Ver João 16.11.
[ix] Ver Apocalipse 1.12-20.

Capítulo 18

SIGNO DE TOURO

"Porque este dia é o Dia do Senhor, o Senhor dos Exércitos, dia de vingança contra os seus adversários; [...]"
(Jr 46.10)

Planisfério Celeste com destaque para a Constelação *TOURO* e seus decanatos (*ORION / ERIDANUS / AURIGA*)

O evangelho revelado nas estrelas

O 3º volume do *Evangelho nas Estrelas* conclui a maravilhosa revelação celeste e se ocupa inteiramente com a segunda vinda de Jesus. Seu tema é a completa redenção e o triunfo final de Deus e do seu Cristo. O Messias retorna, não mais em fraqueza e humilhação (como um cordeiro [em sua 1ª vinda]), mas com poder (como um touro feroz) para julgar a Terra com justiça e colocar todos os inimigos debaixo de seus pés[1]. Esse signo abrange as constelações *TOURO*, *ÓRION*, *ERIDANUS* e *AURIGA*.

TOURO
O Messias vindo julgar a Terra

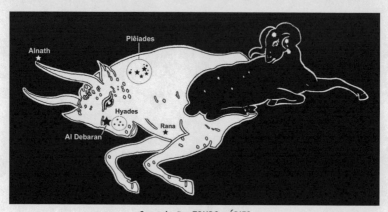

Constelações *TOURO* e *ÁRIES*

Nesta constelação, temos a figura de um forte touro com a cabeça abaixada e os chifres para frente, como que avançando com energia e fúria, indo em direção a seus inimigos para os atropelar e destruir[2]. Essa é a representação celeste do retorno de Cristo, o Juiz que virá com poder e glória para julgar a Terra.

Apesar da grande paciência do Todo-Poderoso para com a humanidade pecadora (pois Deus não deseja que ninguém pereça, mas que todos cheguem ao arrependimento [2Pe 3.9]), os homens têm perdido o temor de Deus e se comportado como se não tivessem que prestar contas ao Criador. A raça humana tem ido de mal a pior, pecando desenfreadamente e acumulando juízo sobre si mesma. Mas chegará um dia em que a "medida do pecado"[3] neste mundo transbordará e, então, Deus sairá de sua santa morada com grande ira para fazer justiça e punir os habitantes da Terra por causa de sua maldade (Is 26.21). As Escrituras nos falam repetidamente a respeito desse período futuro de indignação divina (em especial o livro do Apocalipse). Esse momento da história é chamado biblicamente de "o dia do SENHOR" e foi profetizado tanto no Antigo[4] quanto no Novo[5] Testamento. Veja o que Isaías diz:

> Eis que vem o *dia do* SENHOR, dia cruel, com ira e ardente furor, para converter a terra em assolação e dela destruir os pecadores. [...] Castigarei o mundo por causa da sua maldade e os perversos, por causa da sua iniquidade; farei cessar a arrogância dos atrevidos e abaterei a soberba dos violentos. [...] por causa da ira do SENHOR dos Exércitos e por causa do dia do seu ardente furor. (Is 13.9-13, grifo nosso).

É a respeito desse "dia" que a constelação *Touro* está se referindo[6]. Podemos ver também que ela está intimamente associada à constelação *Áries*, pois *Touro* parece "brotar" de *Áries* (o carneiro/cordeiro); ou seja, Jesus, em sua primeira vinda, veio humildemente, como um manso cordeiro; mas, em sua segunda vinda, ele virá como um touro feroz![7] Temos aqui, portanto, um humilde cordeiro se transformando em um *Touro* furioso! As figuras nos céus dessas constelações transmitem claramente essa mensagem e as Escrituras as corroboram plenamente:

> Vi quando o Cordeiro abriu o sexto selo, e sobreveio grande terremoto. [...] e o céu recolheu-se como um pergaminho quando se enrola. Então, todos os montes e ilhas foram movidos do seu lugar. Os reis da terra, os grandes, os comandantes, os ricos, os poderosos e todo escravo e todo livre se esconderam nas cavernas e nos penhascos dos montes e disseram aos montes e aos rochedos: Caí sobre nós e escondei-nos da face daquele que se assenta no trono e da *ira do Cordeiro*, porque chegou o grande Dia da ira deles; e quem é que pode suster-se? (Ap 6.12-17, grifo nosso).

O evangelho revelado nas estrelas

É interessante notar que, quando a constelação *Touro* aparece nos céus, *Escorpião* (símbolo de Satanás) desaparece completamente (pois se encontra no lado oposto do Planisférico Celeste). Isso significa que, quando Cristo retornar para reinar, o grande inimigo será lançado fora!

O nome desse signo no hebraico carrega em sua raiz os significados "vindo" e "governando". A estrela mais brilhante (no olho do *Touro*), uma supergigante vermelha, se chama *Al Debaran*[i], que significa "capitão", "chefe" ou "governador". Na antiga Pérsia, essa estrela era considerada uma das quatro "Estrelas Reais" (com *Regulus* [constelação *Leão*], *Antares* [constelação *Escorpião*] e *Fomalhaut* [constelação *Piscis Austrinus*][ii])[8]. A segunda estrela em brilho tem o nome árabe de *Alnath* ou *El Nath*, que significa "ferido" ou "imolado" – mais uma referência mostrando que esse "*Touro*" é o próprio "Cordeiro que foi morto".

Temos um aglomerado estelar muito conhecido de sete estrelas sobre os ombros do *Touro*, chamado *Plêiades*[iii], que significa "a congregação do Juiz". Esse nome é muito significativo, pois está se referindo à Igreja (no livro de Apocalipse, temos a Igreja sendo comparada a sete estrelas [1.16,20; 2.1]). Portanto, podemos ver aqui que Cristo, em seu retorno, estará trazendo consigo sua Igreja em seus ombros! Além disso, *Plêiades* é formada por um conjunto de estrelas que estão fortemente unidas, assim como deve ser a Igreja de Cristo. Outro conjunto de estrelas muito famoso (em formato de "V" na face do *Touro*) que transmite essa mesma mensagem de união é *Hyades*, que significa "os congregados".[9]

---

[i] 13ª estrela mais brilhante do céu noturno. Tem 45 vezes o diâmetro do Sol.

[ii] Essas quatro estrelas são conhecidas como "Estrelas Reais" ou "Guardiãs do Céu", pois sempre que uma delas desaparece do campo de visão noturna, outra aparece. Ou seja, sempre uma das quatro está presente no firmamento celeste. [OLCOTT, 2004, p.341]

[iii] Popularmente conhecidas como "Sete-Estrelo", "Sete-Cabrinhas" ou "Sete-Irmãs". Seu nome aparece diversas vezes nas Escrituras (Jó 9.9; Jó 38.31; Am 5.8). Esse conjunto de estrelas é facilmente visível a olho nu e, embora a maior parte das pessoas veja a sétima estrela, ela muitas vezes escapa à vista. De fato, nove estrelas podem ser observadas numa noite escura, com o céu limpo. Pequenos telescópios e binóculos revelam muito mais estrelas, mas grandes telescópios mostram que o aglomerado é composto por centenas delas.

Signo de Touro

Constelação Plêiades — Constelação Hyades

Esse signo aponta para uma importante verdade: de que Jesus está voltando para reinar! Essa é a verdade central de toda profecia bíblica! Toda a esperança da criação, toda a esperança de Israel e da Igreja apontam para esse evento: que Jesus está retornando e que agora ele vem para reinar com seus santos![10]

No antigo Zodíaco de *Dendera*, temos um touro que está quase tocando o cordeiro:

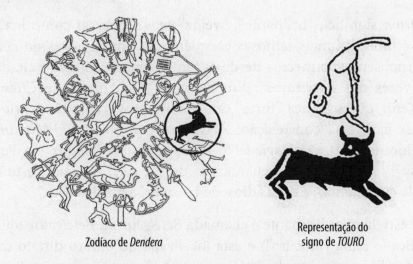

Zodíaco de *Dendera* — Representação do signo de *TOURO*

Porém, não é um mero "touro" que está vindo: é um homem, um glorioso homem. É isso que nos mostra o primeiro *decanato* da constelação *Touro*: a constelação *Órion*.[11]

257

ÓRION - O Grande Caçador
O Príncipe Vindouro

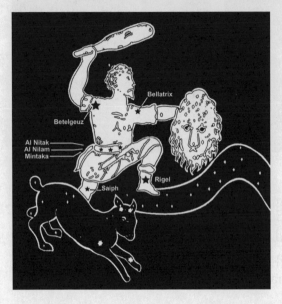

Essa constelação é uma das mais belas dentre todas as 48 constelações zodiacais, podendo ser facilmente reconhecida e observada nos céus da América do Sul. Ela mostra um caçador erguendo uma clava com a mão direita e segurando o couro de um leão com a mão esquerda. Além disso, sua perna esquerda está levantada logo acima da cabeça de um animal (constelação *Lepus*) e dela também sai um "rio de estrelas" (constelação *Eridanus*).

Órion significa "brilhante", "veloz" ou "o que sai como luz". Essa é uma das mais famosas e esplêndidas constelações do céu noturno, sendo conhecida desde os tempos mais remotos e citada três vezes nas Escrituras[iv]. Em hebraico é chamada de *Chesil* (ou ***Kesil***), que significa "forte" ou "herói"[12]. Os árabes têm vários nomes para essa constelação: *Al Giauza* ("o Ramo"), *Al Mirzam* ("o Governador"), *Al Nagjed* ("o Príncipe")[13], *Al Babdur* ("o Poderoso")[14]. Os egípcios a chamavam de *Ha-ga-t*, ou seja, "este é aquele que triunfa"; e os acádios, de *Ur-ana*, "a luz dos céus".[15]

A estrela mais brilhante é chamada *Betelgeuz* ou *Betelgeuse* (que significa "o ramo vindouro") e está localizada no ombro direito do caçador. Ela é uma estrela de 1ª magnitude (supergigante vermelha), cerca de mil vezes maior e 10 mil vezes mais luminosa que o Sol,

---

[iv] Jó 9.9; Jó 38.31; Am 5.8

sendo a 10ª estrela mais brilhante do céu noturno[16]. Outra estrela muito brilhante (no pé esquerdo) tem o nome *Rigel* [v], que significa "pé que esmaga". Outras estrelas são: *Bellatrix*, "o que breve vem" ou "que rapidamente destrói", e *Saiph*, "ferido"[17]. As 3 estrelas em seu cinturão, à esquerda *Al Nitak* ("o que foi ferido"), ao centro *Al Nilam* ou *Al Rai* ("esmagado") e, à direita, *Mintaka* ("o que divide")[18], são conhecidas popularmente como *as Três Marias* (ou os *Três Reis Magos*).[vi]

De acordo com a mitologia grega, *Órion* foi um presente dos deuses à humanidade, porém nascido de mulher. Tinha a capacidade de andar sobre o mar e era extremamente alto, bonito e forte, como nenhum outro homem. É descrito como o maior caçador que jamais existiu. Certa vez foi chamado a uma cidade por um rei para livrá-la dos animais ferozes que a devastavam. Acabou se apaixonando por sua filha. Finalmente, sua morte ocorreu por um ferimento mortal no calcanhar, feito por um escorpião.[19]

Apesar de todas as distorções pagãs, a maioria dos pontos acima (incluindo os nomes da constelação e das estrelas) identificam claramente *Órion* com Cristo. Além disso, vemos nessa constelação a mesma mensagem de *Touro*[vii], pois temos *Órion* trazendo tremenda destruição a todos os seus inimigos: está com o couro de um leão (figura de Satanás)[viii] em sua mão e a clava na outra; seu pé esquerdo está sobre a figura da constelação *Lepus*, como que esmagando a cabeça desse animal; e, desse mesmo pé, sai um "rio de fogo" (constelação *Eridanus*) que, como veremos a seguir, arrasta o monstro marinho (constelação *Cetus*) para as trevas.

---

[v] Supergigante azulada, 40 mil vezes mais luminosa que o Sol, sendo a 7ª estrela em brilho no céu noturno.

[vi] Uma curiosidade em relação às três estrelas do cinturão de *Órion* é que elas eram tão conhecidas e importantes, que as três pirâmides de *Gize*, no Egito, são dimensionadas e posicionadas conforme essas estrelas.

[vii] Temos inclusive um detalhe interessante: um dos chifres do *Touro* toca a clava de *Órion*, mostrando que o poder da clava é o mesmo poder dos chifres do *Touro*.

[viii] Uma das figuras que a Bíblia usa para se referir a Satanás é de um leão que anda ao redor buscando a quem possa tragar (1Pe 5.8). Porém, esse é um falso leão, pois o texto bíblico diz "*como* leão", sendo que o verdadeiro leão é o Leão da Tribo de Judá (Ap 5.5).

A IMPORTÂNCIA DOS DETALHES
NA REPRESENTAÇÃO GRÁFICA CELESTE

Já enfatizamos essa questão anteriormente. No caso em análise, algumas representações do Planisfério Celeste mostram *Órion* segurando, não a carcaça de um leão, mas um escudo. Isso porque parece que o *Touro* está vindo em sua direção e ele estaria se defendendo de seu ataque. Temos este tipo de configuração gráfica no programa *World Wide Telescope (WWT)*:

Porém, como podemos ver na figura da página seguinte (na qual temos a representação gráfica do programa *Stellarium*) na maioria dos atlas celestes, *Órion* está segurando a pele de um leão (não há nenhum escudo em seu braço) e voltado em direção a *Cetus* (e não em direção ao *Touro*). Apesar de o *Touro* parecer ameaçar *Órion*, este parece não estar com sua atenção voltada para aquele. Na verdade, sua atenção está dirigida para *Cetus* (o Monstro Marinho), como inimigo, pois o seu cajado está levantado como que pronto para enfrentá-lo.

Signo de Touro

Esses detalhes fazem toda a diferença, pois se *Órion* estivesse em oposição ao *Touro* (como vemos no programa *WWT*), haveria uma inconsistência na mensagem celeste, porquanto ambos representam a Cristo. Mas, no caso de *Órion* em oposição *Cetus*, temos uma completa coerência, pois *Órion* (Cristo) é inimigo de *Cetus* (Satanás).

É por isso que, como já realçamos no capítulo 8, a fidedignidade da representação gráfica celeste é fundamental para o correto entendimento da mensagem que Deus deseja transmitir aos homens através das estrelas. E somente nos mais antigos mapas estelares temos as representações mais confiáveis.

ERIDANUS – O Rio do Juiz
A ira de Deus derramada sobre seus Inimigos

A palavra *Eridanus* significa "o rio do Juiz". Essa constelação é retratada como um rio incandescente de fogo que brota do pé de *Órion*, passa por *Cetus*, o monstro marinho (que tenta deter seu fluxo), e deságua nas regiões mais baixas e longínquas do Planisfério Celeste, nas trevas exteriores.

Na visão profética de Daniel a respeito das quatro bestas e do julgamento de Deus sobre elas, nós encontramos esse mesmo rio de fogo:

> Enquanto eu olhava, tronos foram colocados, e um ancião se assentou. Sua veste era branca como a neve; o cabelo era branco como a lã. Seu trono era envolto em fogo, e as rodas do trono estavam em chamas. *De diante dele, saía um rio de fogo.* [...] O tribunal iniciou o julgamento, e os livros foram abertos. [...] Fiquei olhando até que o animal foi morto, e o seu corpo foi destruído e *atirado no fogo.* (Dn 7.9-11, NVI, grifos nossos).

O que é isso narrado no livro do profeta Daniel, senão *Órion* e *Eridanus*! Também no Salmo 97 e no livro do profeta Naum temos a mesma descrição desse rio de fogo que sai do trono de Deus para destruir seus inimigos:

Reina o SENHOR. [...] Nuvens e escuridão o rodeiam, justiça e juízo são a base do seu trono. *Adiante dele vai um fogo que lhe consome os inimigos em redor.* (Sl 97.1-3, grifo nosso).

Quando ele se aproxima os montes tremem e as colinas se derretem. A terra se agita na sua presença, o mundo e todos os que nele vivem. Quem poderá resistir à sua indignação? Quem pode suportar o despertar de sua ira? *O seu furor se derrama como fogo, e as rochas se despedaçam diante dele.* (Na 1.5,6, NVI, grifo nosso).

A constelação *Eridanus* parece ser a exata representação desse rio de fogo que emana do trono de Deus e consome seus inimigos! E essa não é apenas uma figura nos céus, mas uma terrível realidade, pois está ratificada pelas Escrituras.

A mitologia grega, apesar de distorcida quanto ao significado das constelações, também associa esse rio a fogo e a julgamento.

A estrela mais brilhante[ix] se encontra no final do rio e se chama *Achernar*, que significa "o final do rio"[x]. A segunda estrela em brilho está no princípio do rio e se chama *Cursa*, "torcido" ou "tortuoso". Outras estrelas são: *Zaurac* ("fluindo") e *Azra* ("prosseguindo").[20]

[ix] 9ª estrela mais brilhante do céu noturno.
[x] Esse é o significado corrompido, pois o verdadeiro significado se perdeu.

AURIGA - O Pastor
Lugar de segurança no dia da ira de Deus

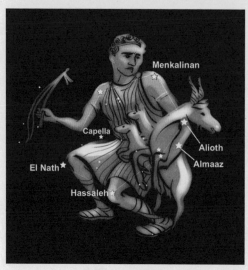

Constelação *AURIGA*

Quem poderá permanecer quando o Senhor vier em tal poder e fúria?

Eis que o SENHOR Deus virá com poder, e o seu braço dominará; eis que o seu galardão está com ele, e diante dele, a sua recompensa. Como pastor, apascentará o seu rebanho; entre os seus braços recolherá os cordeirinhos e os levará no seio; [...] (Is 40.10,11)

Esta é precisamente a figura da constelação *Auriga*: um pastor com cordeirinhos em seus braços.

Nesse signo (*Touro*) vimos a figura de um touro vindo em fúria, um poderoso caçador com a carcaça de um leão em sua mão, um rio de fogo que devora seus inimigos e, agora, temos um pastor com uma cabra e dois cabritinhos em seus braços. O que significa isso? Como conciliar esse último *decanato* com a mensagem geral do signo de *Touro*? A resposta é a seguinte: quando o Senhor vier julgar a Terra (constelações *Touro*, *Órion* e *Eridanus*), ele recolherá as suas ovelhas em seus braços[xi] (constelação *Auriga*). No "Dia do SENHOR", esse será o lugar mais seguro do Universo!

Quando do Céu o Senhor Jesus se manifestar com os anjos do seu poder, em chama de fogo, tomando vingança contra os seus adversários e contra os que não obedeceram ao seu evangelho (2Ts 1.7,8), a porta da salvação ainda não estará totalmente fechada!

[xi] É por isso que a cabra olha com espanto na direção do terrível touro, como que tendo escapado dele e encontrado abrigo seguro no colo do pastor. Ver também Mt 25.32.

Apesar da dispensação da graça e da longa paciência divina terem chegado ao fim, e o período do juízo ter iniciado, ainda haverá a possibilidade de ser "salvo como que através do fogo" (1Co 3.15) para os que se arrependerem e se achegarem a Deus. E muitos aproveitarão essa última oportunidade[21]. É por isso que, em meio às catástrofes do Apocalipse, temos esta chamada:

> Vi outro anjo voando pelo meio do céu, tendo um evangelho eterno para pregar aos que se assentam sobre a terra, e a cada nação, e tribo, e língua, e povo, dizendo, em grande voz: Temei a Deus e dai-lhe glória, pois é chegada a hora do seu juízo; e adorai aquele que fez o céu, e a terra, e o mar, e as fontes das águas. (Ap 14.6,7)

UMA IMPORTANTE CONEXÃO PODE SER VISTA ENTRE TOURO, ÓRION E AURIGA

Assim como um dos chifres do *Touro* toca a clava de *Órion* (identificando o poder do *Touro* com o poder de *Órion*), o outro chifre toca o pé de *Auriga*, mostrando que o mesmo que vem destruir os inimigos, virá também proteger seu rebanho. Em outras palavras, o mesmo touro feroz tem um aspecto de poder e vingança e outro de graça e proteção: julgamento e ira para os adversários de Deus; proteção e abrigo para aqueles que são dele e para todos os que se achegarem a Deus.

Não encontramos a origem dessa constelação e nem o nome desse personagem em toda a mitologia grega[xii]. Com esse exemplo podemos ver mais uma vez que essas figuras foram criadas bem antes da época do império de Alexandre, o Grande, e que os gregos as receberam como herança cultural de outros povos. As imagens dos céus chegaram preservadas até eles, mas sem conhecer o seu real significado, criaram contos fantásticos para explicá-los, porém não puderam fazer isso com todos os símbolos celestes.

Essa constelação tem sido errônea e popularmente conhecida como "cocheiro" (aquele que guia uma carruagem), pois, em Latim, *Auriga* é a palavra para cocheiro ou condutor. Porém, a própria imagem do signo foge totalmente dessa interpretação: não vemos nenhuma carruagem ou cavalos, mas apenas um pastor ternamente protegendo e abraçando uma cabra com suas duas pequenas crias. Na verdade, a palavra *Auriga* vem de uma raiz hebraica que significa "pastor".

A estrela de maior brilho[xiii] *Alioth* (hebraico) e a estrela *Capella* (latim) significam "pequena cabra". Outras estrelas são: *Menkalinan* ("faixa que prende as cabras" – mostrando que elas estão seguras); *Almaaz* ("rebanho de cabras"); e *El Nath* ("ferido" ou "imolado" – se referindo ao pastor que deu sua vida pelas ovelhas).

[xii] *Auriga* tem sido identificada algumas vezes como sendo o rei ateniense *Erictônio*, mas os mitos acerca desse personagem não se encaixam, de forma alguma, na representação celeste dessa constelação.

[xiii] 6ª estrela de maior brilho no céu noturno.

Resumo do Signo de TOURO

TOURO   O MESSIAS VINDO JULGAR A TERRA
ÓRION   O Príncipe Vindouro
ERIDANUS   A ira de Deus derramada sobre seus Inimigos
AURIGA   Lugar de segurança no dia da ira de Deus

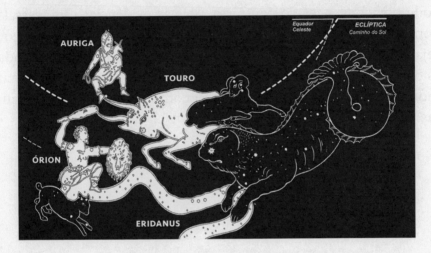

No 9º signo (e em seus decanatos) temos a figura de um touro vindo em fúria (constelação TOURO), representando a 2ª vinda de Cristo em poder; um poderoso caçador com a cabeça de um leão em sua mão (constelação ÓRION); um rio de fogo que devora os inimigos de Deus (constelação ERIDANUS); e um lugar de proteção para o rebanho do Senhor (constelação AURIGA) quando esses juízos atingirem a Terra.

Que lição podemos tirar desse signo? O dia do julgamento está se aproximando rapidamente! E, de acordo com as palavras de nosso Senhor, este será um tempo terrível, tal qual jamais houve na história da humanidade. Sim, será uma época em que todos os soberbos e os que cometem iniquidade serão queimados como palha. Somente aqueles que procurarem refúgio em Jesus encontrarão abrigo e segurança[22].

O evangelho revelado nas estrelas

Que todos os que lerem estas páginas possam prestar atenção a essa solene advertência e correr para os braços daquele que é chamado de "o Bom Pastor"[23], pois deu sua vida pelas ovelhas.

Alguns ainda podem duvidar que essas figuras celestes foram criadas para esse único propósito de proclamar o evangelho, mas diante de tudo o que foi exposto, só mesmo fechando os olhos, tapando os ouvidos e endurecendo o coração. Absolutamente nada pode nos convencer do contrário, pois as evidências são avassaladoras! É simplesmente impossível crer que todas essas constelações sejam apenas obra do acaso ou da imaginação humana, pois todas as partes estão, individual e coletivamente, em extraordinária harmonia com a história do evangelho como registrada nas Escrituras.[24]

Capítulo 19

SIGNO DE GÊMEOS

"Não temais, ó pequenino rebanho;
porque vosso Pai se agradou em dar-vos o seu reino."
(Lc 12.32)

Planisfério Celeste com destaque para a Constelação *GÊMEOS*
e seus decanatos (*LEPUS / CANIS MAJOR / CANIS MINOR*)

O evangelho revelado nas estrelas

No primeiro capítulo do 3º volume da *História Celeste* (*Touro*), vimos que o retorno de Jesus será poderoso como um touro feroz vindo para atropelar seus adversários. Agora, temos diante de nós o signo de **GÊMEOS** (com seus *decanatos* **LEPUS, CANIS MAJOR** e **CANIS MINOR**), mostrando-nos a sequência desse retorno: o reinado de Cristo com sua Igreja sobre toda a Terra durante o período do milênio.

GÊMEOS
O Messias reinando com sua Igreja

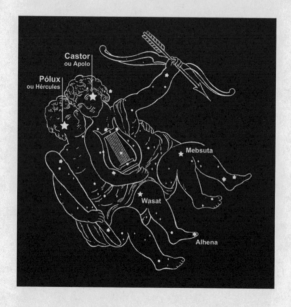

Este 10º signo é representado por duas pessoas joviais sentadas lado a lado a descansar. Suas cabeças estão inclinadas, uma em direção à outra, em atitude de afeição mútua. A pessoa à esquerda empunha uma clava em um dos braços e tem o outro em volta do corpo de seu companheiro; a pessoa à direita segura uma harpa em uma das mãos e um arco com flecha na outra. Ambas as figuras estão em repouso, assim como a clava e o arco/flecha, mostrando o descanso após a vitória em uma grande batalha.[1]

Signo de Gêmeos

O nome "*Gêmeos*", no original, não significa necessariamente que nasceram ao mesmo tempo, mas que estão unidos em comunhão e irmandade. Eles podem representar a dupla natureza daquele que vem reinar (Deus e Homem), ou então sua obra dupla (Sofrimento e Glória), ou ainda sua dupla vinda (Humilhação e Triunfo)[2]. Porém, o mais apropriado seria interpretá-los como sendo o sinal de Deus nos céus da união mística de Cristo com sua Noiva (a Igreja) – pois em muitas culturas temos, em *Gêmeos*, uma figura masculina e outra feminina.[i]

O personagem à esquerda (que representa o Messias) era conhecido pelos egípcios pelo nome de "*Hor*" ou "*Horus*", ou seja, "aquele que Vem", "o filho da luz", ou "o matador da serpente". Ele está abraçando seu(a) companheiro(a). A estrela mais brilhante de toda a constelação está em sua cabeça e se chama *Pólux* (ou *Hércules*), que significa "o forte que vem para trabalhar" ou "o forte que vem para sofrer". A associação com a constelação *Hércules* [signo principal *Escorpião*] é perfeita, pois ambos manejam uma clava e representam o Messias – com a diferença de que, em *Hércules*, a clava está levantada prestes a atingir o monstro de três cabeças, e aqui, em *Gêmeos*, a clava está em repouso, pois o inimigo já foi destruído! Outras estrelas são: *Alhena* ou *Al Henah* ("o que foi ferido") e *Wasat* ("colocado no lugar apropriado").

O personagem à direita (que representa a Igreja) algumas vezes é representado como um homem e, outras, como uma mulher – assim também, em Apocalipse, a Igreja é chamada tanto pelo nome feminino de "a noiva ou a esposa do Cordeiro" (Ap 21.9), quanto pelo nome masculino "o filho varão" (Ap 12.5,13). Ela está sendo abraçada e segura em sua mão uma harpa, nos falando da Igreja que foi resgatada e entoa louvores ao seu Salvador. A segunda estrela de maior brilho na constelação *Gêmeos* está em sua cabeça e se chama *Castor* (ou *Apolo*), que significa "o rei ou juiz vindouro", pois a Igreja reinará com Cristo e julgará até os próprios anjos (1Co 6.3).

---

[i] Além do Zodíaco de *Dendera*, outros exemplos são vistos nos Zodíacos do capítulo 6, página 82 (O Testemunho da História).

Outra estrela é nomeada *Mebsuta*, que significa "colocado debaixo dos pés" (Rm 16.20).

Na mitologia grega, um dos vários mitos a respeito de *Pólux* e *Castor* é o seguinte: eles são irmãos inseparáveis, porém *Pólux* é imortal e *Castor* é mortal. *Castor* foi morto e *Pólux*, inconsolável pela perda do irmão, pediu ao seu pai, o deus supremo, para trazer *Castor* de volta à vida. Então *Pólux* desceu ao mundo dos mortos e trouxe *Castor* para viver com ele no céu. Esse mito reflete com perfeição o que Cristo fez pela Igreja – a semelhança é espantosa!

Ao observarmos os paralelos entre as figuras dessa constelação e as Escrituras, podemos claramente associá-las a Cristo e a Igreja:

CRISTO	IGREJA
Pólux	Castor
Hércules	Apolo
Homem	Mulher
Imortal	Mortal
Estrela mais brilhante	2ª estrela mais brilhante
Abraça	É abraçada
Clava	Harpa e Arco/Flecha

No Zodíaco de *Dendera*, também temos representadas uma figura masculina e outra feminina:

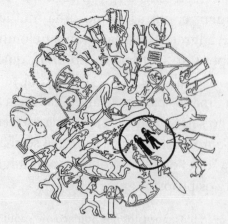

Zodíaco de *Dendera*

Representação do signo de *GÊMEOS*

LEPUS - A Lebre
O Inimigo pisoteado

Essa é uma pequena constelação na qual temos a figura de um animal semelhante a uma lebre logo abaixo do pé esquerdo de *Órion*. Em árabe, ela é chamada *Arnebeth*, que significa "a lebre", mas também "o Inimigo dele" (daquele que vem, a saber, *Órion*).

Talvez a figura desta constelação tenha sido corrompida, pois nos antigos planisférios Egípcio e Persa, vemos uma serpente e não uma lebre debaixo do pé de *Órion* (ver página seguinte). A mudança da figura da lebre para a de uma cobra concordaria perfeitamente com as estrelas em cada perna de *Órion*: na perna direita temos a estrela *Saiph*, significando "ferido" e, na perna esquerda, a estrela *Rigel* ou "pé que esmaga" – nesse caso teríamos um testemunho impecável da profecia de Gênesis 3:15[3]:

> Este (Órion) te ferirá a cabeça (estrela Rigel: "pé que esmaga" – perna esquerda), e tu (Lepus) lhe ferirás o calcanhar (estrela Saiph: "ferido" – perna direita)" (parênteses nosso).

Contudo, não podemos afirmar com certeza que ocorreu alguma corrupção nessa figura celeste, pois não temos informações disponíveis mais confiáveis – apenas algumas referências indiretas. Porém, mesmo no caso de uma possível corrupção, o significado da constelação foi preservado por meio de sua posição (debaixo do pé de *Órion*) e do nome de suas estrelas: a mais brilhante tem o nome hebraico

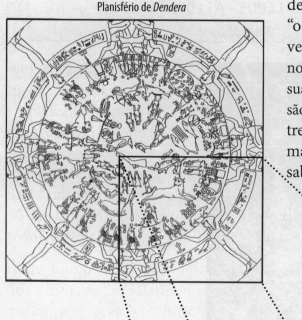

Planisfério de *Dendera*

de *Arnebo*, que significa "o inimigo daquele que vem" (o significado do nome da constelação e sua estrela mais brilhante são os mesmos); outra estrela importante é chamada *Nihal* (ou *Nibal*), a saber, "o demente".

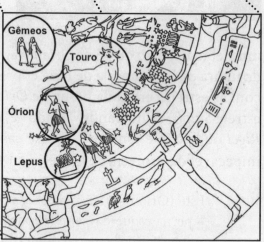

Detalhe das constelações **Gêmeos**, **Touro**, **Órion** e **Lepus** (aqui representada por uma serpente)

Em resumo, a mensagem da constelação *Lepus* nos fala claramente que o inimigo de Deus (Satanás) será colocado debaixo dos pés do Salvador quando ele vier reinar com sua Igreja.

CANIS MAJOR - Cão Maior
O Glorioso Príncipe

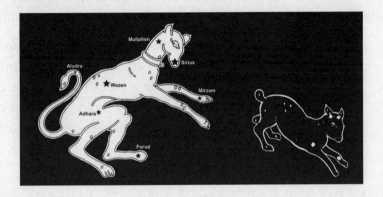

O segundo *decanato* do signo de *Gêmeos* é representado por um grande cão (no antigo planisfério Persa vemos um lobo), que está perseguindo (caçando) e a ponto de alcançar (abater) a lebre (*Lepus* – o inimigo). Ele nos fala do glorioso príncipe que dominará o reino.

Os antigos acádios chamavam essa constelação de *Kasista*, ou seja, "o líder ou príncipe dos exércitos celestiais". No Zodíaco de *Dendera*, seu nome é *Apes*, que significa "o Cabeça", e é representado por um falcão. Quando associamos as constelações *Lepus* e *Canis Major*, podemos ver, em nosso planisfério atual, o cão/lobo perseguindo a lebre e, no antigo planisfério egípcio de *Dendera*, o falcão caindo sobre a serpente (as mensagens são similares).

A estrela mais brilhante dessa constelação (que é também a mais brilhante do céu noturno) se chama *Sirius*, que tem em sua raiz a palavra "*Sir*" ou "*Seir*", que significa "Príncipe", "Guardião" ou "Vitorioso". Semelhantemente, este Príncipe vindouro (nosso Senhor Jesus) é o maior e mais brilhante de todos, inigualável em glória e esplendor, sendo biblicamente chamado de "Príncipe dos príncipes" (Dn 8.25), "Rei dos Reis" e "Senhor dos Senhores" (Ap 19.16).

Ao longo dos séculos, *Sirius* sempre esteve associada com períodos de calor intenso, secas, pestilência e desastres na Terra. Daí se originou a expressão "dias de cão", que ocorriam quando essa estrela aparecia no céu noturno. Da mesma forma, quando Cristo retornar, os verdadeiros "dias de cão" vão se manifestar para os ímpios[4] – referindo-se aos juízos do Apocalipse. Assim virá o *Príncipe dos príncipes* trazendo destruição a todos os seus inimigos:

> [...] Ele fará isso quando o Senhor Jesus vier do céu e aparecer junto com os seus anjos poderosos, no meio de chamas de fogo, para castigar os que rejeitam a Deus e não obedecem ao evangelho do nosso Senhor Jesus. Eles serão castigados com a destruição eterna e ficarão longe da presença do Senhor e do seu glorioso poder. (2Ts 1.7-9, NTLH).

Outras estrelas importantes são: *Mirzam* ("Príncipe", "Governador"); *Wesen* ("brilhante", "ilustre"); *Adhara* ("o Glorioso"); e *Muliphen* ("Líder", "Chefe"). Todos esses nomes apontam para o Glorioso Messias que virá reinar.

Essa constelação (*Canis Major* – o Príncipe Glorioso) tem uma companheira: *Canis Minor* (os Redimidos).

CANIS MINOR - Cão Menor
Os Redimidos

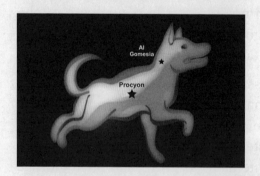

O 3º *decanato* de *Gêmeos* é representado pelo *Pequeno Cão* (ou lobo). A estrela mais brilhante desta constelação é uma estrela de 1ª magnitude que se chama *Procyon*[ii], palavra que pode significar "Redimidos"[5]. Aqui vemos que ambas as constelações (*Canis Major* e *Canis Minor*), apesar de diferentes em tamanho, têm a mesma representação (cães/lobos)[iii],

---

[ii] 8ª estrela mais brilhante do céu noturno.
[iii] Suas estrelas principais também têm a mesma ordem de grandeza, ou seja, ambas são de primeira magnitude. Porém, *Canis Major* tem duas estrelas de primeira magnitude, enquanto *Canis Minor* tem apenas uma estrela de primeira magnitude.

mostrando que os redimidos, na vinda do Senhor, serão semelhantes a ele. O apóstolo João, em sua primeira epístola, nos descreve essa realidade que será manifestada futuramente:

> Amados, agora, somos filhos de Deus, e ainda não se manifestou o que haveremos de ser. Sabemos que, quando ele se manifestar, seremos semelhantes a ele, porque haveremos de vê-lo como ele é. (1Jo 3.2).

Assim, quando Cristo voltar, ele não virá sozinho, pois os exércitos dos céus, a saber, os seus santos, o seguirão de perto:

> Vi os céus abertos e diante de mim um cavalo branco, cujo cavaleiro se chama Fiel e Verdadeiro. Ele julga e guerreia com justiça. Seus olhos são como chamas de fogo, e em sua cabeça há muitas coroas e um nome que só ele conhece, e ninguém mais. Está vestido com um manto tingido de sangue, e o seu nome é Palavra de Deus. *Os exércitos dos céus o seguiam, vestidos de linho fino, branco e puro, e montados em cavalos brancos.* De sua boca sai uma espada afiada, com a qual ferirá as nações. "Ele as governará com cetro de ferro". (Ap 19.11-15, NVI, grifo nosso).

Sim, ele é o Chefe, o Líder, mas atrás e com ele virão os seus eleitos, pois nessa ocasião ele virá acompanhado por sua Noiva (a Igreja). Os seus santos fiéis compartilharão o seu trono e reinarão juntamente com ele (2Tm 2.12).[6]

A segunda estrela de maior brilho é chamada *Al Gomesia*, que quer dizer "sobrecarregados", pois fala da história pregressa dos redimidos antes deste momento de união e glória com o seu Senhor.[7]

Há uma clara conexão entre o signo principal (*Gêmeos*) e essas duas últimas constelações (*Canis Major* e *Canis Minor*), pois tanto a primeira quanto as duas últimas enfatizam a mesma verdade, a saber, nos falam do Redentor juntamente com os Redimidos reinando sobre a Terra. *Canis Major* e *Canis Minor*: os verdadeiros *Pólux* e *Castor* do mundo vindouro!

Resumo do Signo de GÊMEOS

GÊMEOS	**O MESSIAS REINANDO COM SUA IGREJA**
LEPUS	O Inimigo pisoteado
CANIS MAJOR	O Glorioso Príncipe
CANIS MINOR	Os Redimidos

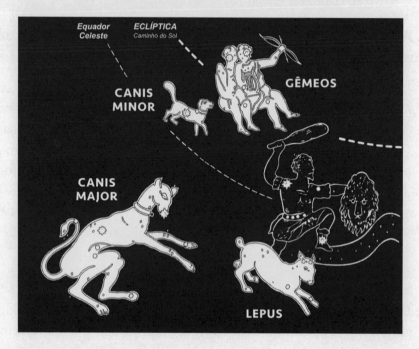

No 10º signo (e em seus decanatos) temos o Messias lado a lado com sua Igreja (constelação GÊMEOS), tendo seu inimigo (constelação LEPUS) sendo esmagado debaixo dos pés de Órion e caçado pelo Príncipe Glorioso (constelação CANIS MAJOR), o qual virá juntamente com os seus santos (constelação CANIS MINOR) reinar sobre toda a Terra.

Na sequência, vamos entrar no penúltimo capítulo da história celeste, que fala do destino eterno daqueles que foram redimidos após compartilharem o reino com seu Salvador.

Capítulo 20

SIGNO DE CÂNCER

"As minhas ovelhas ouvem a minha voz; eu as conheço, e elas me seguem.
Eu lhes dou a vida eterna; jamais perecerão, e ninguém as arrebatará da minha mão.
Aquilo que meu Pai me deu é maior do que tudo;
e da mão do Pai ninguém pode arrebatar."
(Jo 10.27-29)

Planisfério Celeste com destaque para a Constelação *CÂNCER*
e seus decanatos (*URSA MAJOR / URSA MINOR / ARGO*)

No primeiro capítulo do 3º volume da *História Celeste* (*Touro*), vimos que o retorno do Senhor Jesus será poderoso como um touro feroz avançando em direção aos seus inimigos. No segundo capítulo (*Gêmeos*) vimos Jesus reinando com sua Igreja sobre toda a Terra. Já no signo de CÂNCER (com seus *decanatos* URSA MINOR, URSA MAJOR e ARGO), temos os redimidos sendo levados em segurança ao lar celestial.

CÂNCER
O Messias assegurando sua Herança

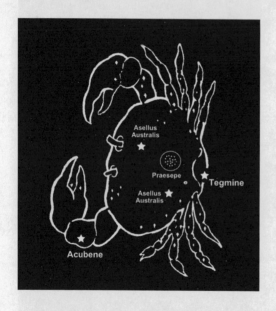

Neste 11º signo, temos a figura de um Caranguejo. A palavra "*Câncer*" vem da junção de 2 palavras latinas: *Khan*, que significa "lugar de repouso do viajante" e *Cer* (ou *Ker*), que quer dizer "firmemente abraçados". Logo, o significado de *Khan-Cer* (*Câncer*) é: "Lugar de repouso dos viajantes que estão firmemente abraçados". Seu nome árabe é *Al Sartan*, ou seja, "aquele que segura ou prende". Os egípcios o chamavam de **Klaria** ("lugar de descanso do rebanho")[1]. Portanto, temos aqui uma figura da Igreja, que está sendo guardada firmemente como propriedade de Cristo, e levada em segurança ao seu lugar de descanso eterno.

Uma das mais evidentes características dessa criatura são as duas garras com que ela segura com firmeza qualquer coisa; essa é uma figura inteiramente adequada para mostrar que ninguém

Signo de Câncer

pode arrebatar os verdadeiros cristãos da mão de Jesus e nem da mão do Pai (Jo 10.28,29).

O caranguejo é um animal nascido da água, assim como a Igreja é nascida "da água e do Espírito" (Jo 3.5)[2]. Ele vive em dois elementos: a água e a terra; semelhantemente a Igreja vive em duas esferas: a natural e a espiritual. As muitas pernas do caranguejo apontam para o desenvolvimento e expressão multiforme da Igreja:

> [...] para que, pela Igreja, a *multiforme* sabedoria de Deus se torne conhecida, agora, dos principados e potestades nos lugares celestiais, [...] (Ef 3.10, grifo nosso).

> Servi uns aos outros, cada um conforme o dom que recebeu, como bons despenseiros da *multiforme* graça de Deus. (1Pe 4.10, grifo nosso).

A estrela mais brilhante dessa constelação é chamada *Tegmine*, que significa "segurando". Temos, também, em seu centro, um dos mais notáveis aglomerados de estrelas conhecido, chamado *Presepe* (ou *Beehive*), que significa "multidão" ou "semente incontável". Outra estrela importante é chamada *Acubene* ("esconderijo" ou "lugar de repouso").

Assim, o significado deste signo (constelação) é "o lugar de descanso eterno para a multidão dos redimidos" e nos fala da conclusão da obra do Redentor com respeito aos que lhe pertencem. Veja a seguinte promessa de nosso Senhor antes de partir deste mundo:

> Não se turbe o vosso coração; credes em Deus, crede também em mim. *Na casa de meu Pai há muitas moradas.* Se assim não fora, eu vo-lo teria dito. Pois *vou preparar-vos lugar.* E, quando eu for e vos preparar lugar, voltarei e vos receberei para mim mesmo, para que, onde eu estou, estejais vós também. (Jo 14.1-3, grifos nossos).

Câncer é o último signo que tem relação com a Igreja e representa a reunião de todos os salvos e o lugar de descanso e prazer eternos deles[3].

281

No Zodíaco egípcio de *Dendera* temos, também, a figura de um caranguejo:

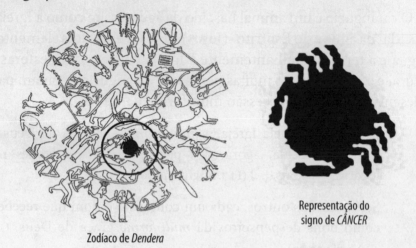

Zodíaco de *Dendera*

Representação do signo de *CÂNCER*

Alguns interpretam a imagem acima como sendo de um *"escaravelho"* (um tipo de besouro gigante), o qual possui muitas semelhanças com o caranguejo: duas grandes garras dianteiras, várias pernas laterais, vive na terra, mas tem a capacidade de voar, etc. Portanto, caso a real figura dessa constelação fosse a de um Escaravelho e não de um Caranguejo, isso não mudaria em nada o significado do signo. Um detalhe interessante é que o Escaravelho era considerado sagrado pelos egípcios, pois simbolizava a ressurreição e a imortalidade.

Fonte: Stock Photos

Na mitologia grega, a explicação da origem dessa constelação é simplista ao extremo: quando *Hércules*, no segundo de seus doze trabalhos, estava lutando contra a *Hydra* (um enorme monstro em formato de cobra), um pequeno caranguejo se aliou a essa serpente na batalha, mas foi rapidamente esmagado pelos pés do herói. Para homenageá-lo, a deusa *Hera* o colocou no céu como recompensa por seu sacrifício. Ridículo!

Vejamos como os três *decanatos* de *Câncer* confirmam a mensagem desse signo:

URSA MAJOR – Ursa Maior
O Messias guardando sua Igreja

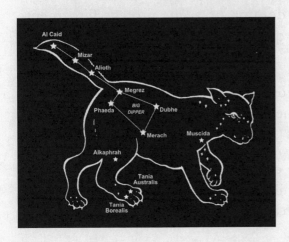

Ursa Major é uma constelação facilmente reconhecível no Hemisfério Norte e uma das mais famosas por causa de suas sete estrelas brilhantes que são um *asterismo*[i] na forma de uma "grande panela" – popularmente conhecida na língua inglesa pelo nome *Big Dipper*[ii]. O número sete, como já citado, faz referência à Igreja de Cristo (Ap 1.16) que, como podemos observar, está dentro, é levada e protegida pelo Messias, a saber, a constelação *Ursa Major*.[iii]

Em árabe, esta constelação era chamada *Al Naish*, que significa "os reunidos" (como ovelhas em um aprisco). A estrela mais brilhante é chamada *Dubhe* ("aprisco"). Outras estrelas são: *Merach* ("rebanho"); *Phaeda* ou *Phacda* ("numerados"), pois as ovelhas de Jesus, assim como as estrelas do céu, são numeradas e nomeadas; *Megrez* ("separadas"); *Mizar* ("guardado"); *Al Caid* ou *Al Kaiad* ("reunidos"); *Alioth* ("ovelha"); e *Alkaphrah* ("redimidos").[4] No Zodíaco de *Dendera*, a constelação *Ursa Major* é chamada de *Fent-Har*, que quer dizer "inimigo da serpente".

---

[i] A palavra "*asterismo*" vem do grego e significa um padrão reconhecível de estrelas no céu noturno que pode fazer parte de uma constelação oficial ou ser composto por estrelas de mais de uma constelação.
[ii] Outros nomes pelos quais esse *asterismo* é conhecido são: *Plough* ("arado") pelos britânicos; e *Waggon* ou *Chariot* ("biga"– carro romano de duas ou quatro rodas puxados por cavalos) pelos povos germânicos.
[iii] Da mesma forma que as sete estrelas de *Plêiades* estão sendo levadas (carregadas) no ombro do Touro.

Destes nomes e da imagem da constelação podemos dizer que ela representa o Messias, reunindo cada ovelha de seu rebanho no aprisco e defendendo-as de todos os inimigos. Isso pode ser representado pela figura de uma ursa que protege ferozmente seus filhotes, de tal forma que temos essa ilustração usada variadas vezes na Bíblia:

> Sabes que o teu pai e os homens que estão com ele são guerreiros e estão furiosos como uma *ursa selvagem da qual roubaram os filhotes*. (2Sm 17.8, NVI, grifo nosso).

> Por isso virei sobre eles como leão, como leopardo, ficarei à espreita junto ao caminho. Como *uma ursa de quem roubaram os filhotes*, eu os atacarei e os rasgarei. [...] (Os 13.7,8, NVI, grifo nosso).

> Melhor é encontrar uma *ursa da qual roubaram os filhotes* do que um tolo em sua insensatez. (Pv 17.12, NVI, grifo nosso).

Em outras palavras, ninguém se atreverá a atacar ou mesmo a tocar nos escolhidos de Deus, pois o Senhor os protege "como uma ursa roubada dos filhotes". Portanto, o significado desta constelação concorda plenamente com a mensagem do signo principal *Câncer*, que nos diz que o Todo-Poderoso segura com firmeza os que são seus.

Nota: Provavelmente temos uma pequena modificação da figura original desta constelação, pois nenhum urso (nos dias de hoje) possui uma cauda tão longa como as mostradas nas constelações de Ursa Major e Ursa Minor. Mas essa possível distorção não muda em nada o seu significado e mensagem. Outra possível explicação seria que este tipo de urso (com cauda longa) já tenha existido no passado, mas esteja extinto.

Signo de Câncer

URSA MINOR - Ursa Menor
A Igreja: o pequeno Rebanho

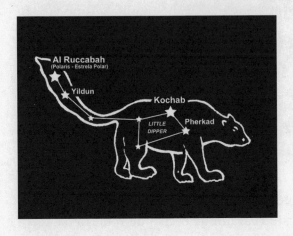

As constelações *Ursa Minor* e *Ursa Major* estão intimamente conectadas, sendo que *Ursa Minor* é apenas uma versão reduzida (e menos brilhante) da constelação *Ursa Major*. Ela também tem sete estrelas principais, dispostas no formato análogo à de sua constelação irmã (*asterismo* conhecido popularmente na língua inglesa como *Little Dipper*). Semelhantemente como em *Ursa Major*, ela também possui sete estrelas principais, sugerindo uma forte conexão com a Igreja de Cristo. Contudo, na constelação *Ursa Major*, as sete estrelas ocupam apenas parte da constelação (representando o Messias levando consigo sua Igreja); mas, em *Ursa Minor*, elas ocupam a maior parte da constelação, mostrando que ela, como um todo, se refere exclusivamente à Igreja.

Os gregos a chamavam de *Arcas* ou *Arctor* (de onde temos o nome *Ártico*). *Arcas* significa "Urso", mas a raiz desta palavra traz, em sua essência, a ideia de "companhia de viajantes". Os hebreus a nomeavam *Dobher*, ou seja, "aprisco".

A principal e mais importante estrela dessa constelação é *Al Ruccabah*, também chamada de *Polaris*, *Estrela Polar* ou *Estrela do Norte* (a estrela referência para navegação, ao redor da qual todas as outras giram em círculo)[iv]. Essa estrela central do céu, vários milênios atrás (durante a era dos Patriarcas) esteve localizada na

---

[iv] Cientificamente significa dizer que é para essa estrela que o eixo de rotação da Terra aponta.

285

O evangelho revelado nas estrelas

Estrela Polar

constelação *Draco* [signo principal *Sagitário*] – ou seja, naquela época em que a salvação ainda não tinha se manifestado, todo o céu girava em torno do "Dragão", indicando que o inimigo estava no centro, isto é, no domínio! Porém, devido ao movimento de precessão[v] do nosso planeta, o polo norte celeste (para onde o eixo de rotação da Terra aponta) mudou sua posição com o passar dos séculos, e agora está na constelação *Ursa Minor*. Isso é muito significativo, pois o mundo, que tem estado sob o domínio do Dragão (Satanás) por vários milênios, estará, num futuro bem próximo, debaixo do governo dos redimidos (constelação *Ursa Minor*)[vi] juntamente com seu Senhor.

Outras estrelas importantes são: *Kochab* ("esperando por Aquele que virá"); e *Al Pherkadain* ou *Pherkad* ("os redimidos reunidos")[5]. Os nomes da constelação e das estrelas principais são inteiramente aplicáveis à Igreja de Cristo.

Assim como o par de constelações *Canis Major* e *Canis Minor* [signo principal *Gêmeos*] representam o Salvador e seu povo possuindo a mesma natureza, aqui também, no signo principal *Câncer*, temos essa mesma estrutura, a saber, que tanto o Messias (*Ursa Major*) quanto o seu povo (*Ursa Minor*) são representados como animais da mesma espécie (e, portanto, têm a mesma natureza).

---

[v] Movimento de rotação do eixo de rotação da Terra (como um pião).
[vi] O polo norte celeste atualmente está afastado apenas um grau (dos 360° de um círculo) da estrela Polar. No próximo século ele estará praticamente sobre a estrela Polar. Espiritualmente, isso significa dizer que falta muito pouco para os santos estarem "no centro do céu", reinando nas regiões celestiais. [NICKEL, 1999, p.21]

Por meio de detalhes como esses podemos perceber a enorme coerência da mensagem colocada nos céus por Deus.

As constelações *Ursa Major* e *Ursa Minor*, são citadas nominalmente na Bíblia:

> Ou poderás tu atar as cadeias do Sete-estrelo (Plêiades – conjunto de estrelas na constelação Touro) ou soltar os laços do Órion (constelação Órion)? Ou fazer aparecer os signos do Zodíaco ou guiar a *Ursa* (constelação Ursa Maior) *com seus filhos* [vii] (constelação Ursa Menor)? (Jó 38.31,32, grifos e acréscimos entre parêntese nossos).

A interpretação mitológica associada às constelações *Ursa Major* e *Ursa Minor* é completamente sem sentido: a principal versão diz que as ninfas *Amalteia* e *Ida* (divindades femininas), que cuidaram de *Zeus* quando criança, foram homenageadas por ele com essas constelações no céu em forma de ursa (?!). Realmente, podemos perceber que os gregos não tinham a menor ideia, seja da origem ou do significado das constelações zodiacais!

[vii] Uma tradução melhor seria *"... ou guiar a Ursa com seu filhote"* (no singular), como ocorre em algumas traduções da Bíblia.

ARGO - O Navio
Os Peregrinos chegando em segurança ao Lar celestial

Por causa de seu grande tamanho e complexidade *Argo* foi dividida (pelo astrônomo francês Nicolas Louis de Lacaille – século 18) em três partes:

- *"Carina"* (Quilha e Casco);
- *"Puppis"* (Popa do Navio);
- *"Vela"* (Vela do Navio).

Temos nessa constelação a figura de um grande navio com as velas içadas. Assim, não se trata de um navio em meio a uma viagem, mas que já a concluiu e agora repousa no porto seguro do seu destino.

Na mitologia grega, esse é o famoso navio dos *"Argonautas"* retornando de sua bem-sucedida expedição para recuperar o velocino de ouro (a preciosíssima pele de ouro de certo Cordeiro alado que foi oferecido em sacrifício ao Deus dos deuses – ver signo de *Áries*). Esse mito diz que *Jasão* (Jesus), o grande capitão desta nau, com seus príncipes e heróis que viajaram com ele (12 apóstolos), empreenderam uma longa jornada cheia de conflitos e sofrimentos para resgatar o velocino de ouro que tinha sido roubado (do homem) e era guardado pelo enorme dragão *Ladão* (Satanás), que nunca dormia[6]. E, aqui, na constelação *Argo*, temos a figura do retorno desta longa e perigosa expedição com os bravos marinheiros voltando para seus lares com o tesouro resgatado. Podemos ver, em cada ponto dessa fábula, uma clara representação da verdade bíblica no meio da confusa e distorcida mitologia pagã.

Argo nos fala dos viajantes que foram levados em segurança ao lar celestial após terminada toda a sua jornada terrena. Essa é uma promessa abençoada e consoladora para nós, peregrinos neste mundo, muitas vezes sobrecarregados e afligidos pelas tempestades da vida, isto é, saber que há um lugar de descanso eterno reservado para nós nos céus![7]

Em hebraico, grego e latim, *Argo* significa "companhia de viajantes". No zodíaco egípcio de *Dendera* essa constelação tem o nome de *Shes-En-Fent*, que significa "aquele que vem exultando sobre a serpente". Suas principais estrelas são: a mais brilhante, chamada *Canopus*[viii], nome que significa "a possessão Daquele que vem"; *Tureis* ("segurando nas mãos firmemente o tesouro"); *Markab* ("retornando de longe"); *Asmidiska* ("os viajantes liberados"); e *Soheil* ("o que é desejado").[8]

Há um detalhe significativo na representação dessa constelação: na proa temos esculpida a cabeça de um leão. Nas antigas embarcações, qualquer que fosse a imagem esculpida na proa, ela sempre olhava para frente, mas, em *Argo*, ela está olhando para dentro do navio, como que observando e velando pelos que estão dentro dele. Como veremos a seguir (no próximo signo), Cristo é este leão, a saber, o Leão da Tribo de Judá que protege e vigia os que são seus.

Assim, temos em *Argo* a figura de um navio, que representa a Igreja, sendo conduzida e guardada pelo grande Timoneiro Jesus, após todas as tormentas em vida, chegando finalmente em segurança ao seu destino, ao lar de descanso eterno dos redimidos:

> Assim voltarão os resgatados do Senhor e virão a Sião com júbilo, e perpétua alegria lhes coroará a cabeça; o regozijo e a alegria os alcançarão, e deles fugirão a dor e o gemido. (Is 51.11).

[viii] *Canopus* é a 2ª estrela mais brilhante do céu noturno. Esse era também o nome do grande herói mitológico que foi timoneiro da nau *Argo* e que morreu pela mordida de uma serpente.

Resumo do Signo de CÂNCER

CÂNCER	**O MESSIAS ASSEGURANDO SUA HERANÇA**
URSA MAJOR	O Messias guardando sua Igreja
URSA MINOR	A Igreja: O pequeno Rebanho
ARGO	Os Peregrinos chegando em segurança
	ao Lar celestial

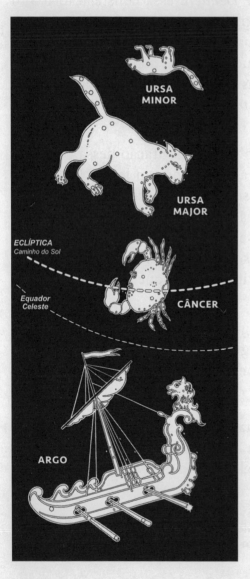

No 11º signo e em seus decanatos, temos a Igreja, o pequeno rebanho do Redentor (constelação URSA MINOR), segura firmemente como propriedade exclusiva de Cristo (constelação CÂNCER), sendo guardada com intenso zelo pelo Salvador (constelação URSA MAJOR), finalmente chegando em segurança ao porto seguro celestial após toda sua jornada neste mundo turbulento (constelação ARGO).

É realmente um abençoado consolo para os afadigados e exaustos viajantes terrenos saber que ainda resta um descanso para o povo de Deus (Hb 4:9). Apesar de todas as lutas e tribulações a que estamos sujeitos nesta vida, há uma bendita esperança e maravilhosas promessas que estão nos aguardando nos céus, as quais vemos registradas não somente nas Sagradas Escrituras, mas também nas estrelas do firmamento:[9]

> Depois destas coisas, vi, e eis grande multidão que ninguém podia enumerar, de todas as nações, tribos, povos e línguas, em pé diante do trono e diante do Cordeiro, vestidos de vestiduras brancas, com palmas nas mãos; e clamavam em grande voz, dizendo: Ao nosso Deus, que se assenta no trono, e ao Cordeiro, pertence a salvação. [...] Um dos anciãos tomou a palavra, dizendo: Estes, que se vestem de vestiduras brancas, quem são e donde vieram? Respondi-lhe: meu Senhor, tu o sabes. Ele, então, me disse: São estes os que vêm da grande tribulação, lavaram suas vestiduras e as alvejaram no sangue do Cordeiro, razão por que se acham diante do trono de Deus e o servem de dia e de noite no seu santuário; e aquele que se assenta no trono estenderá sobre eles o seu tabernáculo. Jamais terão fome, nunca mais terão sede, não cairá sobre eles o sol, nem ardor algum, pois o Cordeiro que se encontra no meio do trono os apascentará e os guiará para as fontes da água da vida. E Deus lhes enxugará dos olhos toda lágrima. (Ap 7.9-17).

> Vi novo céu e nova terra, pois o primeiro céu e a primeira terra passaram, e o mar já não existe. Vi também a cidade santa, a nova Jerusalém, que descia do céu, da parte de Deus, ataviada como noiva adornada para o seu esposo. Então, ouvi grande voz vinda do trono, dizendo: Eis o tabernáculo de Deus com os homens. Deus habitará com eles. Eles serão povos de Deus, e Deus mesmo estará com eles. E lhes enxugará dos olhos toda lágrima, e a morte já não existirá, já não haverá luto, nem pranto, nem dor, porque as primeiras coisas passaram. [...] O vencedor herdará estas coisas, e eu lhe serei Deus, e ele me será filho. (Ap 21.1-7).

E agora, por fim, vamos entrar no décimo segundo e último capítulo desta maravilhosa história celeste, que nos mostra a conclusão final do drama da redenção e a realização completa de todo o plano de Deus.

Capítulo 21

SIGNO DE LEÃO

"[...] eis que o Leão da Tribo de Judá, a Raiz de Davi, venceu [...]"
(Ap 5.5)

Planisfério Celeste com destaque para a Constelação *LEÃO*
e seus decanatos (*HYDRA / CRATER / CORVUS*)

LEÃO
O Triunfo consumado do Messias

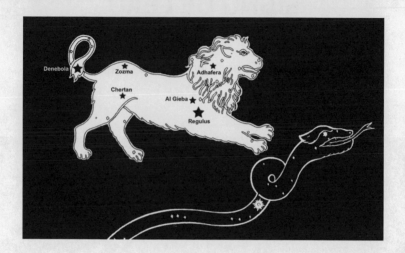

No último signo temos a imagem de um leão, animal nobre, majestoso, também chamado de "rei dos animais". Ele está com suas patas dianteiras em posição de ataque sobre a cabeça de uma monstruosa serpente (constelação *Hydra*). Aqui temos a figura da destruição de Satanás, dos seus anjos e dos homens perversos; a consumação de toda profecia que diz respeito à completa derrota da antiga Serpente, da sua semente e de todas as suas obras.

O Leão sempre foi o símbolo da tribo de Judá (Gn 49.8,9), pois o Messias viria dessa tribo. Não há nenhuma dúvida em relação ao significado dessa constelação: Jesus, o Leão da Tribo de Judá, levanta-se para abater seu inimigo, a grande serpente, Satanás! Portanto, quer olhemos para a história nos céus ou para a história nas Escrituras, testemunhamos uma só e a mesma mensagem: "eis que o Leão da Tribo de Judá, a Raiz de Davi, venceu [...]" (Ap 5.5).

O nome dessa constelação em várias línguas tem o mesmo significado: *Leão* (hebraico *Arieh*; siríaco *Aryo*; árabe *Al Asad*; latim *Leo*). A estrela mais brilhante, no peito do leão, *Regulus*[i] (também

---
[i] Uma das 25 estrelas mais brilhantes do céu, 140 vezes mais luminosa que o Sol.

chamada de "Estrela Real"), significa "calcar" ou "pé que esmaga" – exatamente o que fazem os pés do leão sobre a cabeça da serpente. Outras estrelas são: *Denebola* ("o Juiz ou Senhor que vem"); *Zozma* ("a que brilha"); *Adhafera* ("derrota do inimigo"); e *Al Gieba* ("exaltado").[1]

No Zodíaco de *Dendera*, vemos a mesma representação de um leão sobre uma serpente:

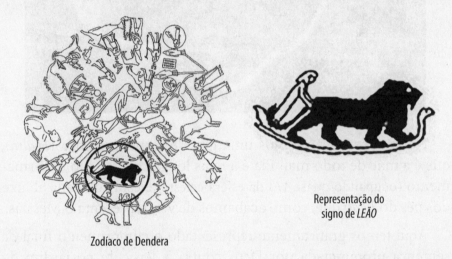

Zodíaco de Dendera

Representação do signo de *LEÃO*

Seu nome egípcio é *Pi Mentekeon*, que significa "despedaçar"[2], ou seja, o que o leão faz com a serpente!

Com este 12º e último signo, terminamos a história celeste! Começamos em *Virgem* e terminamos em *Leão*. Ninguém que tenha acompanhado o nosso raciocínio pode duvidar que deciframos o enigma da Esfinge, pois ela tem a cabeça de uma mulher (início na constelação *Virgem*) e o corpo de leão (final na Constelação *Leão*)[3]. Também a semelhança com as Escrituras é extraordinária, pois, como vimos, *Virgem* está associada a Gênesis e, agora, vemos *Leão* associado ao Apocalipse!

Os *decanatos* ou constelações adjacentes completam e confirmam essa mensagem:

HYDRA - A Serpente Fugitiva
A Antiga Serpente abatida

Nesta constelação temos uma grande serpente fêmea (*Hydra*), que é a mãe de todo mal. Ela é a mais longa constelação do firmamento (ocupando quase 1/3 da esfera celeste) e está colocada abaixo dos pés do *Leão* que, como acabamos de ver, representa o Messias.

Aqui temos graficamente representado o cumprimento final da sentença pronunciada por Deus contra a serpente no jardim do *Éden*:

> Então, o SENHOR Deus disse à serpente: Visto que isso fizeste (enganaste a mulher e a fizeste pecar), maldita és [...] Porei inimizade entre ti e a mulher, entre a tua descendência (todo tipo de mal) e o seu descendente (o Messias). Este (constelação Leão) te ferirá a cabeça, e tu (constelação Escorpião) lhe ferirás o calcanhar. (Gn 3:14,15, parênteses nossos).

No 1º volume da história celeste [*Virgem / Libra / Escorpião / Sagitário*], um grande dragão no formato de serpente (*Draco* [signo principal *Sagitário*]) aparece situado bem ao norte (no centro) do Planisfério Celeste. Esse foi o início da história do adversário, quando enganou o homem e se tornou o príncipe deste mundo (Jo 16:11). Mas agora, no último volume da história celeste [*Touro /*

Gêmeos / Câncer / Leão], temos uma grande serpente (*Hydra* [signo principal *Leão*]) que se encontra bem ao sul (na extremidade dos céus), banido de seu lugar de destaque! A mensagem é clara: Satanás foi expulso de sua posição dominante e lançado nas trevas exteriores:

> E foi expulso o grande dragão, a antiga serpente, que se chama diabo e Satanás, o sedutor de todo o mundo, [...] (Ap 12.9).

A palavra *Hydra* significa "ela é detestável" ou "ela é odiosa". *Dupuis*[ii] diz que "os antigos persas chamavam esta constelação de 'a Serpente de Eva'", se referindo ao livro de *Zoroastro*[iii] chamado "*Boundesh*"[4]. A única estrela importante dessa constelação (a de maior brilho) está situada no pescoço do monstro e é chamada *Al Phard*, ou seja, "separado", "excluído", "posto fora do caminho".

De acordo com a mitologia, *Hydra* era uma serpente descomunal que habitava o pântano de *Lerna* (imagem deste mundo corrupto) e cujo hálito pestilento a tudo destruía: homens, colheitas e rebanhos. Dizia-se possuir 100 cabeças, nenhuma das quais poderia ser morta apenas sendo decepada, mas era necessário queimá-la com fogo, senão duas cabeças nasceriam onde antes havia somente uma. Isso reflete perfeitamente a história da maldade no mundo, a qual não pode ser efetivamente destruída a não ser pelo fogo do julgamento divino. A destruição desse monstro foi uma das tarefas de *Hércules*, símbolo da "Semente da mulher" que viria pisar a cabeça da serpente e exterminar todos os poderes do mal[5]. Assim, a mitologia, por mais distorcida que seja, traz em suas raízes certos traços da verdade bíblica.

[ii] Charles-François Dupuis: ver nota de rodapé xi na página 102.

[iii] Versão grega do nome *Zaratustra*: profeta nascido na Pérsia em meados do século 7 a.C. e fundador do *Zoroastrismo*, religião com fundamentos nos livros "sagrados" *Avesta*, que admite a existência de duas divindades, as quais representam o Bem e o Mal.

CRATER – A Taça
A Taça da ira divina derramada sobre o Adversário

No segundo *decanato* do signo de *Leão* temos representada uma taça, larga e profunda, colocada (ou atada) no meio do corpo da grande serpente *Hydra*.

Muitas vezes nas Escrituras (em especial no *Apocalipse*), temos a taça (ou cálice) sempre sendo associada ao julgamento de Deus contra o pecado. Veja os seguintes versículos:

> Porque na mão do Senhor há um cálice cujo vinho espuma, cheio de mistura; dele dá a beber; sorvem-no, até às escórias, todos os ímpios da terra. (Sl 75.8).

> [...] Se alguém adora a besta e a sua imagem e recebe a sua marca na fronte ou sobre a mão, também esse beberá do vinho da cólera de Deus, preparado, sem mistura, do cálice da sua ira, e será atormentado com fogo e enxofre, [...] (Ap 14.9,10).

> Então, um dos quatro seres viventes deu aos sete anjos sete taças de ouro, cheias da cólera de Deus, que vive pelos séculos dos séculos. (Ap 15.7).

> Ouvi, vinda do santuário, uma grande voz, dizendo aos sete anjos: Ide e derramai pela terra as sete taças da cólera de Deus. (Ap 16.1).

Signo de Leão

Portanto, essa taça colocada sobre a serpente (*Hydra*) aponta para a taça da ira de Deus que será finalmente derramada sobre o autor de todo mal, a saber, Satanás e seus anjos. Foi por intermédio da serpente que a maldição entrou no mundo; mas agora toda a maldição está para ser derramada sobre o seu dorso![6]

A principal estrela dessa constelação é chamada *Al Kes*, nome que significa "a taça". Essa estrela e uma outra, ambas na base da taça, são consideradas também parte do corpo de *Hydra*, mostrando que essas duas constelações são inseparáveis.

Como já dissemos no capítulo 6, é completamente improvável que as constelações zodiacais tenham sido originadas pela criatividade ou imaginação humana, pois várias delas estão representadas em atitudes inteiramente não naturais, como nesse caso da constelação *Crater* (uma grande taça em cima e no corpo de uma serpente). Porém, quando as enxergamos sob a perspectiva da revelação das Sagradas Escrituras, todas elas, sem exceção, individualmente e em conjunto, adquirem um significado perfeitamente harmonioso! Portanto, como já concluímos, a única explicação plausível é que as constelações zodiacais tenham tido uma origem divina!

CORVUS - O Corvo
O Corvo devorando a carcaça dos inimigos de Deus

O evangelho revelado nas estrelas

Neste *decanato* temos um corvo (um pássaro que se alimenta de carniça) com suas garras sobre a serpente, pronto para devorá-la. Essa será a cena final no grande dia do julgamento divino sobre o diabo e seus seguidores. Veja o que está registrado no livro do Apocalipse:

> Então, vi um anjo posto em pé no sol, e clamou com grande voz, falando a todas as aves que voam pelo meio do céu: Vinde, reuni-vos para a grande ceia de Deus, para que comais carnes de reis, carnes de comandantes, [...] carnes de todos, quer livres, quer escravos, tanto pequenos quanto grandes. (Ap 19.17,18).

Esses versículos (e essa última constelação) nos falam dos corvos devorando os restos de todos os adversários de Deus. Quando esse momento chegar, é porque o inimigo já estará totalmente aniquilado. Assim, em *Corvus*, temos a conclusão de todas as coisas, a saber, o triunfo final do Cristo de Deus sobre todas as hostes do diabo!

Portanto, essas três constelações, apesar de parecerem formar um conjunto misterioso, na verdade são uma clara representação da ruína final de Satanás e de todos os que se posicionarem ao seu lado.

Os árabes a chamavam de *Minchir al Gorab*, ou seja, "o corvo partindo (a serpente) em pedaços"; e os egípcios, de *Her-na*, que quer dizer "o inimigo destroçado". As estrelas principais são *Al Gorab* ("o corvo") e *Al Chibar* ("maldição infligida").

A mitologia grega, mais uma vez, fornece uma explicação inteiramente pueril e sem sentido para este trio de constelações: *Hydra*, *Crater* e *Corvus*. Conta-se que o deus *Apolo* enviou um corvo (*Corvus*) para apanhar uma taça (*Crater*) de água. No caminho, o corvo, guloso, parou para comer figos. Como um álibi, o corvo agarrou uma cobra d'água e culpou-a pelo atraso, mas *Apolo* percebeu a trapaça e baniu o trio para os céus, colocando o corvo atrás da taça, para que este nunca pudesse saciar sua sede[7]. Outra interpretação para *Crater*, a taça, é que ela seria a taça em que *Baco*, o deus do vinho, tomava seu líquido precioso. Ou seja, a taça estava associada com alegria e felicidade. Porém, como vimos, o significado real é completamente oposto!

Resumo do Signo de LEÃO

LEÃO   O TRIUNFO CONSUMADO DO MESSIAS
HYDRA   A Antiga Serpente abatida
CRATER   A Taça da ira divina derramada sobre o Adversário
CORVUS   O Corvo devorando a carcaça dos inimigos de Deus

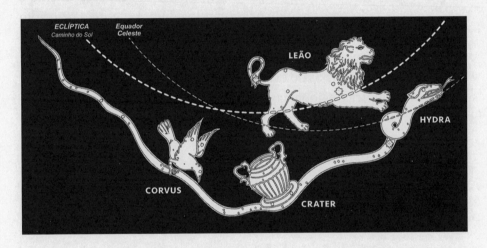

No 12º e último signo do Zodíaco (com seus decanatos) temos a velha serpente sendo lançada para fora dos céus (constelação HYDRA), colocada debaixo dos pés do Leão da Tribo de Judá (constelação LEÃO), com o cálice da ira de Deus prestes a ser derramado sobre ela (constelação CRATER) e com os corvos já devorando sua carcaça (constelação CORVUS).

As estrelas, realmente, proclamam a glória de Deus e a salvação de seu Cristo! Em cada uma das antigas constelações essa história é contada por meio de símbolos. Nelas, encontramos graficamente representadas a vinda do Salvador ao mundo, a natureza do conflito, as bênçãos divinas oferecidas aos fiéis e a destruição final do adversário.

Diante de tudo o que foi exposto, desejo terminar citando a seguinte declaração do famoso erudito, o Dr. Joseph A. Seiss:[8]

> De minha parte, eu não tenho a menor dúvida ou questionamento a esse respeito. Quando consideramos os fatos, as figuras e os nomes que a própria ciência astronômica nos fornece, eu encontro tão claras e evidentes marcas de conexão e projeto, tal consistência na elaboração dos detalhes, tal desenvolvimento e ordenado progresso de pensamento e lógica, desde o princípio até o final, [...] tal completa identidade de imagens e termos com a revelação bíblica, tamanha evidência e exaustivo perfil com as verdades eternas do evangelho, [...] que não posso ir contra toda essa lógica e evidências, a não ser aceitar que os céus proclamam a glória de Deus e as estrelas carregam um registro profético do evangelho e da pessoa, missão, obras e atos redentivos de nosso Senhor Jesus Cristo.
>
> Que Deus seja louvado!

Quarta Parte

CONSIDERAÇÕES FINAIS

"Porque nada podemos contra a verdade,
senão em favor da própria verdade."

Apóstolo Paulo (2ª Carta aos Coríntios 13:8)

"O erro, caro Brutus, não está nas estrelas,
mas em nós mesmos."

William Shakespeare

Capítulo 22

A MANEIRA CORRETA DE SE OLHAR AS ESTRELAS

Disse também Deus: Haja luzeiros no firmamento dos céus, para fazerem separação entre o dia e a noite; e sejam eles para sinais, para *estações*, para dias e anos. (Gn 1.14, grifo nosso).

Como vimos no capítulo 4, um dos propósitos divinos para a criação dos corpos celestes foi de que eles nos servissem como *estações*. Essa palavra no original hebraico é *moed*, e não se refere às estações do ano (verão, inverno, outono, primavera), mas a "períodos", "tempos" ou "épocas" determinadas por Deus[i]. Esse é o motivo pelo qual, em algumas traduções bíblicas, nesse versículo não temos a palavra "estações", mas a expressão "tempos determinados":

---

[i] [4150. moed] - *Strong's Concordance: time, place, or meeting / Strong's Exhaustive Concordance: appointed sign, time, place of, solemn assembly, congregation, set, solemn feast.* Exemplos: (1) em Gn 17.21 e 18.14, encontramos a palavra *moed* referindo-se ao tempo determinado por Deus para que Abraão e Sara tivessem um filho; (2) em Lv 23.4 encontramos a palavra *moedim* (plural de *moed*) onde temos várias festas ordenadas por Deus, que deveriam ocorrer em épocas determinadas.

E disse Deus: Haja luminares na expansão dos céus, para haver separação entre o dia e a noite; e sejam eles para sinais e para *tempos determinados* e para dias e anos. (Gn 1.14, ARC, grifo nosso).

Portanto, um dos propósitos pelos quais os luzeiros foram colocados no firmamento do céu foi o de nos servirem como marcações para acontecimentos específicos ou épocas fixadas por Deus. O exemplo mais notável nas Escrituras a esse respeito se encontra no Evangelho de Mateus:

Tendo Jesus nascido em Belém da Judeia, em dias do rei Herodes, eis que vieram uns magos do Oriente a Jerusalém. E perguntavam: Onde está o recém-nascido Rei dos judeus? *Porque vimos a sua estrela no Oriente e viemos para adorá-lo.* Tendo ouvido isso, alarmou-se o rei Herodes, e, com ele, toda a Jerusalém; então, convocando todos os principais sacerdotes e escribas do povo, indagava deles onde o Cristo deveria nascer. Em Belém da Judeia, responderam eles, porque assim está escrito por intermédio do profeta: 'E tu, Belém, terra de Judá, não és de modo algum a menor entre as principais de Judá; porque de ti sairá o Guia que há de apascentar a meu povo, Israel'. Com isso, Herodes, tendo chamado secretamente os magos, *inquiriu deles com precisão quanto ao tempo em que a estrela aparecera.* E, enviando-os a Belém, disse-lhes: Ide informar-vos cuidadosamente a respeito do menino; e, quando o tiverdes encontrado, avisai-me, para eu também ir adorá-lo. Depois de ouvirem o rei, partiram; *e eis que a estrela que viram no Oriente os precedia,* até que, chegando, parou sobre onde estava o menino. E, *vendo eles a estrela*, alegraram-se com grande e intenso júbilo. Entrando na casa, viram o menino com Maria, sua mãe. Prostrando-se, o adoraram; e, abrindo os seus tesouros, entregaram-lhe as suas ofertas: ouro, incenso e mirra. Sendo por divina advertência prevenidos em sonho para não voltarem à presença de Herodes, regressaram por outro caminho a sua terra. (Mt 2:1-12, grifos nossos).

Antes de examinarmos essa passagem bíblica, precisamos esclarecer um ponto importante: a palavra "magos" ("μάγος" no original grego). De acordo com o léxico grego-inglês do Novo Testamento[1], poderia ser melhor traduzido como *"homens sábios que estudavam as estrelas"*.[ii]

Nesse relato divinamente inspirado (como cremos ser todo o Novo Testamento), temos uma prova irrefutável de que Deus colocou o evangelho nas estrelas, pois, de que outra forma poderíamos explicar esse episódio? Aqui vemos gentios, ou seja, pessoas fora do povo de Israel que, apesar de estarem vivendo longe da Judeia (no Oriente) e não possuírem as Escrituras do Antigo Testamento, unicamente pelo estudo dos astros e observação das estrelas, chegaram às seguintes conclusões:

- ➤ Nasceu o Rei dos Judeus (Mt 2.1,2);
- ➤ O tempo exato do seu nascimento (Mt 2.7);
- ➤ A localização aproximada de seu nascimento (Mt 2.1,2);
- ➤ O nascimento daquela criança era um fato tão importante, que eles saíram de sua distante pátria e empreenderam uma longa viagem para lhe trazer seus tesouros (ouro, incenso e mirra) (Mt 2.1,11);
- ➤ E não somente lhe trazer presentes, mas adorá-lo (Mt 2.2,11), mostrando com isso que aquela criança não era um ser humano comum, mas o próprio Deus encarnado, pois presta-se adoração somente a Deus e não a homens!

Por fim, o simples fato de suas ofertas e adoração terem sido aceitas e registradas nas Escrituras (Mt 2.11,12) comprova que o conhecimento obtido por eles era verdadeiro e aprovado por Deus!

[ii] Convém notar que o texto do evangelista Mateus não diz quantos magos eram. Deduz-se três dos três presentes que eles ofereceram a Jesus. Também o texto não os chama de "reis", mas lendas posteriores lhe deram nomes e procedências. Além disso, o texto sagrado se refere a Jesus como sendo um "menino" (v.8,9,11) e estando em uma "casa" (v.11), indicando que o momento da visita dos magos não foi na ocasião do seu nascimento, mas em sua infância.

O evangelho revelado nas estrelas

A Bíblia não menciona nenhuma revelação sobrenatural de Deus dada àqueles homens[iii], mas todo esse conhecimento lhes sobreveio apenas e somente pela observação das estrelas: "Porque vimos a sua estrela no Oriente e viemos adorá-lo" (v.2). Ou seja, aqueles sábios fundamentaram-se em um acontecimento astronômico que nunca poderiam ter compreendido a não ser que algumas profecias estivessem associadas às estrelas/constelações e pudessem ser lidas, compreendidas e cridas como se tivessem vindo da parte de Deus[2]. Em outras palavras, eles foram guiados pelo *Evangelho nas Estrelas*!

Por que não podemos aceitar essa conclusão? Todos os fatos apontam nessa direção e não há, nem cientifica e nem biblicamente falando, nenhuma outra explicação plausível para esse evento associado aos magos do Oriente registrado no Evangelho de Mateus. Pelo contrário, a interpretação que estamos propondo elimina quaisquer perplexidades e suspeitas indignas no relato bíblico a favor de práticas ocultistas, adivinhação, previsão do futuro ou influência dos astros sobre a vida e questões terrenas.

Quanto à localização da "estrela de Belém", conforme Kennedy[iv], Bullinger e Seiss, é bem provável que ela tenha surgido na constelação *Coma*, pois havia uma antiga tradição (bem conhecida no Oriente e cuidadosamente preservada) que dizia que uma nova estrela apareceria neste signo (*Virgem*) quando o Messias nascesse[3]. Isso pode ou não ser verdade, mas é muito significativo o fato de *Coma* ter sido, conforme vimos no capítulo 10, a única constelação a ter a sua imagem e representação celeste corrompida. Além disso, quando consideramos todas as figuras do Planisfério Celeste, não haveria melhor (ou mais significativa) posição para que essa nova estrela (anunciando o nascimento do Salvador) aparecesse, do que na

---

[iii] Exceto o fato de que, após o encontro com o menino Jesus, os magos foram advertidos divinamente por sonho a não voltarem à presença de Herodes, pois como essa informação não estava nas estrelas, Deus precisou se revelar dessa maneira para alertá-los.

[iv] Dennis James Kennedy (1930-2007 d.C.): pastor e evangelista americano, autor de vários livros e fundador da Igreja Presbiteriana *Coral Ridge* em Fort Lauderdale/Flórida.

constelação *Coma*, pois seu antigo nome egípcio é *Shes-Nu*, que significa "o filho desejado". Ainda mais extraordinário é o fato de que, em alguns zodíacos antigos, essa criança ter o nome persa "*Ihesu*", muito similar ao nome grego "Jesus".[4]

E, assim como Deus registrou nas estrelas esse sinal inconfundível para os magos na ocasião do nascimento do Messias, semelhantemente, conforme o próprio Jesus, na época de seu retorno também

Constelação *COMA*

haverá sinais nos céus, os quais são as "estações" ou "tempos determinados" que Deus colocou nos luzeiros celestes desde o princípio do mundo:

> *Haverá sinais no sol, na lua e nas estrelas*; sobre a terra, angústia entre as nações em perplexidade por causa do bramido do mar e das ondas; haverá homens que desmaiarão de terror e pela expectativa das coisas que sobrevirão ao mundo; pois os poderes dos céus serão abalados. Então, se verá o Filho do Homem vindo numa nuvem, com poder e grande glória. (Lc 21.25-27, grifo nosso).

Portanto, concluindo este capítulo, desejamos asseverar que, se olharmos para as estrelas e os signos do Zodíaco (as constelações) para encontrarmos Cristo e a glória de Deus, nós certamente os encontraremos nestas figuras celestes, pois todas as coisas (quer nos céus, quer na Terra) foram criadas por ele, existem por meio dele e são feitas para ele: "Porque dele, e por meio dele, e para ele são todas as coisas. A ele, pois, a glória eternamente. Amém!" (Rm 11.36).

Capítulo 23

A MANEIRA ERRADA DE SE OLHAR AS ESTRELAS

Ora, em toda a terra havia apenas uma linguagem e uma só maneira de falar. Sucedeu que, partindo eles do Oriente, deram com uma planície na terra de Sinar[i]; e habitaram ali. E disseram uns aos outros: Vinde, façamos tijolos e queimemo-los bem. Os tijolos serviram-lhes de pedra, e o betume, de argamassa. Disseram: Vinde, edifiquemos para nós uma cidade e uma torre cujo topo chegue até aos céus e tornemos célebre o nosso nome, para que não sejamos espalhados por toda a terra. Então, desceu o SENHOR para ver a cidade e a torre, que os filhos dos homens edificavam; e o SENHOR disse: Eis que o povo é um, e todos têm a mesma linguagem. Isto é apenas o começo; agora não haverá restrição para tudo que intentam fazer. Vinde, desçamos e confundamos ali a sua linguagem, para que um não entenda a linguagem do outro. Destarte, o SENHOR os dispersou dali pela superfície da terra; e cessaram de edificar a cidade. Chamou-se-lhe, por isso, o nome de Babel, porque ali confundiu o SENHOR a linguagem de toda a terra e dali o SENHOR os dispersou por toda a superfície dela. (Gn 11.1-9).

---

[i] Ou Sinear, provavelmente na região da Mesopotâmia.

Essa passagem do Antigo Testamento narra a origem das línguas da raça humana. Segundo o texto bíblico, naquele momento da história, toda a humanidade era composta pelos descendentes de Noé (Gn 9.18,19), todos estavam juntos e falavam a mesma língua (Gn 11.1). Porém, ao considerarmos esse relato, precisamos nos perguntar:

1) *Por que Deus confundiu a linguagem dos homens daquela época e os dispersou por toda a Terra?*

2) *Qual foi o motivo de tão grande juízo sobre aquela geração?*

Se examinarmos com cuidado o texto, vamos descobrir que a razão foi uma *cidade* e uma *torre*!

A Cidade

O objetivo principal da construção da cidade era para que os homens daquela época não fossem espalhados por toda a Terra:

> Disseram: *Vinde, edifiquemos para nós uma cidade* e uma torre cujo topo chegue até aos céus e tornemos célebre o nosso nome, *para que não sejamos espalhados por toda a terra.* (Gn 11.4, grifos nossos)

Essa atitude representou um ato deliberado de rebelião coletiva dos homens contra os propósitos divinos e o expresso mandamento de Deus (dado tanto a Adão quanto a Noé) de se multiplicarem e encherem a Terra:

> E Deus os abençoou (Adão e Eva) e lhes disse: Sede fecundos, multiplicai-vos, *enchei a terra* e sujeitai-a; dominai sobre os peixes do mar, sobre as aves dos céus e sobre todo animal que rasteja pela terra. (Gn 1.28, parêntese e grifo nossos).

> Abençoou Deus a Noé e a seus filhos e lhes disse: Sede fecundos, multiplicai-vos e *enchei a terra.* (Gn 9.1, grifo nosso).

Portanto, esse foi o motivo pelo qual Deus precisou intervir, confundindo a linguagem de toda aquela geração e, assim, disper-

A maneira errada de se olhar as estrelas

sando-os por toda a Terra. E o resultado da ação divina foi: "[...] e cessaram de edificar a cidade" (Gn 11.8).

Essa foi a primeira tentativa de Satanás na história da humanidade de estabelecer sua supremacia sobre a raça humana e frustrar os planos do Altíssimo. Porém, como o adversário não foi bem-sucedido naquela ocasião, no final dos tempos, conforme o livro do Apocalipse, ele tentará novamente implementar essa estratégia, quando reunirá todos os homens debaixo de um único governo mundial, sob o domínio do Anticristo.

A Torre

A cidade não foi a única razão que levou Deus a confundir a linguagem da raça humana. Os homens daquela época também planejavam edificar uma torre:

> [...] Vinde, edifiquemos para nós uma cidade *e uma torre cujo topo chegue até aos céus* e tornemos célebre o nosso nome, para que não sejamos espalhados por toda a terra. (Gn 11.4, grifo nosso).

Mas o que havia de tão especial naquela torre?

A passagem acima nos informa a respeito de uma característica peculiar da torre: *"cujo topo chegue até aos céus"*. Porém, quando estudamos esse texto no original hebraico, observamos algo interessante a respeito de sua estrutura: a expressão *"chegue até"* não existe! Na verdade, na construção semântica do texto hebraico não há nada que diga respeito à altura da torre. Todavia, o que ocorreu, é que a maioria dos tradutores inseriram a expressão *"chegue até"*, a fim de dar um sentido melhor à frase, motivo pelo qual, em algumas bíblias, essas duas palavras se encontram em itálico (indicando que não aparecem no original e que são um acréscimo dos tradutores). Certamente, o problema daquela torre não estava em sua altura, pois os homens da época não eram tão tolos assim! Ademais, se eles quisessem construir uma torre que

313

chegasse até aos céus, o fariam no cume de alguma montanha e não em uma planície (Gn 11.2)[ii]. Portanto, a tradução literal deste versículo seria:

> [...] Vinde, edifiquemos para nós uma cidade *e uma torre cujo topo os céus* e tornemos célebre o nosso nome, para que não sejamos espalhados por toda a terra. (Gn 11.4, grifo nosso).

Portanto, o que realmente aconteceu foi que os homens daquela época desejaram edificar *"uma torre cujo topo os céus"*, isto é, que no topo da torre haveria uma representação dos céus[iii], com a posição das estrelas e as figuras das constelações! Assim, provavelmente a torre de Babel tivesse sido um *Zigurate*, ou seja, uma torre-templo[iv], na qual, em seu topo, existiria uma representação dos signos do Zodíaco.

Representação de um Zigurate

Conforme Bullinger, em seu livro *The Witness of the Stars* [O Testemunho das Estrelas], esse fato seria corroborado pelo General Chesney, que ficou bem conhecido devido às suas pesquisas e escavações nas ruínas da Babilônia, o qual, após descrever suas várias descobertas, assevera:

[ii] Além dos homens da época não possuírem tecnologia para construir torres significativamente altas, muitas outras torres maiores do que a daquela época já foram construídas e isso nunca significou uma afronta a Deus ou provocou a ira divina.
[iii] Exatamente como temos no Templo de *Dendera*.
[iv] Outro aspecto que precisamos destacar a respeito dessa torre (ou Zigurate) é que ela significava uma religião mundial contrária a Deus, pois por toda a história, essas estruturas sempre estiveram associadas à religião dos povos antigos e eram administradas por sacerdotes. Estes dois aspectos: a cidade (representando um governo mundial) e a torre (representando uma religião mundial) sempre foram os dois principais objetivos de Satanás, o qual tentou realizar naquela época e também o fará no final dos tempos.

A cerca de oito quilômetros a sudoeste de Hillah, a mais notável de todas as ruínas, a Birs Nimroud dos árabes, eleva-se a uma altura de 47 metros acima da planície, partindo de uma base que cobria um quadrado de 120 metros de lado, ou seja, com a área de quase quatro acres. Foi construída de tijolos de argila queimada, em sete estágios, que correspondessem aos planetas aos quais estavam dedicados [...] Esses estágios eram encimados por uma alta torre, em cujo topo, segundo somos informados, estavam os signos do Zodíaco e outras figuras astronômicas.[1]

E por que isso desagradou tanto a Deus?

Como já dissemos no capítulo 4, as estrelas (e constelações) não foram criadas apenas para nos servirem de "sinais", mas também para anunciar "estações"– que no original hebraico (*moed*[v]) significa "tempos" e "épocas". Assim, podemos concluir que Deus colocou nos luminares celestes algumas marcações a respeito de tempos e épocas que foram predeterminadas de antemão para que acontecimentos marcantes na história da humanidade relacionados ao plano de redenção fossem registrados[2] (sendo que o nascimento do Messias foi um desses eventos, o qual os magos discerniram perfeitamente).

A intenção do adversário, portanto, em levar aquela geração a construir uma torre com o mapa dos céus em seu topo, foi a de transmitir a alguns poucos privilegiados o conhecimento antecipado daqueles "tempos" e "épocas" determinados por Deus para que os homens fossem senhores de seus próprios destinos e também visando impedir a consumação dos propósitos divinos[vi]. É justamente por esse motivo que o texto sagrado faz a seguinte afirmação:

---

[v] No livro de Gênesis, há três ocorrências desta palavra (17.21, 18.14, 21.2), que demonstram claramente um tempo predeterminado por Deus que foi resultado de inequívoca interferência diniva [ADAM, 1974, p.40].

[vi] Principalmente no que diz respeito à vinda a este mundo do descendente da mulher que esmagaria a cabeça da serpente, segundo a promessa de Deus feita a Eva (Gn 3:15).

O evangelho revelado nas estrelas

> [...] Isto é apenas o começo; agora não haverá restrição para tudo que intentam fazer. (Gn 11.6).

Essa declaração revela que, caso Deus não tomasse uma atitude drástica, o poder adquirido pela raça humana seria absoluto e irreversível, ou seja, eles seriam capacitados (pelo conhecimento ilícito transmitido por Satanás) a prever o futuro e, assim, tornar-se-iam não apenas independentes do controle divino para a administração dos tempos e épocas, mas seriam também, individual e coletivamente, donos da própria sorte e árbitros de seus próprios destinos, transformando-se, desse modo, em instrumentos dóceis para a manipulação do maligno[3]. Esse parece ser o real motivo que levou Deus a intervir, trazendo a confusão de línguas entre os homens e os espalhando por toda a Terra.

Pode-se encontrar uma referência indireta a esse ponto de vista, quando consultamos o livro apócrifo *1Enoque*. Apesar da incerteza sobre sua autenticidade e inspiração divinas, ele foi citado na Epístola de Judas de nossas Bíblias, como tendo, pelo menos, parte de seu conteúdo considerado como verdadeiro[vii]. Nesse livro atribuído a Enoque, encontramos alguns registros interessantes a respeito do tema que estamos considerando:[4]

➤ 1Enoque 8.2 relata que certos anjos caídos ensinaram aos homens a "astrologia" e a "ciência das constelações";

➤ 1Enoque 9.4 diz que certo anjo caído revelou aos homens "os segredos eternos do céu", inclusive forçando-os a esse conhecimento;

➤ Em 1Enoque 10.4 está registrado que certas coisas secretas (de conhecimento exclusivo dos anjos) foram ensinadas aos homens pelos "Guardiões";

[vii] Comparar Judas 14 com 1Enoque 1.6.

Voltando ao nosso assunto e concluindo este capítulo, podemos dizer que, se olharmos as estrelas e as constelações (os Sinais do Zodíaco) com o propósito de descobrir e predizer o futuro (colocando, por assim dizer, o destino em nossas próprias mãos), Deus trará confusão sobre nós (como fez com os homens daquela época) e seu juízo e condenação certamente nos alcançará!

Por fim, desejamos salientar que, se o relato bíblico da dispersão da humanidade em Babel for verdadeiro (e cremos que seja), todos os povos que se originaram daquele evento compartilhariam ideias comuns que sobreviveriam nas culturas por eles fundadas[viii]. Portanto, se naquela época em que todos os homens estavam juntos e falavam a mesma língua, o conhecimento das constelações e dos signos do Zodíaco fosse generalizado, teríamos aqui a explicação para o fato de todos os povos do mundo possuírem a mesma herança cultural dos símbolos dos céus! Essa é a única explicação plausível que, como dissemos, justifica o fato das figuras do Zodíaco serem conhecidas em todas as épocas e nas mais importantes civilizações da Antiguidade!

[viii] De um ponto de vista científico, qualquer conhecimento comum entre diversas culturas (no caso, os signos do Zodíaco) é uma possível indicação que todos os povos, em um dado momento da história, falavam a mesma língua e viveram em um único local, o qual a Bíblia identifica como sendo Babel (terra de Sinear). [HENRY, 2008, p.1]

Capítulo 24

ASTROLOGIA: A FALSIFICAÇÃO DA VERDADE

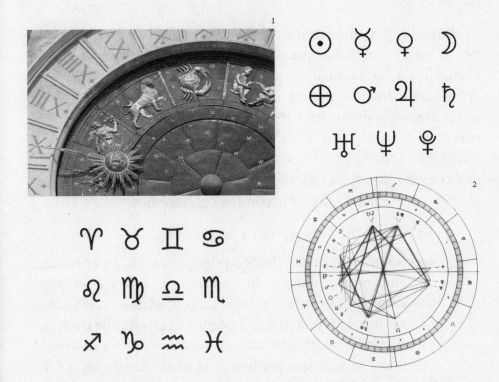

Na parte inicial deste livro (capítulo 5), vimos que a expressão "signos do Zodíaco" significa apenas "os sinais (ou constelações) que estão no caminho do Sol quando este faz o seu percurso entre as estrelas durante o ano". Essa é uma surpresa para as pessoas que pensam no Zodíaco somente no contexto dos horóscopos.[i]

---

[i] O horóscopo é definido como uma carta (ou gráfico celeste) da posição dos planetas com relação uns aos outros em determinada ocasião, notavelmente a ocasião do nascimento de uma pessoa, o que é considerado como determinante em seu destino, ou pelo menos apto a influenciá-lo.

O evangelho revelado nas estrelas

Quase todos nós fomos ensinados a associar os 12 signos do Zodíaco à pseudociência da astrologia, a qual se tornou uma das principais colunas do ocultismo em tempos modernos. Dessa forma, temos sido induzidos a presumir que o Zodíaco sempre esteve ligado aos astrólogos e às ciências ocultas. Sim, é verdade que os astrólogos têm usado os signos do Zodíaco de forma corrompida, mas não é verdade que os 12 signos tiveram sua origem na astrologia.[3]

Também já demonstramos que as constelações foram criadas por Deus com o único propósito de proclamar a mensagem do evangelho à humanidade. Assim, o conceito principal do *Evangelho nas Estrelas* é a ideia de que Deus originalmente definiu as constelações de forma a transmitir visualmente uma revelação primitiva de seu plano de salvação, muito antes que as Sagradas Escrituras fossem redigidas. Porém, infelizmente, o significado das constelações foi adulterado e se tornou, no passado, mitologia e, no presente, a astrologia como a conhecemos.[4]

Veja o que diz Tim Warner[ii]:

Se considerarmos que, desde o princípio da criação, os homens entendiam a mensagem do Zodíaco e a reconheciam como sendo profética, isto é, que contava antecipadamente certos fatos a respeito da história da humanidade e da salvação de Deus, fica muito fácil explicar como ela veio a ser usada pela astrologia. A ideia de "destino" que permeia toda a base da astrologia e dos horóscopos é uma perversão do conceito que Deus tem préordenado o curso da história humana e registrado isso através dos símbolos nos céus.

Assim que a verdadeira mensagem se tornou corrompida, astrólogos que alegam possuir um conhecimento oculto do cosmo, começaram a utilizar os céus (e seus símbolos celestes) de uma maneira pervertida. Eles começaram a reivindicar para

---

[ii] Pastor americano da *Oasis Christian Church* em Tampa, Flórida.

Astrologia: A falsificação da verdade

si a habilidade de predizer o destino de reis, reinos e indivíduos, no intuito de fazer um nome para eles mesmos e ganhar poder sobre as pessoas para seu próprio benefício e propósitos. [5]

Portanto, a astrologia é uma corrupção perversa da revelação original de Deus! Sabemos que a imitação da verdade é a maneira mais comum do adversário operar e ele tem feito esse trabalho tão bem nessa questão, que tem sido quase que totalmente bem-sucedido[6]. O diabo sempre foi e continua a ser o grande falsário, induzindo as pessoas a acreditar nos signos e não no significado que Deus originalmente intentou para eles!

Satanás sempre procurou roubar a glória de Cristo! Desde o princípio, ele fez o possível para ocultar o nome e a obra do Messias da revelação colocada nas estrelas e desvirtuar o plano divino de utilizar os corpos celestes para nos servirem como sinais: (1) Em primeiro lugar ele tentou levar o homem adorar os astros; (2) em seguida, distorcer a verdade destes, fazendo surgir falsas lendas e mitologias a respeito das figuras celestes; e, finalmente, (3) fazendo com que os filhos de Deus tenham todo tipo de preconceito a respeito da mensagem registrada nas constelações, a ponto de cristãos sinceros nem sequer considerarem a possibilidade de tal coisa ser possível, associando os signos do Zodíaco inteiramente às trevas e ao ocultismo. Em resumo, o adversário tem alcançado enorme sucesso em camuflar, distorcer e mesmo apagar a mensagem do *Evangelho nas Estrelas*. Mas, em nossos dias, Deus está resgatando a antiga revelação celeste por meio de sua palavra escrita, a Bíblia.[7]

O famoso pregador A. W. Tozer [iii] nos fala a respeito dessa estratégia da falsificação da verdade:

Toda vez que Satanás tem razão para temer uma verdade com grande pavor, ele realiza uma falsificação. [...] Satanás é muito

---

[iii] Aiden Wilson Tozer (1897-1963 d.C.): famoso pastor americano, pregador, editor e autor de diversos livros cristãos.

321

astuto e bastante experiente na criação de paródias da verdade, objeto de seu maior temor, e, então, arrisca sua paródia como algo real e logo afugenta os santos que agem com seriedade.[8]

Muito bem, sendo esse o caso em questão, vamos agora considerar com mais cuidado e atenção o que é a "astrologia", incluindo as bases sob as quais ela está fundamentada, para que possamos tornar patente os seus desígnios.

O que é a Astrologia?

Para sabermos a verdade sobre a astrologia, primeiramente precisamos defini-la. Ao estudarmos esse tema, podemos encontrar várias definições:[9]

➤ Crença baseada na suposição de que os astros e os planetas influem misteriosamente na vida dos homens, começando com o momento do nascimento e continuando ao longo de toda a vida de uma pessoa;

➤ O estudo dos céus e da influência que exercem sobre as vidas e os assuntos humanos;

➤ A ciência de certas relações secretas (ocultas, misteriosas) entre os corpos celestes e a vida terrena;

➤ A ciência das reações da vida às vibrações planetárias;

➤ Sistema de interpretação de símbolos (constelações) relacionados ao comportamento e às atividades humanas;

➤ Arte divinatória que pretende que a posição dos corpos celestes, num dado momento (nascimento), condicione o futuro favorável ou desfavoravelmente.

Diante de tão variadas definições, precisamos nos perguntar: Mas, afinal, o que é a astrologia? Uma crença? O estudo dos céus? Uma ciência? Uma arte divinatória? Um sistema de interpretação de símbolos? A conclusão que podemos chegar é que mesmo entre os próprios astrólogos não há consenso sobre o assunto!

Astronomia e Astrologia

A astronomia nunca deve ser confundida com a astrologia, apesar de ambos os campos estudarem e investigarem os mesmos céus. A astrologia é um sistema que pretende que o macrocosmo (o Universo como um todo) esteja, de alguma forma, conectado ao microcosmo (as pessoas e suas relações sociais), ou seja, que os assuntos terrenos estão vinculados às posições dos astros e eventos celestes[iv]. Ela também afirma que a personalidade e o destino individual das pessoas estão totalmente determinados pela configuração dos planetas no momento do nascimento. Porém, embora ambas as matérias (astronomia e astrologia) compartilhem uma origem comum, atualmente elas são totalmente distintas.

Talvez devido às espetaculares maravilhas universalmente observadas no céu noturno, praticamente todas as antigas sociedades acreditavam na influência dos corpos celestes sobre a vida humana, pois essas culturas associavam os astros a deuses e os seus movimentos a uma mensagem secreta divina. Portanto, concomitantemente com a ciência da astronomia, sempre foi praticada a astrologia, isto é, o estudo dos corpos e dos fenômenos celestes com o objetivo de prognóstico e horóscopos.[10]

Os registros mais antigos sugerem que a astrologia tenha tido sua origem por volta de 4000 a.C. Ela foi exercida em quase todas as culturas conhecidas e muitas elites políticas empregavam e remuneravam astrólogos e observadores dos céus, sendo esse trabalho uma atividade intelectual perfeitamente respeitável na Idade Média[11]. Até por volta do século 17 a astronomia e a astrologia eram indistinguíveis e os estudos tendiam a mesclar ciência e misticismo[v]. Mas, desde então, elas foram se distanciando e, a partir

---

[iv] Para se ter uma ideia de como esse princípio estava arraigado na mente medieval, a própria medicina associava algumas partes do corpo aos astros (*Áries*-cabeça / *Touro*-pescoço / *Gêmeos*-braços / *Leão*-coração / *Aquário*-pernas / *Peixes*-pés / etc.), a ponto de algumas intervenções cirúrgicas ocorrerem apenas quando os astros se encontravam em posições favoráveis. [WALKER, 1996, p.182 e KANAS, 2007, p.83]

[v] Até aquela época, os astrônomos também escreviam tratados astrológicos. O mais famoso foi escrito por *Ptolomeu*, em 140 d.C., sendo chamado de *Tetrabiblos*.

do século 18 a astrologia foi removida do meio universitário por não ser compatível com o método científico.

Porém, mesmo depois de banida por muito tempo (e praticada apenas por um pequeno grupo de pessoas), ela tem voltado com força total em nossa sociedade e cultura a partir do início do século 20 (em especial no final da década de 1960), pois os esotéricos têm associado as tremendas transformações sociais ocorridas no Ocidente à possível influência da chegada da *Era de Aquário*.[vi]

A Astrologia e a Bíblia

Não há nenhum princípio espiritual na Palavra de Deus que sugira qualquer influência do Universo criado na vida ou eventos humanos. Além disso, a Bíblia condena categoricamente qualquer forma de utilização dos corpos celestes que não seja a de, como vimos neste livro, revelar a glória de Deus e a salvação em Cristo. Tanto a adoração quanto a previsão do futuro por meio dos astros sempre foram totalmente abomináveis a Deus.

Em relação à adoração, essa questão é amplamente censurada nas Sagradas Escrituras, tanto no sentido geral, a saber, de que Deus é o *único* digno de receber adoração, quanto no sentido específico, isto é, da proibição de se adorar os astros. Veja as seguintes passagens bíblicas:

> Ao Senhor, teu Deus, adorarás, e só a ele darás culto. (Mt 4.10).

> Não farás para ti imagem de escultura, *nem semelhança alguma do que há em cima nos céus*, nem embaixo na terra, nem nas águas debaixo da terra. *Não as adorarás, nem lhes darás culto;*

[vi] *Astronomicamente* a *"Era de Aquário"* terá início quando o Sol, no dia do equinócio de Outono (Hemisfério Sul) ou da Primavera (Hemisfério Norte), nascer à frente da constelação de Aquário, sendo que, de acordo com a União Astronômica Intenacional (UAI) isso se dará em 2601 d.C. *Astrologicamente*, há muita discussão a respeito de quando se iniciará a *"Era de Aquário"* e vários místicos da astrologia a situam em datas distintas: 1908 d.C. (*Jan van Rijckenborgh*), 2150 d.C. (*Elsa M. Glover*), 2178 d.C. (*Max Heindel*), 2680 d.C. (*Sheperd Simpson*) e 3574 d.C. (*Rudolf Steiner*). Portanto, não há nem mesmo consenso entre os astrólogos sobre o início da *"Era de Aquário"*.

porque eu sou o SENHOR, teu Deus, Deus zeloso, que visito a iniquidade dos pais nos filhos até à terceira e quarta geração daqueles que me aborrecem e faço misericórdia até mil gerações daqueles que me amam e guardam os meus mandamentos. (Ex 20.4-6, grifos nossos).

Guarda-te não levantes os olhos para os céus e, vendo o sol, a lua e as estrelas, a saber, todo o exército dos céus, *sejas seduzido a inclinar-te perante eles e dês culto àqueles*, coisas que o SENHOR, teu Deus, repartiu a todos os povos debaixo de todos os céus. (Dt 4.19, grifo nosso).

Em relação à previsão do futuro, a Palavra de Deus também é taxativa em condenar, tanto quem faz as previsões (os astrólogos) quanto quem delas se utilizam (os que consultam horóscopos):

Apesar de todos os conselheiros que tem, você não poderá escapar (da morte). Que os seus astrólogos se apresentem e a ajudem! Eles estudam o céu e ficam olhando para as estrelas a fim de dizer, todos os meses, o que vai acontecer com você. Pois eles (os astrólogos) serão como palha; o fogo os destruirá, e eles não poderão se salvar. [...] É isso o que acontecerá com os seus adivinhos, com os quais você tem lidado toda a sua vida. Todos eles irão embora, cada um seguindo o seu próprio caminho; nenhum deles poderá salvar você. (Is 47.13-15, NTLH, parênteses nossos).

Além disso, também vemos que o conceito de "destino" (que exclui os princípios básicos do livre-arbítrio humano e do governo divino) é inteiramente reprovável diante de Deus:

Mas a vós outros, os que vos apartais do SENHOR, os que vos esqueceis do meu santo monte, os que preparais mesa para a deusa Fortuna *e misturais vinho para o deus Destino*, também vos destinarei à espada, e todos vos encurvareis à matança; porquanto chamei, e não respondestes, falei, e não atendestes; mas fizestes o que é mau perante mim e escolhestes aquilo em que eu não tinha prazer. (Is 65.11,12, grifos nossos).

Portanto, como cristãos, não podemos ter nenhuma associação com qualquer dessas execráveis práticas pagãs! Quem se guia pelos astros e não pelas Escrituras é guiado, na verdade, pelo maligno!

Argumentos científicos contra a Astrologia

Além das razões Escriturísticas (espirituais), há vários argumentos científicos que depõem contra a "pseudociência" da astrologia:

> *Todo o sistema da astrologia foi edificado sobre a crença errônea de que a Terra seria o centro do Universo.* Ela está fundamentada em uma concepção antiga do cosmo, a saber, no conceito geocêntrico de Ptolomeu, que afirmava que todo o Universo girava ao redor da Terra e que o homem seria o centro de todas as coisas. Sabemos que essa teoria já está ultrapassada há vários séculos, pois o Universo não gira nem ao redor da Terra, nem ao redor do Sol (e nem mesmo tem um centro conhecido); além disso, com a admissão do sistema heliocêntrico de Copérnico (Sol como centro do Sistema Solar), a doutrina da influência dos astros sobre os destinos terrestres sofreu um golpe fatal;

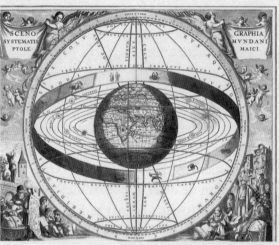

Harmonia Macrocósmica (1660/61)
Diagrama de *Andreas Cellarius* mostrando os signos do Zodíaco e o Sistema Solar com a Terra no centro

> *Na época do estabelecimento da astrologia, pensava-se haver apenas cinco planetas além da Terra* (Mercúrio, Vênus, Marte, Júpiter e Saturno), mas hoje sabe-se que existem sete (com

Urano e Netuno) ou oito (com Plutão[vii]); após a descoberta destes novos planetas, os astrólogos precisaram modificar todo o seu sistema de interpretação dos astros para incluí--los em seus cálculos e previsões;

➤ **Atualmente, o Sol atravessa cada constelação em datas muito diferentes das astrológicas**[viii] devido ao movimento de "precessão dos equinócios" que ainda não tinha sido descoberto na época do surgimento da astrologia; na verdade, isso faz com que os meses correspondentes aos respectivos signos mudem gradualmente com o passar dos séculos;

➤ **Os conceitos astrológicos do Zodíaco possuem diversas escolas de interpretação** e significados diferentes para as astrologias ocidental, chinesa, indiana, celta, etc. (Qual, então, estaria correta?); na verdade, as escolas e teorias astrológicas muitas vezes se contradizem entre si;[12]

➤ **Por que o horóscopo é baseado no momento do nascimento e não no momento da concepção?** Se forças tão poderosas emanam do céu, como o útero de uma mulher (constituído por uma fina camada protetora de músculo, carne e pele) pode afastar influências astrológicas até o momento do nascimento? Além disso, se o destino cósmico ou a personalidade de uma pessoa está ligada ao momento do nascimento (e não da concepção), teremos, então, a capacidade de mudá-los apenas adiantando (por meio de cesariana) ou atrasando o nascimento por meios artificiais?;

➤ **No caso de gêmeos** (ou mais indivíduos nascidos no mesmo parto), segundo a definição astrológica, todos deveriam ter personalidades, tendências e destinos iguais, pois nasceram no mesmo momento e sob as mesmas configurações celestes. Porém isso não se verifica na vida real;

[vii] Atualmente, *Plutão* não é considerado mais como planeta, pois tem 1/5 da massa da Lua e 1/3 de seu volume. Sua nova classificação é de "planeta-anão", assim como *Éris* e *Ceres*.

[viii] Exemplo: diz-se que alguém que nasceu entre 21/03 e 19/04 é do signo de *Áries*, embora, atualmente, o Sol passe por *Áries* entre 19/04 e 23/05. Esse desvio acontece em todos os signos!

> *Nenhum estudo científico (estatístico), até a presente data, demonstrou a eficiência da astrologia* para descrever personalidades ou fazer previsões e, por isso, ela é considerada pela comunidade científica como uma pseudociência ou superstição. Também no paradigma da física moderna não existe nenhuma forma de interação que poderia ser responsável pela transmissão de qualquer suposta influência entre uma pessoa e a posição de planetas e estrelas no céu no momento do seu nascimento.

Assim, levando em conta todos os argumentos científicos listados acima, podemos concluir que, como a astrologia fundamenta-se em premissas falsas, seus resultados e conclusões são igualmente falsos e errôneos. Portanto, essa prática se encaixa exclusivamente em uma das seguintes categorias: *ilusão*, *sugestão*, *adivinhação* ou *superstição*!

As Definições Astrológicas são totalmente arbitrárias

Além dos argumentos bíblicos e científicos, existem outros fatos que apontam para uma origem supersticiosa, mística e/ou divinatória da astrologia. Podemos citar, como exemplo, os significados astrológicos do Sol, da Lua e dos planetas: [13]

Sol - Essência, vontade, individualidade, vitalidade, poder;

Lua - Emoções, subconsciente, instintos, hábitos, memória;

Mercúrio - Comunicação, raciocínio, maneira de pensar;

Vênus - Amor, atração, beleza, posses, artes;

Marte - Agressividade, energia, combatividade, iniciativa, coragem;

Júpiter - Sorte, prosperidade, crescimento, abundância, sabedoria;

Saturno - Limitação, cautela, organização, perseverança, disciplina;

Quíron (Planeta anão descoberto em 1977) - Mágoas passadas, cura futura;

Urano - Originalidade, independência, rebeldia, criatividade, percepção;

Netuno - Espiritualidade, sonhos, intuição, compaixão, decepção, ilusão;

Plutão - Destruição, eliminação, renovação, regeneração, transformação.

Esses são os "pilares" da astrologia! Porém, precisamos nos perguntar: de onde vieram essas definições? Os próprios astrólogos não o sabem! Eles simplesmente as mantêm como tradição astrológica, a qual vai passando de geração em geração ao longo dos séculos![14] Portanto, podemos concluir que elas são completamente arbitrárias, sem base científica alguma, fundamentadas apenas em misticismo ou superstição![15]

Afora as definições acima para o Sol, a Lua e os planetas, há muitas outras variáveis na Astrologia: polaridade, modalidade, elementos, regência, cúspide, ascendência, descendência, casas, nodos, conjunções, inconjunções, oposições, trânsitos, ângulos, quadratura, semiquadratura, sesquiquadratura, sextil, trigono, quintil, biquintil, etc. Assim, em razão da imensa complexidade, sua interpretação pode ser tão ambivalente que existe quase um ilimitado número de significados para o mesmo mapa astral. Por isso, a sua leitura varia grandemente de um astrólogo para outro e, como consequência, prognósticos completamente diferentes podem ser dados para a mesma configuração celeste em um dado momento!

Esses são apenas alguns dos argumentos que refutam toda e qualquer credibilidade da astrologia!

Mas, então, por que a astrologia é tão popular?

O principal motivo que faz a astrologia ser tão popular é que ela afirma dispor de informações importantes a respeito de coisas que as pessoas desejam saber. Ela alega trazer proteção, êxito, orientação, previsão do futuro e autoconhecimento. Em outras palavras, a astrologia oferece às pessoas a ideia de que podem "conhecer" e "controlar" seus destinos para seu próprio benefício.[16]

Nesse sentido, veja o que diz Daniel Kunth[ix]:

[ix] Daniel Kunth: astrônomo e astrofísico francês, pesquisador do CNRE (Centro Nacional de Pesquisa Científica da França). Trabalha no Instituto de Astrofísica de Paris.

O evangelho revelado nas estrelas

Existem duas classes distintas de astrólogos: (1) os astrólogos tradicionais ou metafísicos, que consideram o céu como um conjunto de símbolos e se utilizam de fábulas mitológicas e de percepções extrassensoriais para expandir sua interpretação; e (2) os astrólogos que a si mesmos se intitulam 'cientistas astrólogos', que aliam a arte da interpretação astrológica com a ciência matemática, ou seja, eles se utilizam de conceitos e técnicas científicas de vários campos do conhecimento humano para validar e dar mais credibilidade às suas previsões."[17]

Os primeiros fazem sucesso com as pessoas de padrão social e intelectual mais baixo; os últimos apelam para as necessidades das pessoas de padrão social e intelectual mais elevado.

Os Perigos da Astrologia

Finalmente, desejamos ressaltar os perigos da prática astrológica:

(1) *Dependência*: Pela natureza sugestiva da astrologia, já foi demonstrado que fatores psicológicos podem ser a causa de uma grande parte de seu dito "êxito". O fato de ela exercer uma influência poderosa se deve à fé das pessoas na própria astrologia e não na influência dos astros sobre elas, pois vários desses indivíduos não tomam nenhuma decisão importante em suas vidas sem antes consultarem um astrólogo. Isso provoca alienação e uma dependência extremamente prejudicial na vida de seus praticantes!

(2) *Autoengano ou manipulação psicológica*: em consultas astrológicas, o astrólogo trabalha principalmente no campo da afetividade e não da racionalidade, e o cliente se vê na posição de ouvinte crédulo (um mecanismo segundo o qual ele escuta somente o que deseja ouvir e despreza ou ignora o que não está dentro de suas expectativas). Isso traz o risco do autoengano ou mesmo a possibilidade de manipulação psicológica por parte do astrólogo;

(3) **Comprometimento do livre-arbítrio**: o livre-arbítrio, que os astrólogos advogam não anular, é confrontado pela natureza determinística da previsão astrológica. Como pode a autonomia de uma pessoa ser conciliada com os golpes impessoais do destino ou com a "má sorte" que Júpiter ou Saturno provocam ao passar pelo signo de nascimento da pessoa?

(4) **Ateísmo e materialismo**: estando a astrologia intimamente ligada ao fatalismo e à visão determinística do mundo, significa dizer que o poder da oração e da intervenção sobrenatural de Deus em nossas vidas e circunstâncias está totalmente excluída, reforçando os conceitos do ateísmo e do materialismo;[18]

(5) **Exploração financeira**: a análise astrológica, na maioria dos casos, é realizada apenas para o ganho financeiro, motivo pelo qual os astrólogos fazem uma série de afirmações bem amplas para que, sejam lá quais forem os acontecimentos futuros, sempre suceda algo que foi previsto.[19]

Conclusão

Será que precisamos acrescentar mais alguma coisa? Será que tudo o que vimos não destrói, desde seus fundamentos, todo o engano da astrologia e do horóscopo? Assim, podemos concluir que a astrologia (como o mundo a pratica) não é, de forma alguma "ciência", mas somente uma prática ocultista baseada em pura adivinhação.

A tática do inimigo sempre foi a de perverter e distorcer a verdade de Deus. Tudo o que Deus criou, o diabo tenta corromper. Deus criou as estrelas e as constelações celestes para que o Zodíaco declarasse a sua glória, mas Satanás perverteu o Zodíaco por meio da astrologia.

Infelizmente, a grande maioria dos cristãos têm caído no erro de ignorar esse ancestral testemunho celeste e relegá-lo somente

O evangelho revelado nas estrelas

à fantasia ou à superstição. Sim, as Escrituras categoricamente condenam a prática da astrologia, pois os corpos celestes nunca deveriam ser adorados ou usados para predição do futuro ou orientação pessoal. As reivindicações da moderna astrologia são falsas e absurdas! Mas a ideia de que Deus revelou sua mensagem de salvação por meio das estrelas é inteiramente válida! [20]

Na verdade, os céus e os astros não têm nada a ver conosco, mas com o Filho de Deus! Eles não revelam o nosso futuro, mas nos contam com antecipação a gloriosa história da vinda do Messias ao mundo, de sua luta e vitória na cruz contra o adversário, de seu povo herdando suas bênçãos, de sua volta em poder e grande glória para reinar sobre a Terra com sua Igreja e da destruição final do inimigo. Não tem nada a ver com a minha e a sua história, mas tem tudo a ver com o Criador de todas as coisas! Portanto, não devemos ser guiados pelos astros, mas ver neles a glória de Deus e a salvação de Cristo Jesus!

Finalmente, desejo acrescentar que, como cristãos, quando formos perguntados acerca de sobre qual signo nascemos, a única resposta possível seria:

Sob o signo da cruz de Cristo!

Capítulo 25

RESPONDENDO OBJEÇÕES

Sendo este tema algo tão espetacular e extraordinário (como não poderia deixar de ser, vindo do nosso Deus, pois todas as suas obras são maravilhosas) e, simultaneamente, por estar tanto tempo associado ao ocultismo, é muito natural que, mesmo cristãos maduros que não tenham investigado em profundidade a questão, venham a se opor ou mesmo chegar a combater esta revelação.

Como cristãos, cremos que a Palavra de Deus é *a* verdade e o único "prumo" segundo o qual toda ideia, pensamento e raciocínio precisa ser confrontado (2Co 10.5). Porém, diante de todos os fatos apresentados e das Escrituras citadas neste livro, poderíamos dizer que estes são mais que suficientes para convencer qualquer mente espiritual a respeito desse assunto que estamos considerando. Contudo, muitos cristãos, em sua ânsia de defender a fé que uma vez por todas foi entregue aos santos (Jd 3), mas possuindo um zelo sem entendimento, têm a tendência de rejeitar tudo o que não lhes parece familiar e apresentam inúmeros argumentos contrários a essa revelação. Esses, no afã de remover o erro, acabam por privar a Deus de sua glória que é manifestada por meio das coisas que foram por ele criadas (Rm 1.20).

Além desses, temos também aqueles cristãos(?) liberais e racionalistas que não aceitam absolutamente nada que soe milagroso ou sobrenatural, reduzindo a fé às coincidências do acaso e retirando de Deus toda a sua influência e intervenção sobre o Universo por ele criado. Esses, deliberadamente, se esquecem que o próprio Deus, único e verdadeiro, a quem servimos e adoramos é, em sua essência, e no pleno sentido da palavra, "sobrenatural", isto é, além da esfera da matéria, do espaço e do tempo. Tais "sábios" (que, na verdade, são loucos) chegam ao ponto de rejeitar a verdade da ressurreição de nosso Senhor Jesus Cristo, anulando, assim, a própria fé (1Co 15.12-19). Este capítulo não é dirigido a essas pessoas, pois sabemos que elas têm suas mentes totalmente cauterizadas e nenhum argumento seria suficiente para convencê-las do contrário, mas somente a misericórdia e o poder divinos seriam capazes de tal façanha.

Para aqueles que rejeitam este tema sob consideração, cito o Dr. Joseph A. Seiss, autor do livro *The Gospel in the Stars; or, Primeval Astronomy* [O Evangelho nas Estrelas ou a Astronomia Primitiva], uma das principais fontes de consulta deste livro:

> Um fato digno de nota a respeito daqueles que criticam este assunto é que nenhum deles se aventura, em qualquer grau, a suplantar ou defender alguma outra teoria com respeito à origem e significado das constelações do céu. Eles não têm absolutamente nada a dizer a este respeito [...] Eles se encontram em uma condição desconfortável ao apresentar sua linha de pensamento, a qual não podem manter e, sendo confrontados com tal amplo, grande e universal sistema de símbolos celestes, tão antigo quanto a raça humana e exposto a cada dia para todos os povos em toda a terra, não são capazes de explicar racionalmente, historicamente ou cientificamente; enquanto sua antiga forma de pensar é questionada e pressionada com este novo método de contemplação do universo, tão coerente, digno, consistente, harmonioso e exaustivo em sua forma de explicar

Respondendo objeções

toda a multidão de fatos a respeito de tal matéria, que eles não sabem onde e nem como atacar, ou como se fazer persuadir, sem uma radical revolução em sua maneira de observar os céus, e, perante o qual não estão nem um pouco dispostos a aceitar.[1]

Vamos então, refutar os argumentos que geralmente são apresentados contra o tema do *Evangelho nas Estrelas*:

(1) Se esta mensagem dos Signos é assim tão importante, por que ela ficou por tanto tempo esquecida e não foi citada claramente nem no Antigo e nem no Novo Testamento?

Precisamos nos lembrar de que todos os livros do Antigo Testamento (com exceção do livro de Jó) foram primária e exclusivamente escritos para o povo de Israel, o qual se tornou o povo escolhido de Deus, sendo separado de todos os outros povos na Terra (Lv 26.12). Esse povo foi levantado para um propósito específico no plano de Deus, a saber, preparar a vinda do Messias.[2]

Considerando isso, podemos entender a razão pela qual o livro de Jó (cuja redação é situada na época dos patriarcas) é o livro que contém o maior número de referências às constelações, inclusive citando literalmente os signos do Zodíaco (Jó 38.32), pois, naquele momento da história, Deus ainda lidava com todos os povos da Terra e não apenas com Israel. Assim, como os signos (Constelações) do Zodíaco são uma mensagem para toda a raça humana, eles foram citados claramente neste livro. Naquela época, e durante o período inicial da saga humana, esse foi o único testemunho universal de Deus para a humanidade e, por isso, foi fundamental e indispensável. Mas, depois que Deus escolheu Abraão e o povo que dele foi gerado, Deus deu, por meio de Moisés, uma revelação muito mais detalhada, a saber, a Lei, a qual precisava ser seguida em seus mínimos detalhes. Foi provavelmente isso que levou a mensagem celeste dos signos ser colocada de lado, pois essa revelação deixou de ser tão necessária e cedeu seu lugar de preeminência para a mensagem escrita!

O evangelho revelado nas estrelas

Pela mesma razão, sendo a mensagem do Novo Testamento anunciada pelo próprio Messias, já não era mais necessário se apegar, como disse o escritor de Hebreus, à sombra dos bens vindouros (Hb 10.1), mas à realidade que é Cristo – porém, ela não foi de todo esquecida, motivo pelo qual temos o registro da visita dos magos em Mateus capítulo 2!

Por sua vez, no que diz respeito às outras nações, como essa mensagem do Zodíaco foi dirigida à humanidade como um todo, encontramos aqui a razão de todas as culturas antigas a terem preservado, pois a consideravam sagrada. Esse foi o testemunho mais importante de Deus para o restante dos povos que não possuíam a Lei de Moisés, e cremos que dessa forma, como afirmou o apóstolo Paulo, o evangelho foi anunciado por toda a Terra e até aos confins do mundo (Rm 10.16-19).

(2) Não é justo se utilizar de alguns poucos versículos da Bíblia para criar toda uma doutrina!

Realmente, não podemos nos valer de um único verso da Bíblia, retirado de seu contexto imediato, para validar qualquer doutrina. Mas esse não é o caso do tema *O Evangelho nas Estrelas*. Como vimos, há abundantes referências bíblicas a respeito dessa matéria que somente podem ser entendidas dentro desse contexto e, inclusive, outras passagens em que não se encontra elucidação a não ser por meio dessa verdade, como no caso dos "sinais" de Gênesis (Gn 1.14), dos acontecimentos em Babel (Gn 11.1-9), dos "magos" do Oriente (Mt 2.1-12) e do evangelho pregado em toda a Terra (Rm 10.16-19)!

Também não podemos fazer uma doutrina com uns poucos versículos de um só trecho das Escrituras. Porém, esse, semelhantemente, não é o caso do assunto abordado nesse livro. Como mostrado, há muitas referências bíblicas em vários livros do Antigo Testamento, além de duas referências indiretas no Novo Testamento (Mt 2 e Rm 10).

336

Respondendo objeções

Porém, quando consideramos e vinculamos toda uma série de versículos em ambos os Testamentos, podemos observar uma linha de pensamento perpassando toda a Escritura e, assim, uma ideia ou doutrina é confirmada. Foi exatamente isso o que ocorreu com respeito às profecias sobre o caráter da primeira vinda do Messias. O Antigo Testamento fala muito pouco sobre o Salvador que viria humildemente como servo sofredor (Is 53, Zc 9.9), de tal maneira que nem os próprios guardiões das Escrituras, a saber, os fariseus, puderam compreender plenamente. Mas nem por isso elas deixaram de ser verdadeiras! De forma análoga acontece com o *Evangelho nas Estrelas*: tomamos algumas passagens principais (Gn 1, Sl 19, Jó 38) e confirmamos com vários outros trechos das Escrituras – assim, temos um quadro amplo e fidedigno!

(3) Como conciliar os fatos apresentados neste livro com as declarações do Novo Testamento de que o Evangelho foi um mistério oculto revelado somente na Nova Aliança?

As passagens bíblicas de Romanos 16.25,26, 1 Coríntios 2.6-10, Efésios 3.3-11, Efésios 6.19, Colossenses 1.26,27, Colossenses 4.3, 1 Pedro 1.10-12 são frequentemente citadas para contradizer o *Evangelho nas Estrelas*, pois alguns afirmam que elas se referem ao evangelho como sendo um mistério, isto é, algo que não havia sido previamente conhecido, mas que foi revelado somente na Nova Aliança.

Podemos questionar esse argumento tanto direta quanto indiretamente:

A forma direta seria citar cada uma das passagens acima e interpretá-las, levando em conta o seu contexto, e demonstrar que o "mistério" citado em cada uma delas não se refere propriamente ao evangelho da salvação em Cristo Jesus, mas ao fato da Igreja (o Corpo de Cristo) ser formada tanto por judeus quanto por gentios!

Mas, para não nos estendermos demasiadamente (pois precisaríamos citar todas as passagens com seus devidos contextos, inclu-

O evangelho revelado nas estrelas

indo sua correta interpretação), vamos mencionar apenas os argumentos indiretos.

A afirmação de que o evangelho é um "mistério" (no sentido da palavra, isto é, algo que não havia sido revelado no Antigo Testamento) não se sustenta quando consideramos que, conforme o apóstolo Paulo, o evangelho foi *"preanunciado a Abraão"* (Gl 3.8). Além dessa evidente declaração, podemos inferir que o evangelho também foi pregado desde o princípio a Adão (quando um animal inocente foi morto – e sangue derramado – para cobrir a nudez do primeiro casal); a Moisés (por meio do derramamento do sangue do cordeiro pascal, figura da morte e salvação de Cristo); a Isaías (capítulo 53); e assim por diante. Portanto, o evangelho, isto é, a salvação de Deus, não foi uma medida de emergência divina para corrigir o problema do pecado, após este entrar no mundo – de forma nenhuma! –, mas sempre esteve inserido no plano eterno de Deus:

> sabendo que não foi mediante coisas corruptíveis, como prata ou ouro, que fostes resgatados do vosso fútil procedimento que vossos pais vos legaram, mas pelo precioso sangue, como de cordeiro sem defeito e sem mácula, o sangue de Cristo, *conhecido, com efeito, antes da fundação do mundo, porém manifestado no fim dos tempos,* por amor de vós que, por meio dele, tendes fé em Deus, o qual o ressuscitou dentre os mortos e lhe deu glória, de sorte que a vossa fé e esperança estejam em Deus. (1Pe 1.18-21, grifo nosso).

Também Paulo, quando descreve o que é o evangelho aos cristãos em Corinto, ele o faz se baseando exclusivamente nas Escrituras do Antigo Testamento:

> Irmãos, venho lembrar-vos o evangelho que vos anunciei, o qual recebestes e no qual ainda perseverais; por ele também sois salvos, se retiverdes a palavra tal como vo-la preguei, a menos que tenhais crido em vão. Antes de tudo, vos entreguei o que também recebi: que Cristo morreu pelos nossos pecados, *segundo as Escrituras,* e que foi sepultado e ressuscitou ao terceiro dia, *segundo as Escrituras.* (1Co 15.1-4, grifos nossos).

Aqui, Paulo revela a essência do evangelho que ele pregava: (1) Cristo morreu pelos nossos pecados; (2) Cristo foi sepultado e ressuscitou. E, ambas as partes, conforme o apóstolo, estão fundamentadas *"segundo as Escrituras"*, ou seja, nos escritos do Antigo Testamento. Dessa forma, podemos ver que o evangelho já havia sido revelado antes da vinda do Messias a este mundo! Ora, se esse é o caso, por que Deus não poderia, desde o início, colocar a mensagem do evangelho nas estrelas para ser anunciada a toda a humanidade?

(4) Essa mensagem não é importante para os dias de hoje!

Para nós, cristãos da Nova Aliança, que possuímos tanto o Antigo quanto o Novo Testamentos, essa mensagem primitiva é apenas um antigo registro e testemunho estampado nos céus!

Desde que a Palavra Escrita, a saber, as Escrituras do povo judeu foram redigidas, essa mensagem nas estrelas deixou de ser importante e cedeu seu lugar de destaque à Revelação Escrita. Em nenhum momento dissemos que a mensagem nos céus (por meio das constelações) se compara ou sobrepõe às Escrituras Sagradas. Nada, absolutamente nada, pode ser colocado ao lado ou acima da Palavra Revelada, pois, como dissemos, ela é o prumo perante o qual todas as outras coisas devem ser checadas e avaliadas (e foi exatamente isso o que procuramos fazer neste livro).

No entanto, a verdade do *Evangelho nas Estrelas* se faz importante, não no sentido de trazer uma revelação adicional com vistas a complementar ou substituir as Escrituras, mas por várias outras razões:

(1) Reforça a ideia de que o Altíssimo transmitiu aos homens, por meio das coisas criadas e através de uma linguagem visual, sua eterna mensagem de amor e salvação à humanidade desde o princípio do mundo (Rm 1.20);

(2) Possui o tremendo valor de desmascarar e destruir em sua origem o engano da astrologia que, através das eras, tem levado muitos ao erro e perdição;

(3) Desde que esses símbolos foram colocados na cúpula celeste por Deus (demonstramos isso nos capítulos 5 e 6), eles têm o valor de um testemunho divino perante a raça humana;

(4) Como obra das mãos de Deus, as estrelas e constelações precisam trazer glória ao Criador: "Bendizei ao Senhor, vós, todas as suas obras, em todos os lugares do seu domínio" (Sl 103.22). Como consequência, se a eliminarmos, estaremos privando Deus de parte de sua glória na criação;

(5) Esse tema se faz importante também no sentido de prover aos defensores da fé mais um importante recurso no arsenal de argumentos apologético-cristãos;

(6) E, finalmente, essa questão vem reafirmar a eterna história da salvação em Cristo Jesus.

Cremos que esses são motivos mais do que suficientes para justificar a redação e publicação deste livro.

A Deus seja dada toda a glória!

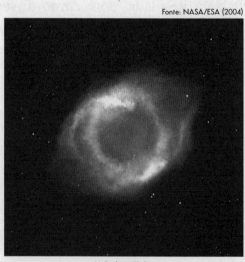

Fonte: NASA/ESA (2004)

Nebulosa Helix

REFERÊNCIAS BIBLIOGRÁFICAS

ADAM, Ben. *O Zodíaco e a Bíblia*. Belo Horizonte: Editora Betânia, 1974.

ALLEN, Richard Hinckley. *Star Names: Their Lore and Meaning*. New York: Dover Publications, Inc., 1963.

ANKERBERG, John; WELDON, John. *Os Fatos sobre a Astrologia*. Porto Alegre: Obra Missionária Chamada da Meia-Noite, 1998.

ASTROLOGY. In: THE NEW Encyclopædia Britannica in 30 volumes. Macropædia volume 2. Chicago: Encyclopædia Britannica, Inc., 1977. p.219-223

ASTRONOMICAL MAPS. In: THE NEW Encyclopædia Britannica in 30 volumes. Macropædia volume 2. Chicago: Encyclopædia Britannica, Inc., 1977. p.223-232

AUDOUZE, J.; ISRAEL, G. (Eds.). *The Cambridge Atlas of Astronomy*. 3th edition. Cambridge: Cambridge University Press, 1994.

BANKS, William D. *The Heavens Declare...* Kirkwood: Impact Books, Inc., 1985.

BARSA, Enciclopédia. São Paulo: Encyclopaedia Britannica do Brasil Publicações, 1993.

BEHRMANN, Steven E. *The Torah of the Heavens - Book I*. Albany: Albany Edition, 2008.

BEHRMANN, Steven E. *The Clock of the Heavens - A Study of Biblical Astronomy and Cronology - Book II* - 2th ed. Albany: Albany Edition, 2007.

BEHRMANN, Steven E. *The Signs of the Heavens - Book III*. Albany: Albany Edition, 2013.

BRANDÃO, Junito de Souza. *Dicionário Mítico-Etimológico*. Petrópolis: Editora Vozes, 2014.

BRANDÃO, Junito de Souza. *Mitologia Grega*. Petrópolis: Editora Vozes, 1986 (v.1), 1987 (v.2), 1987 (v.3).

BULLINGER, Ethelbert William. *The Spirits in Prison*. Winona: Bible Search Publications Inc, 2000.

BULLINGER, Ethelbert William. *The Witness of the Stars*. Grand Rapids: Kregel Publications, 1983.

CHEN, Christian. *Os Números na Bíblia*. Belo Horizonte: Editora Betânia, 1986.

CHEVALIER, Jean; GHEERBRANT, Alain. *Diccionário de los Símbolos*. Barcelona: Editorial Herder, 1986.

COSTA, Antônio Lana. *Apocalipse: o Fim do Universo e da Terra na Bíblia e na Ciência*. Belo Horizonte: Editora Educação e Cultura, 2009.

FAULKNER, Danny. *A Further Examination of the Gospel in the Stars*. Answers Research Journal 6. Hebron: Answers in Genesis, 2013.

FILME/DVD *FRONTEIRAS DA FÍSICA: O Universo Elegante*, Scientific American Brasil, Direção: Brian Greene, Brasil: Duetto Editorial, 2002.

FLEMING, Kenneth Charles. *God's Voice in the Stars*. Neptune: Loizeaux Brothers, Inc., 1981.

HEEREN, Fred. *Mostre-me Deus*. Ed. Rev. São Paulo: Clio Editora, 2008.

HEIFETZ, Milton D.; TIRION, Wil. *A Walk through the Heavens*. 2th edition. Cambridge: Cambridge University Press, 2002.

HENRY, Jonathan F. *Constellations: Legacy of the Dispersion from Babel* – Journal of Creation, Clearwater: Creation Ministries International, Vol 22, 3, p.93-100, 12/2008.

HENRY, Jonathan F. *Origin of the Constellations at Babel* – Journal of Dispensational Theology – March, 2008.

HOFFLEIT, Dorrit; JASCHEK, Carlos. *The Bright Star Catalogue*. 4th revised edition. New Haven: Yale University Observatory, 1982.

KANAS, Nick. *Star Maps – History, Artistry, and Cartography*. Chichester: Praxis Publishing Ltd, 2007.

KAUNG, Stephen. *God Has Spoken in...* Richmond: Christian Tape Ministry, 1990. v.5.

KENNEDY, James. *O Horóscopo e a Vida*. São Paulo: Editora Multiletra, 1995.

KUNTH, Daniel. *Astrology and Astronomy: From Conjunction to Opposition* – CAP journal, No. 5. Paris: Institut d'Astrophysique, Janeiro 2009.

LEHMAN, Helena. *The Language of God in the Universe*. Elmwood Park: Pillar of Enoch Ministry Books, 2008.

LOURENÇO, Adauto. *Como tudo começou – Uma Introdução ao Criacionismo*. São José dos Campos: Editora Fiel, 2007.

LOUW, Johannes P.; NIDA, Eugene Albert. *Greek-English Lexicon of the New Testament Based on Semantic Domains*. 2th edition. New York: United Bible Societies, 1989.

MAGALHÃES, António. *Mitos no céu*. Lisboa: Gradiva Publicações Ltda., 2004.

MARAN, S.P. (Ed.). *The Astronomy and Astrophysics Encyclopedia*. New York: Van Nostrand Reinhold; Cambridge University Press, 1992.

MAUNDER, E. Walter. *The Zodiac Explained*. (The Observatory, Vol. XXI, pags. 438-444), 1898.

MAUNDER, E. Walter. *Astronomy without a Telescope*. London: Forgotten Books, 2014.

MAUNDER, E. Walter. *The Astronomy of the Bible*. Rockville: Wildside Press, 2007.

McGRATH, Alister E. *A Ciência de Deus - Uma introdução à teologia científica*. Viçosa: Ultimato, 2016.

MORRIS, Henry M. *Many Infallible Proofs: Evidences for the Christian Faith*. Green Forest: Master Books, 1996.

NICKEL, James. *Lift Up Your Eyes on High: Understanding the Stars*. Arlington Heights: Christian Liberty Press, 1999.

OLCOTT, William Tyler. *STAR LORE: Myths, Legends, and Facts*. Mineola, New York: Dover Publications, 2004.

ORION, Rae. *Astrologia para Leigos*. Rio de Janeiro: Alta Books, 2015.

PANZERA Arjuna C. *Planetas e Estrelas: Um guia prático de carta celeste*. 2ª edição revista e ampliada. Belo Horizonte: Editora UFMG, 2008.

PEARCEY, Nancy. *Verdade absoluta: Libertando o Cristianismo de seu Cativeiro Cultural*. Rio de Janeiro: CPAD, 2006.

PIERSON, Arthur T. *Chaves para o Estudo da Palavra*. Belo Horizonte: Edições Tesouro Aberto, 1997.

PIERSON, Arthur T. *Many Infallible Proofs: The Evidences of Christianity*. Philadelphia: Fleming H. Revell Company, 1886.

RAYMOND, E. *The Glory of the Stars*. Muskogee: Artisan Publishers, 1976.

REES, Martin. *Um mergulho no cosmos*. São Paulo: Duetto Editorial, Vol 1, 2008.

REES, Martin. *O sistema solar*. São Paulo: Duetto Editorial, Vol 2, 2008.

REES, Martin. *O reino das galáxias*. São Paulo: Duetto Editorial, Vol 3, 2008.

REES, Martin. *As Constelações*. São Paulo: Duetto Editorial, Vol 4, 2008.

REES, Martin. *Guia do céu noturno*. São Paulo: Duetto Editorial, Vol 5, 2008.

RIDPATH, Ian. *Star Tales*. Cambridge: Lutterworth Press, 1988.

Referências bibliográficas

ROLLESTON, Frances. *Mazzaroth*. Whitefish: Kessinger Publishing, 2003.

RONAN, Colin A. *História Ilustrada da Ciência da Universidade de Cambridge*. São Paulo: Círculo do Livro, Vol 1, 1987.

SCHAEFER, Bradley E. *The Origin of Greek Constellations*, Scientific American. New York: Nature, Vol 295, p.96-101, 11/2006 .

SEISS, Joseph A. *The Gospel in the Stars*. Grand Rapids: Kregel Publications, 1972.

SHERSTAD, Dana; BARBICH, B.J. *Testimony of the Heavens: God's Redemptive Plan Preserved in the Stars*. Woodinville: A Good Name Publishing, 2011.

SINGLETON, Esther. *Hieroglyphs of the Heavens,* Scientific American. New York: Nature, Vol CI, 10, p.157-158, 09/1909.

SPURGEON, Charles H. *The Treasury of David*. Peabody: Hendrickson Publishers, Vol 1, 1988. v.1.

STAAL, Julius D. W. *The New Patterns in the Sky – Myths and Legends of the Stars*. Blacksburg: The McDonald and Woodward Publishing Company, 1988.

STRONG, James. *A concise dictionary of the words in the Hebrew Bible; with their renderings in the authorized English version*. Madison: Thomas Nelson, Inc, 1890.

STUCKRAD, Kocku von. *Jewish and Christian Astrology in Late Antiquity – A New Approach*. Leiden: Koninklijke Bril, Vol. 47, 2000.

THOMAS, Bulfinch. *MITOLOGIA 1: O amor e seus perigos (Um Panorama Completo dos Deuses e Mitos da Antiguidade)*, Tradução de David Jardim Júnior. São Paulo: História Viva - Duetto Editorial, 2011. 100p.

THOMAS, Bulfinch. *MITOLOGIA 2: As leis do Olimpo (Um Panorama Completo dos Deuses e Mitos da Antiguidade)*, Tradução de David Jardim Júnior. São Paulo: História Viva - Duetto Editorial, 2011. 100p.

THOMAS, Bulfinch. *MITOLOGIA 3: A arte da guerra (Um Panorama Completo dos Deuses e Mitos da Antiguidade)*, Tradução de David Jardim Júnior. São Paulo: História Viva - Duetto Editorial, 2011. 100p.

TOZER, A.W. *Verdadeiras Profecias: para a alma em busca de Deus.* São Paulo: Editora dos Clássicos, 2003.

TRICCA, Maria Helena de Oliveira (Tradutora). *Apócrifos III: os proscritos da Bíblia.* São Paulo: Mercuryo, 1995.

VÁRIOS AUTORES. *Edição Especial Etnoastronomia*, Scientific American Brasil. São Paulo: Duetto Editorial, Vol 334479, 14, p.6-98, 2009.

WALKER, Christopher (edited by). *Astronomy before the Telescope.* London: British Museum Press, 1996.

WARNER, Tim. *Mystery of the Mazzaroth – Prophecy in the Zodiac.* Maine: The Wild Olive Press, 2010.

WARNER, Tim. *Mystery of the Mazzaroth – Prophecy in the Constellations* (2th edition). Maine: The Wild Olive Press, 2013.

YOUNG, Brian. *The Stars: God's Word in the Sky.* Bend: Maverick Publications, 1999.

NOTAS

INTRODUÇÃO

[1] Figura em madeira de autor desconhecido. Apareceu, primeiramente, no livro *L'Atmosphère: Météorologie Populáire* (1988) de *Camille Flammarion*.
[2] SEISS, 1972, p.9
[3] Ver Rm 1.20 e Sl 19.1
[4] Ver 2Co 3.1-3
[5] Ver Rm 8.19-22
[6] HEEREN, 2008, p.120
[7] STAAL, 1988, p.1

Capítulo 1 - Ciência e fé

[1] PIERSON, 1886, p.113
[2] McGRATH, 2016, p.5, Introdução de Guilherme de Carvalho e Roberto Colovan (Editores)
[3] McGRATH, 2016, p.35
[4] Os motivos são os seguintes: (1) A extensão de sua vida: Jó viveu no mínimo 180 anos (Jó 42.16; 1.2,4), idade que é compatível em extensão com a vida dos patriarcas – Abraão (175 anos), Isaque (178 anos) e Jacó (147 anos); (2) É o chefe da família quem oferece sacrifícios (Jó 1.5) ao invés de um sacerdote oficial da tribo de Levi; (3) Em seus longos discursos sobre o poder e as obras de Deus, em nenhum momento são citados os milagres do Êxodo; (4) A riqueza de Jó foi medida em termos de rebanhos em vez de ouro e prata.
[5] A maioria das datas neste livro está baseado na versão da Bíblia "A Bíblia em Ordem Cronológica – Nova Versão Internacional" – Organizador Edward Reese, Co-organizador Frank Klassen.
[6] http://www.jornalinfinito.com.br/series.asp?cod=107 ou http://www.bartleby.com/63/2/3102.html ou http://query.nytimes.com/gst/fullpage.html?res=9B0DE7D71330F936A35756C0A961948260&sec=&spon=&scp=1&sq=Leila%20Coyne&st=cse
[7] COSTA, 2009, p.14
[8] HEEREN, 2008, p.3
[9] HEEREN, 2008, p.120
[10] PEARCEY, 2006, p.211-213

[11] HEEREN, 2008, p.3 e DVD Fronteiras da Física: O Universo Elegante, Scientific American Brasil, 2002.
[12] HEEREN, 2008, p.96
[13] HEEREN, 2008, p.109
[14] HEEREN, 2008, p.305
[15] HEEREN, 2008, p.295,296
[16] HEEREN, 2008, p.295,296
[17] Citação de Robert Jastrow em HEEREN, 2008, p.157,158

Capítulo 2 - A astronomia da Bíblia

[1] AUDOUZE, 1994, p.434
[2] MAUNDER, 2007, p.vii
[3] MAUNDER, 2007, p.viii
[4] Ver Dt 4.19
[5] HEEREN, 2008, p.124
[6] Citação de Fred Hoyle em HEEREN, 2008, p.166
[7] CHEN, 1986, p.48
[8] WALKER, 1996, p.175-177

Capítulo 3 - Parábolas Celestes

[1] WARNER, 2010, p.v

Capítulo 4 - Estrelas como sinais

[1] FLEMING, 1981, p.13

Capítulo 5 - Que sinais são esses?
[1] Ver Ex 12:40 e Gl 3:17
[2] LEHMAN, 2008, p.15
[3] BANKS, 1985, p.6
[4] ROLLESTON, 2003, Part II, p.5

Capítulo 6 - Qual a origem dos sinais nos céus?
[1] ROLLESTON, 2003, Part I, p.7
[2] ROLLESTON, 2003, Part I, p.12 (nota de rodapé)
[3] OLCOTT, 2004, p.3
[4] MAUNDER, 2007, Part I, p.161
[5] MAUNDER, 2007, p.162
[6] WALKER, 1996, p.42
[7] http://pt.wikipedia.org/wiki/Suméria
[8] Uma possível exceção seria a astronomia chinesa que era essencialmente religiosa e astrológica, pois eles criam que o céu era afetado pelo comportamento dos governantes. Apesar dos símbolos serem todos de animais (rato, boi, tigre, coelho, dragão, serpente, cavalo, cabra, macaco, galo, cão, porco), o zodíaco chinês também possui 12 signos. Além disso, temos indicações que alguns símbolos astronômicos da China e da Mesopotâmia provém de uma origem comum (*Journal of Creation*, Volume 22, Issue 3 / December 2008 / p.93-100 / *Constellations: Legacy of the dispersion from Babel* / Section "Constellation similarities are not coincidence" / Jonathan F. Henry).
[9] BULLINGER, 1983, p.9
[10] CHEVALIER, 1986, p.1088
[11] Jamieson, Alexander. Celestial Atlas (Zodiacos) 1822 - David Ramsey Map Collection - http://www.davidrumsey.com/luna/servlet/detail/RUMSEY~8~1~34104~1170838:-Zodiacs
[12] Jamieson, Alexander. Celestial Atlas (Zodiacos) 1822 - David Ramsey Map Collection - http://www.davidrumsey.com/luna/servlet/detail/RUMSEY~8~1~34104~1170838:-Zodiacs
[13] Jamieson, Alexander. Celestial Atlas (Zodiacos) 1822 - David Ramsey Map Collection - http://www.davidrumsey.com/luna/servlet/detail/RUMSEY~8~1~34104~1170838:-Zodiacs

[14] MAUNDER, 2014, p.41-45 e MAUNDER, 1898, p.439-440
[15] MAUNDER, 1898, p.440
[16] SEISS, 1972, p.5
[17] MAUNDER, 1898, p.440
[18] SEISS, 1972, p.5
[19] "The Emu in the Sky" - Imagem de Alec Kennedy
[20] Fonte: Dezidor (Obtida em https://commons.wikimedia.org/wiki/File:Dromaius_novaehollandiae.jpg) - com leves modificações na cor da plumagem.

Capítulo 7 - Para que são esses sinais ou signos?
[1] OLCOTT, 2004, p.3
[2] MAUNDER, 2014, p.40
[3] OLCOTT, 2004, p.8,9 (tradução livre do autor)
[4] SEISS, 1972, p.10,11
[5] SEISS, 1972, p.13
[6] ROLLESTON, 2003, Part I, p.20,21
[7] BEHRMANN, 2008, p.10
[8] ADAM, 1974, p.58
[9] BEHRMANN, 2008, p.11,12
[10] SPURGEON, 1988, p.269, v.1 (tradução livre do autor)
[11] BEHRMANN, 2008, p.20
[12] SEISS, 1972, p.26
[13] ROLLESTON, 2003, Part I, p.24 e Part II, p.58
[14] WARNER, 2013, p.58
[15] WARNER, 2010, pág. x
[16] BULFINCH, 2001, p.7, v.1
[17] BULFINCH, 2001, p.9, v.1
[18] MAGALHÃES, 2004, p.298
[19] BULFINCH, 2001, p.7, v.1
[20] OLCOTT, 2004, p.74
[21] BEHRMANN, 2008, p.27
[22] BULFINCH, 2001, p.165, v.2
[23] BEHRMANN, 2008, p.19
[24] BEHRMANN, 2008, p.19,24
[25] BEHRMANN, 2008, p.74

Capítulo 8 - Algumas considerações sobre a astronomia e os signos do zodíaco
[1] SEISS, 1972, p.18

Notas

[2] IAU and Sky & Telescope magazine (Roger Sinnott & Rick Fienberg) (2011)
[3] Carta Celeste (Depto. de Astronomia do Instituto de Física da Universidade Federal do Rio Grande do Sul) [Planetário UFRGS] Adaptada da disponibilizada por Toshimi Take. Página http://voceprogressivo.blogspot.com.br/2010/10/astronomo-amador-planisferio-ou-carta.html acessada em 15/04/2017 às 00h15
[4] IAU and Sky & Telescope magazine (Roger Sinnott & Rick Fienberg) (2011)
[5] REES, 2008, p.348,349
[6] Figura medieval da constelação de Escorpião, retirada da versão latina do catálogo de estrelas "Almagest" de autoria de Ptolomeu (British Library, MS Arundel 66, f. 41)
[7] KANAS, 2007, p.110
[8] BANKS, 1985, p.14 (tradução livre do autor)
[9] LEHMAN, 2008, p.204
[10] BULLINGER, 1983, p.9 e ROLLESTON, 2003, Part II, p.124
[11] ROLLESTON, 2003, Part I, p.11
[12] FAULKNER, 2013, p.45
[13] OLCOTT, 2004, p.129
[14] OLCOTT, 2004, p.92
[15] ROLLESTON, 2003, p.13, Part II
[16] NICKEL, 1999, p.22
[17] MAUNDER, 2014, p.31
[18] MAGALHÃES, 2004, p.376

Capítulo 9 - A estrutura dos signos do zodíaco

[1] LEHMAN, 2008, p.112
[2] WARNER, 2010, p.XX

Capítulo 10 - Signo de Virgem

[1] SEISS, 1972, p.28
[2] ALLEN, 1963, p.471 / NICKEL, 1999, p.51 / BULLINGER, 1893, p.33
[3] SEISS, 1972, p.28
[4] LEHMAN, 2008, p.108
[5] _http://en.wikipedia.org/wiki/Coma_Berenices. Página visitada em 20/07/2014
[6] _http://en.wikipedia.org/wiki/Conon_of_Samos. Página visitada em 20/07/2014 / KANAS, 2007, p.111

[7] ROLLESTON, 2003, Part II, p.16 e BULLINGER, 1983, p.34,35 ["There arises in the first Decan, as the Persians, Chaldeans, and Egyptians, and the two Hermes and Ascalius teach, a young woman, whose Persian name denotes a pure virgin, sitting on a throne, nourishing an infant boy, having a Hebrew name, by some nations called IHESU, with signification IEZA, which in Greek is called CHRISTOS"] [Surge no primeiro decanato, como os persas, caldeus, egípicios, e tanto Hermes quanto Escálio ensinam, uma mulher jovem, cujo nome persa traduzido para o árabe é Adrenedefa, uma virgem pura e imaculada, segurando na mão duas espigas de trigo, sentada num trono, alimentando uma criança de colo, a qual tem um nome hebraico, chamada por algumas nações IHESU, que em grego chamamos CHRISTOS].
[8] KANAS, 2007, p.141
[9] Revista Scientific American de 04/09/1909 página 158
[10] SEISS, 1972, p.28,29 e KENNEDY, 1995, p.33
[11] BULLINGER, 1983, p.36
[12] BULLINGER, 1983, p.34 e LEHMAN, 2008, p.226
[13] BEHRMANN, 2008, p.34
[14] BULLINGER, 1983, p.35
[15] LEHMAN, 2008, p.228
[16] SEISS, 1972, p.29,30
[17] LEHMAN, 2008, p.229
[18] BANKS, 1985, p.30
[19] SEISS, 1972, p.30
[20] KENNEDY, 1995, p.34
[21] NICKEL, 1999, p.52
[22] NICKEL, 1999, p.52
[23] LEHMAN, 2008, p.232
[24] BULLINGER, 1983, p.44
[25] KENNEDY, 1995, p.37,38

Capítulo 11 - Signo de Libra

[1] BULLINGER, 1983, p.45
[2] SEISS, 1972, p.35
[3] SEISS, 1972, p.36
[4] SEISS, 1972, p.36
[5] LEHMAN, 2008, p.112

[6] IAU and Sky & Telescope magazine (Roger Sinnott & Rick Fienberg)

[7] Alguns exemplos: Atlas Céleste de *Flamsteed* (1795 d.C.) (KANAS, 2007, p.120); Hemisfério Norte Celeste de *Johannes Honter* (1541 d.C.) (KANAS, 2007, p.141); Hemisfério Boreal (Norte) Celeste de *Albrecht Dürer* (1515 d.C.) (KANAS, 2007, figura 5.4, parte colorida no centro do livro); *The Constellations*, edição de 1833 d.C. (KANAS, 2007, p.179); Hemisférios Celestiais de *Le Monnier's* de *Diderot* e *d'Alambert's Encyclopédie* (1870 d.C.) (KANAS, 2007, figura 7.15, parte colorida no centro do livro); a primeira carta celeste Americana de *William Croswell* (1810 d.C.) (KANAS, 2007, p.276); Hemisfério Norte Celeste de 1875 d.C. publicado na 6ª Edição do *Stieler's Hand-Atlas* (KANAS, 2007, p.294); entre outros.

[8] FLEMING, 1981, p.47

[9] SEISS, 1972, p.39

[10] SEISS, 1972, p.39

[11] BANKS, 1985, p.47

[12] SEISS, 1972, p.37

[13] MAGALHÃES, 2004, p.154

[14] SEIS, 2004, p.40

[15] SEISS, 1972, p.38,39 e ROLLESTON, 2003, Part II, p.114

[16] SEISS, 1972, p.39

[17] SEISS, 1972, p.170,171

[18] SEISS, 1972, p.40,42

[19] BULLINGER, 1983, p.52,53

[20] ALLEN, 1963, p.172-174 e MAGALHÃES, 2004, p.146

[21] SEISS, 1972, p.42

Capítulo 12 - Signo de Escorpião

[1] NICKEL, 1999, p.54

[2] SEISS, 1972, p.45

[3] BEHRMANN, 2008, p.45

[4] SHERSTAD, 2011, posição 1884 de 6401

[5] BEHRMANN, 2008, p.45 e NICKEL, 1999, p.73

[6] OLCOTT, 2004, p.216

[7] BEHRMANN, 2008, p.48

[8] SEISS, 1972, p.49

[9] Detalhe do Mosaico com os Trabalhos de Hércules (7º Trabalho – O Touro de Creta), século 3 d.C. Encontrado em Llíria (Valência), Museu Arqueológico Nacional da Espanha em Madri. Foto de Carole Raddato, 2014.

[10] BRANDÃO, 2014, p.317

[11] SEISS, 1972, p.50

[12] ROLLESTON, 2003, Part I, p.7

Capítulo 13 - Signo de Sagitário

[1] SEISS, 1972, p.52

[2] BULLINGER, 1983, p.63

[3] BANKS, 1985, p.71

[4] SEISS, 1972, p.58

[5] Detalhe do Mosaico com os Trabalhos de Hércules (11º Trabalho – As Maçãs do Jardim das Hesperides), século 3 d.C. Encontrado em Llíria (Valência), Museu Arqueológico Nacional da Espanha em Madri. Foto de Carole Raddato, 2014.

[6] NICKEL, 1999, p.30

[7] SEISS, 1972, p.56,57

[8] KENNEDY, 1995, p.66

[9] SEISS, 1972, p.59,60

Capítulo 14 - Signo de Capricórnio

[1] SEISS, 1972, p.64

[2] BULLINGER, 1983, p.76

[3] OLCOTT, 2004, p.115

[4] MAGALHÃES, 2004, p.342

[5] SEISS, 1972, p.68

[6] SEISS, 1972, p.71

[7] SEISS, 1972, p.70

Capítulo 15 - Signo de Aquário

[1] KENNEDY, 1995, p.86,87

[2] KENNEDY, 1995, p.87

[3] SEISS, 1972, p.74

[4] BRANDÃO, 2014, p.271

[5] BRANDÃO, 2014, p.493

[6] STAAL, 1988, p.29

[7] STAAL, 1988, p.29

[8] SEISS, 1972, p.77

[9] SEISS, 1972, p.78,79

[10] BULLINGER, 1983, p.92

[11] KENNEDY, 1995, p.93

Capítulo 16 - Signo de Peixes

[1] BULLINGER, 1983, p.93 e SEISS, 1972, p.82

[2] SEISS, 1972, p.84

[3] SEISS, 1972, p.86
[4] KENNEDY, 1995, p.101
[5] BULLINGER, 1983, p.101
[6] BULLINGER, 1983, p.102
[7] SEISS, 1972, p.86 e BULLINGER, 1983, p.103
[8] BULLINGER, 1983, p.104

Capítulo 17 - Signo de Áries

[1] BULLINGER, 1983, p.105 e FLEMING, 1981, p.96
[2] KENNEDY, 1995, p.111
[3] SEISS, 1972, p.96
[4] SEISS, 1972, p.96
[5] NICKEL, 1999, p.68
[6] ROLLESTON, 2003, Part II, p.55
[7] SEISS, 1972, p.97
[8] BULLINGER, 1983, p.115
[9] SEISS, 1972, p.96
[10] 1856, Burrit - Huntington - Map of the stars - Constellations of the Northern Hemisphere - Geographicus - Constnorth
[11] BEHRMANN, 2008, p.72
[12] SEISS, 1972, p.94
[13] NICKEL, 1999, p.29
[14] BULLINGER, 1983, p.108
[15] SEISS, 1972, p.98,99
[16] SEISS, 1972, p.91

Capítulo 18 - Signo de Touro

[1] BULLINGER, 1983, p.119
[2] BULLINGER, 1983, p.120
[3] Ver Gn 15.16
[4] O "dia do SENHOR" no Antigo Testamento: Is 2.12 e 13.6,9 / Jr 46.10 / Ez 13.5 e 30.3 / Jl 1.15; 2.1,11,31 e 3.14 / Am 5.18,20 / Ob 15 / Sf 1.7,14 / Zc 14.1 / Ml 4.5.
[5] O "dia do SENHOR" no Novo Testamento: At 2.20 / 1Ts 5.2 / 2Ts 2.2 /2Pe 3.10.
[6] SEISS, 1972, p.103
[7] SEISS, 1972, p.119
[8] MAGALHÃES, 2004, p.358
[9] ROLLESTON, 2003, Part II, p.10
[10] BULLINGER, 1983, p.122
[11] BULLINGER, 1983, p.124
[12] KENNEDY, 1989, p.126
[13] SEISS, 1972, p.105
[14] NICKEL, 1999, p.42
[15] BULLINGER, 1983, p.125
[16] LOURENÇO, 2007, p.62,63

[17] BULLINGER, 1983, p.127
[18] BANKS, 1985, p.163
[19] BRANDÃO, 2014, p.475 e SEISS, 1972, p.105
[20] BULLINGER, 1983, p.130
[21] SEISS, 1972, p.107
[22] SEISS, 1972, p.109,110
[23] BULLINGER, 1983, p.137
[24] BEHRMANN, 2008, p.112,113

Capítulo 19 - Signo de Gêmeos

[1] SEISS, 1972, p.111
[2] BULLINGER, 1983, p.138
[3] ROLLESTON, 2003, Part II, p.31
[4] KENNEDY, 1989, p.140
[5] SEISS, 1972, p.119 e BEHRMANN, 2008, p.100
[6] SEISS, 1972, p.119
[7] SEISS, 1972, p.120

Capítulo 20 - Signo de Câncer

[1] SEISS, 1972, p.125 e BULLINGER, 1983, p.147
[2] SEISS, 1972, p.121
[3] LEHMAN, 2008, p.109
[4] SEISS, 1972, p.127
[5] ROLLESTON, 2003, Part II, p.13
[6] BRANDÃO, 2014, p.363,364 e SEISS, 1972, p.128
[7] SEISS, 1972, p.129
[8] BRANDÃO, 2014, p.114,115 / SEISS, 1972, p.128 / BANKS, 1985, p.212
[9] SEISS, 1972, p.129,130

Capítulo 21 - Signo de Leão

[1] SEISS, 1972, p.134,135
[2] ROLLESTON, 2003, Part II, p.15
[3] BULLINGER, 1983, p.160
[4] ROLLESTON, 2003, Part II, p.15, nota de rodapé
[5] SEISS, 1972, p.136 e BRANDÃO, 2014, p.329
[6] KENNEDY, 1995, p.160
[7] REES, 2008, v.4, p.399
[8] SEISS, 1972, p.141

Capítulo 22 - A maneira correta de se olhar as estrelas

[1] LOUW, 1989, p.380 a 388 (Domínio 32.40)

[2] SEISS, 1972, p.12
[3] BULLINGER, 1983, p.36,37 e KENNEDY, 1989, p.32
[4] BEHRMANN, 2013, p.91 e KENNEDY, 1989, p.33

Capítulo 23 - A maneira errada de se olhar as estrelas

[1] BULLINGER, 1893, p.10,11
[2] ADAM, 1974, p.39
[3] ADAM, 1974, p.65,68
[4] TRICCA, 1995, p.120-122

Capítulo 24 - Astrologia: a falsificação da verdade

[1] Clock of the Torre dell'Orologio em Veneza, Itália. Foto de Marie-Lan Nguyen, 2010.
[2] Mapa Astral – Modernes Horoskop, Peter Presslein, 2006.
[3] FLEMING, 1981, p.27
[4] HENRY, 2008, p.5,6

[5] WARNER, 2013, p.37
[6] SHERSTAD, 2011, Prefácio
[7] FLEMING, 1981, p.10
[8] TOZER, 2003, p.302
[9] ANKERBERG, 1998, p.8,9
[10] WALKER, 1996, p.231
[11] REES, 2008, p.85
[12] ANKERBERG, 1998, p.72
[13] ORION, 2015, p.16
[14] ANKERBERG, 1998, p.16
[15] WALKER, 1996, p.183
[16] ANKERBERG, 1998, p.21
[17] KUNTH, 2009, p.14
[18] STUCKRAD, 2000, p.3, v.47
[19] ANKERBERG, 1998, p.73,75 e KUNTH, 2009, p.14
[20] BEHRMANN, 2008, p.19

Capítulo 25 - Respondendo objeções

[1] SEISS, 1972, p.169 – tradução livre do autor
[2] SEISS, 1972, p.176,177